中等职业技术学校教学用书

Windows Server 2012 R2 实训教程

李慧平　编著

北　京
冶金工业出版社
2020

内容提要

本书以项目式教学为主导，整合目前 Windows 服务器及系统配置中主要的知识模块，结合当前全国职业院校技能大赛的考点内容，对企业中应用最广泛的知识点进行提炼，从 Windows Server 2012 R2 系统的安装到操作系统的基本配置，再到常用服务器的架设，整合重构知识内容，进行项目设计。为了让初学者容易上手，把复杂的网络操作系统理论形象化，在每个项目下设计若干个实训案例，每个案例都有详细的操作步骤说明，本书配有实训操作讲解视频，读者可扫描相应二维码学习、使用。

本书内容覆盖面较广，叙述通俗易懂，实训简洁明了，可作为中、高等职业学校计算机应用专业、计算机网络技术及相关专业教材及零基础初学者入门自学参考书，也可作为全国职业院校技能大赛中职网络搭建与应用比赛项目的辅导用书。

图书在版编目(CIP)数据

Windows Server 2012 R2 实训教程/李慧平编著. —北京：冶金工业出版社，2020. 9

中等职业技术学校教学用书

ISBN 978-7-5024-8589-4

Ⅰ. ①W… Ⅱ. ①李… Ⅲ. ①Windows 操作系统—网络服务器—中等专业学校—教材 Ⅳ. ①TP316. 86

中国版本图书馆 CIP 数据核字（2020）第 159236 号

出 版 人 陈玉千
地　　址 北京市东城区嵩祝院北巷 39 号 邮编 100009 电话 (010)64027926
网　　址 www. cnmip. com. cn 电子信箱 yjcbs@ cnmip. com. cn
责任编辑 王 颖 美术编辑 郑小利 版式设计 禹 蕊
责任校对 卿文春 责任印制 李玉山

ISBN 978-7-5024-8589-4
冶金工业出版社出版发行；各地新华书店经销；三河市双峰印刷装订有限公司印刷
2020 年 9 月第 1 版，2020 年 9 月第 1 次印刷
787mm×1092mm 1/16；12 印张；289 千字；182 页
49. 80 元

冶金工业出版社 投稿电话 (010)64027932 投稿信箱 tougao@cnmip. com. cn
冶金工业出版社营销中心 电话 (010)64044283 传真 (010)64027893
冶金工业出版社天猫旗舰店 yjgycbs. tmall. com

（本书如有印装质量问题，本社营销中心负责退换）

前　言

本书体现技能操作为主，理论够用原则，结合中等职业学校学生喜动手，厌理论的学习特点，重在突出实训操作过程，将复杂的理论简单化，以练带学，以“理论—实践—理论”的形式，帮助学生通过实践带动理论学习。

本书结合全国职业院校技能大赛的内容及评价标准，将技能大赛考核的内容归纳整理，融入实训项目，并将近几年技能大赛全国比赛试题进行整理，放在对应项目后面作为练习巩固的习题，加深巩固学生的学习效果。

本书体现知识内容碎片化的理念，将每个小知识点设计为一个实训，短小精炼，每个实训可以用几分钟的时间做完，适合学生网络学习和随时安排学习。

针对本书中的实训，作者录制了对应的操作和讲解视频，读者在学习过程中可以随时扫描书中的二维码观看、使用。

本书共分为12个项目，主要内容如下：

项目1主要介绍如何搭建Windows Server 2012 R2的学习平台，为后面学习做好环境准备。

项目2主要介绍本地用户和组的创建、删除、重命名以及相关属性的设置。

项目3主要介绍创建Active Directory域，升级域、降级域，将计算机加入域。

项目4主要介绍Active Directory域用户账户的创建、管理和相关属性的设置。

项目5主要介绍管理磁盘与文件系统，添加虚拟磁盘、创建不同卷、设置NTFS安全权限、文件的压缩与加密、设置磁盘配额、文件夹配额与文件屏蔽。

项目6主要介绍共享文件与网络访问，共享文件夹的设置、管理、访问以及设置卷影副本。

项目7主要介绍组策略与安全设置，创建并编辑组策略以及常见策略的应用。

项目8主要介绍DHCP服务器的搭建、管理DHCP作用域、DHCP故障转移。

项目 9 主要介绍 DNS 服务器的搭建、DNS 区域的高级设置、DNS 动态更新、设置 DNS 转发器。

项目 10 主要介绍 WEB 服务器的搭建、网站的基本设置、物理目录与虚拟目录的使用、使用不同的方法发布站点、设置网站的安全性。

项目 11 主要介绍 FTP 服务器的搭建、FTP 站点的基本设置、物理目录与虚拟目录的使用、FTP 站点的用户隔离设置、发布多个 FTP 站点。

项目 12 主要介绍文件服务器管理、储存报告管理、磁盘配额、文件屏蔽管理、分布式文件系统的搭建。

本书由李慧平编著，参与编写工作的还有宗丽、李宇翔、齐鹏宇、王德军、常祖国等。

由于编者水平所限，书中难免存在不当之处，恳请广大读者批评指正。

编 者

2020 年 5 月

目　录

项目1　搭建 Windows Server 2012 R2 的学习平台

项目应用场景：

李明是某职业学校二年级的学生，本学期开设了 Windows Server 2012 R2 配置与管理的课程，他希望在家里的电脑上也能轻松模拟学习用的网络环境，同时又不妨碍家长用电脑做其他的工作。他需要了解 Windows Server 2012 R2 的基本情况，还需要安装一个虚拟机软件，并在虚拟机软件中安装 Windows Server 2012 R2。

任务1.1　了解 Windows Server 2012 R2 的基本概念

1.1.1　任务目标

（1）了解 Windows Server 2012 R2 版本和最低配置要求。
（2）了解 Windows 网络架构的概念。

1.1.2　知识准备

1. Windows Server 2012 R2 版本

Windows Server 2012 R2 是较新的服务器版本 Windows，于 2013 年 10 月 18 日发布。Windows Server 2012 Enterprise、Datacenter 和 Standard 版功能相同，变化只有授权（特别是虚拟实例授权）。

2. 安装 Windows Server 2012 R2 最低配置要求

CPU：1.4GHz 的 64 位。
内存：512MB。
硬盘：32GB。
显示设备：VGA（1024×768）或更高分辨率的显示器。
其他设备：DVD 光驱、键盘、鼠标、可以连接因特网。

任务1.2　了解 Windows 的网络架构

1.2.1　任务目标

（1）了解 Windows 的网络架构。
（2）了解 Windows 网络中计算机的相关概念。

1.2.2　知识准备

Windows 网络架构分为工作组架构和域架构以及工作组与域混合架构，其中工作组架构为分布式的管理模式，适用于小型网络。域架构为集中式管理模式，适用于中、大型网络。

1. 工作组

工作组是由一组通过网络连接在一起的计算机所组成，它们可以将计算机内的文件、打印机等资源共享来供网络用户进行访问。工作组网络也称为对等网络，因为网络上每一台计算机的地位都是平等的，它们的资源与管理分散在各个计算机上。小规模的网络可以采用工作组架构。

2. 域

域也是由一组通过网络连接在一起的计算机组成，它们可以将计算机内的文件、打印机等资源共享出来供给网络的用户来访问。与工作组不同的是域内所有计算机共享一个集中的目录数据库（Directory Database），它存储着整个域内所有用户的账户等相关数据。在 Windows Server 2012 R2 域内提供目录服务的组件为 Active Directory 域服务。它负责目录数据库的添加、删除、修改与查询等工作。在域架构的网络内，这个目录数据库是存储在域控制器中，而只有服务器级别的计算机才可以充当域控制器的角色。

3. 域控制器

域控制器中包含了由这个域的账户、密码、属于这个域的计算机等信息构成的数据库。当电脑联入网络时，域控制器首先要鉴别这台电脑是否属于这个域，用户使用的登录账号是否存在、密码是否正确，如果以上信息有一样不正确，那么域控制器就会拒绝这个用户从这台电脑登录，用户就不能访问服务器上有权限保护的资源。

4. 成员服务器

当服务器级别的计算机加入域后，它就成为域的成员服务器，用户就可以在这些计算机上利用 Active Directory 内的用户账户来登录。如果服务器没有加入域，则被称为独立服务器，或工作组服务器。

1.2.3 巩固练习

（1）Windows Server 2012 R2 有哪几个版本？
（2）安装 Windows Server 2012 R2 计算机的最低配置要求是什么？
（3）Windows 网络架构有哪几种类型，分别适用于什么网络？

任务 1.3 安装 VMware Workstation

1.3.1 任务目标

（1）了解 VMware Workstation 虚拟软件。
（2）会安装 VMware Workstation 软件。
（3）会在 VMware Workstation 新建虚拟机。

1.3.2　知识准备

VMware Workstation（中文名“威睿工作站”）是一款功能强大的桌面虚拟计算机软件，提供用户可在单一的桌面上同时运行不同的操作系统和进行开发、测试、部署新的应用程序的最佳解决方案。VMware Workstation 可在一部实体机器上模拟完整的网络环境，可以安装便于携带的虚拟机器。对于企业的 IT 开发人员和系统管理员而言，VMware 在虚拟网络、实时快照、拖曳共享文件夹、支持 PXE 等方面的特点使它成为必不可少的工具。

实训 1-1　VMware Workstation 的安装

操作步骤

第 1 步： 找到 VMware Workstation 的安装文件包，双击“VMwareworkstation64_12.5.3.0”进行安装，如图 1-1 所示。

图 1-1　文件位置

第 2 步： 在“欢迎使用 VMware Workstation Pro 安装向导”对话框中，单击“下一步”按钮开始安装，如图 1-2 所示，在“最终用户许可协议”对话框中，选择“我接受许可协议中的条款”，单击“下一步”按钮继续安装，如图 1-3 所示。

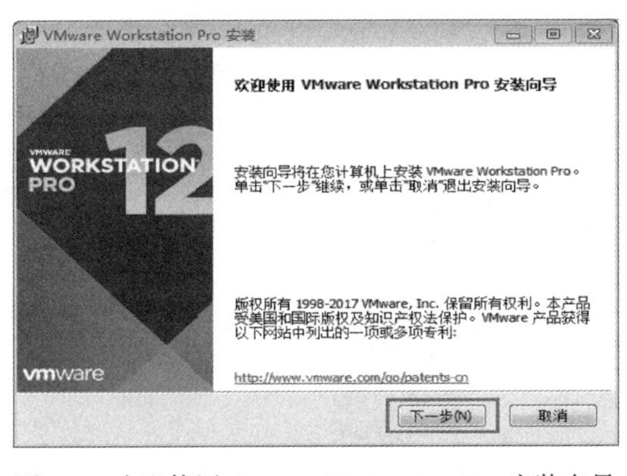

图 1-2　欢迎使用 VMware Workstation Pro 安装向导

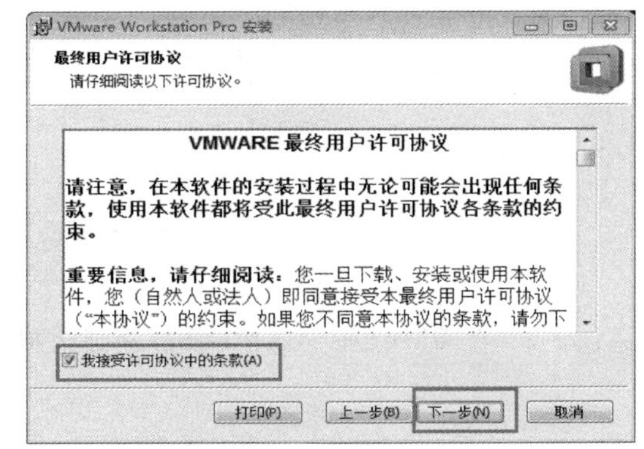

图 1-3　最终用户许可协议

第 3 步： 在“自定义安装”对话框中，可以单击“更改”按钮更改安装位置，单击“下一步”按钮继续安装，如图 1-4 所示。

第 4 步： 在“用户体验设置”对话框和“快捷方式”对话框中都选择默认，直接单击“下一步”按钮。

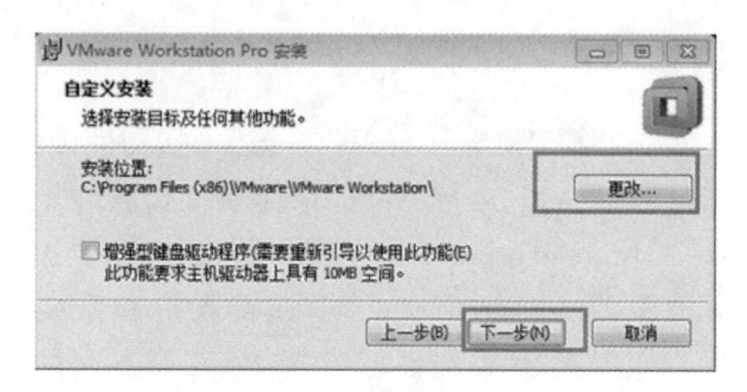

图 1-4　自定义安装

第 5 步： 在“已准备好安装 VMware Workstation Pro”对话框中单击“安装”按钮，开始安装，直到出现“VMware Workstation Pro 安装向导已完成”，单击“许可证”按钮，如图 1-5 所示。在“输入许可密钥”对话框中输入许可密钥，如图 1-6 所示，然后单击“输入”按钮，完成 VMware Workstation 软件的安装。

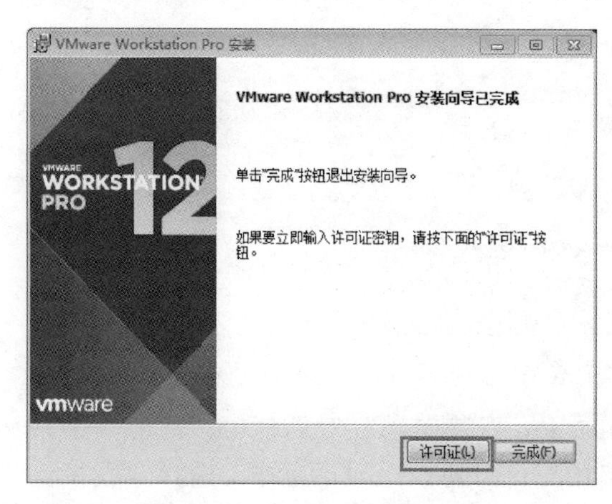

图 1-5　VMware Workstation Pro 安装向导已完成

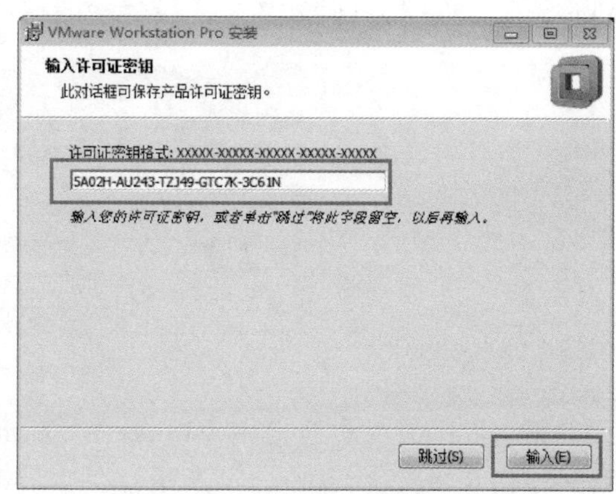

图 1-6　输入许可密钥

任务 1.4　安装 Windows Server 2012 R2

1.4.1　任务目标

（1）掌握 Windows Server 2012 R2 的安装过程。

（2）会根据实际需求安装 Windows Server 2012 R2。

实训 1-2　在 VMware Workstation 新建虚拟机

操作步骤

第 1 步： 在 VMware Workstation 的“主页”选项卡中，单击“创建新的虚拟机”按钮，如图 1-7 所示。在欢迎使用新建虚拟机向导中，选择“自定义（高级）”，单击“下一步”按钮，如图 1-8 所示。

第 2 步： 在“选择虚拟机硬件兼容性”对话框中，直接单击“下一步”按钮，在“安装客户机操作系统”对话框中，选择安装程序光盘映像文件所在的位置，如图 1-9 所示，单击“下一步”按钮。

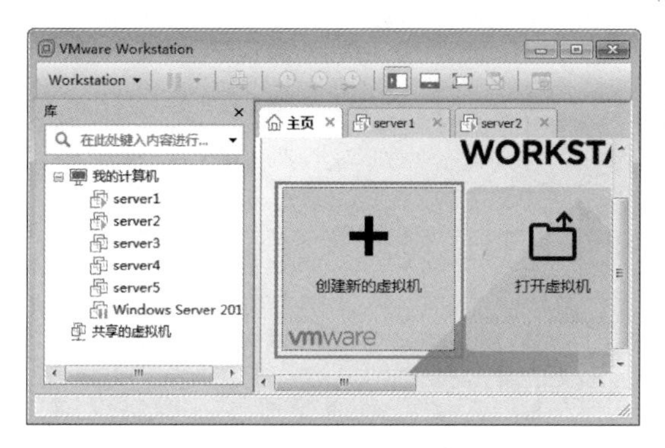

图 1-7　VMware Workstation 主页

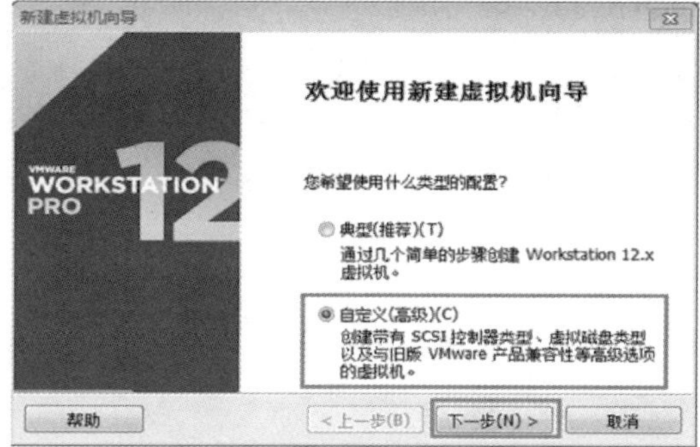

图 1-8　欢迎使用新建虚拟机向导

第 3 步：在“简易安装信息”对话框中，输入产品密钥和 Administrator 账号要使用的密码（建议使用符合复杂性要求的密码），单击“下一步”按钮，如图 1-10 所示。

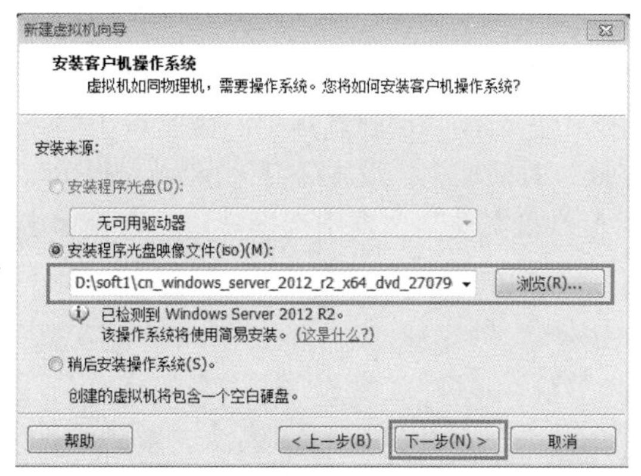

图 1-9　安装客户机操作系统

图 1-10　简易安装信息

第 4 步：在“命名虚拟机”对话框中输入虚拟机的名称“Windows Server 2012”、虚拟机存放的目录位置“D：\ vm \ Windows server 2012”，单击“下一步”按钮，如图 1-11 所示。

图 1-11　命名虚拟机

第 5 步：在“固件类型”和“处理器类型”对话框中都选择默认，直接单击“下一步”按钮，在“此虚拟机的内存”对话框，设置内存为“2048MB”，如图 1-12 所示，单击“下一步”按钮。在“网络类型”话框中，选择“使用桥接网络”，如图 1-13 所示，单击“下一步”按钮。

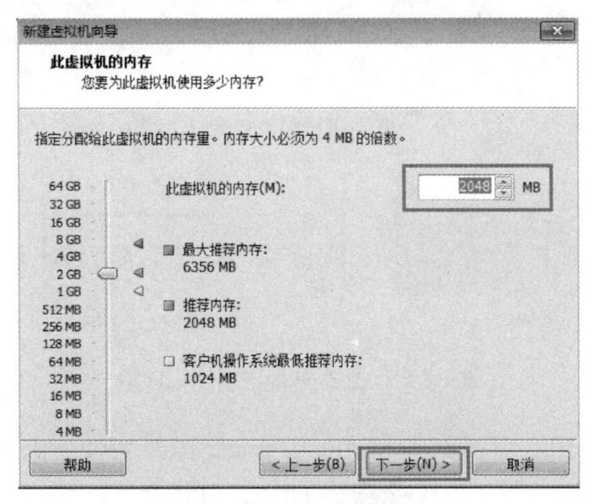

图 1-12　此虚拟机的内存

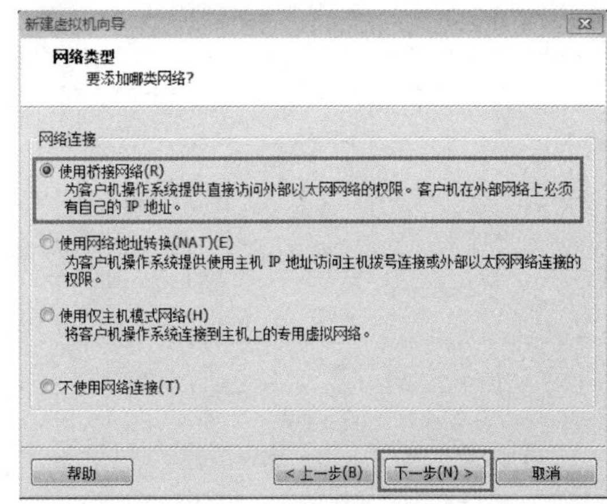

图 1-13　网络类型

第 6 步：在“选择 I/O 控制器类型”和“选择磁盘类型”对话框中都选择默认，直接单击“下一步”按钮。在“选择磁盘”对话框中，选择“创建新虚拟磁盘”单击“下一步”按钮，如图 1-14 所示。在“指定磁盘容量”对话框中，设置磁盘大小为“60GB”，单击“下一步”按钮，如图 1-15 所示。在“指定磁盘文件”话框中选择默认，直接单击“下一步”按钮。

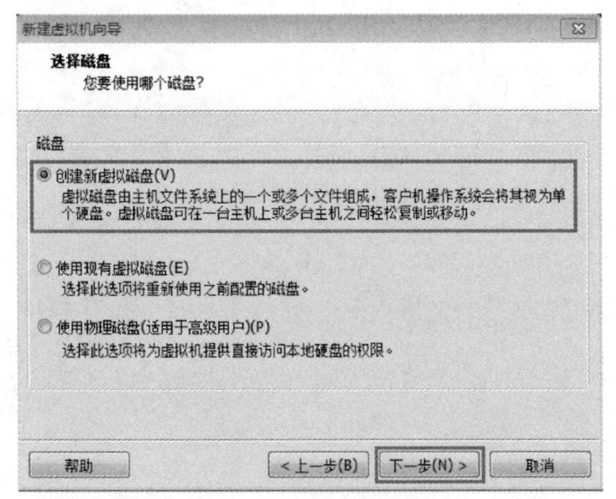

图 1-14　选择磁盘

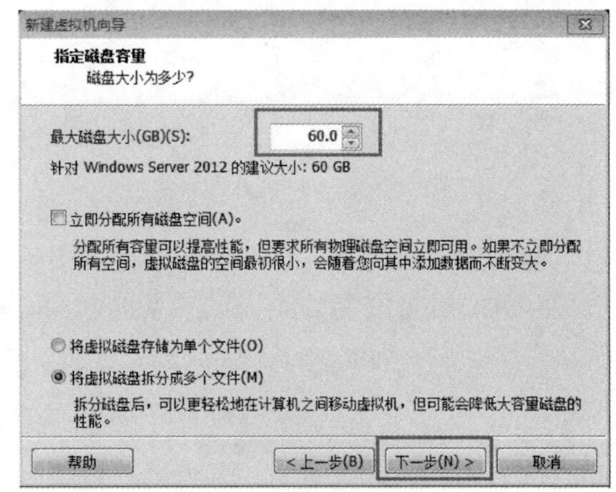

图 1-15　指定磁盘容量

第 7 步：在“已准备好创建虚拟机”对话框中，虚拟机的设置都可以显示出来，如果要修改虚拟机的硬件参数，可以单击“自定义硬件”按钮进行修改，如图 1-16 所示，单击“完成”按钮后，自动开始安装，直到安装完成。

1.4.2　巩固练习

(1) 新建虚拟机“Win2012A1”，具体要求为内存为 1.5GB，硬盘 60GB。

(2) 新建虚拟机“Win2012B1”，其内存为 2GB，硬盘 40GB。

(3) 新建虚拟机“Win2012C1”，其内存为 2GB，硬盘 60GB。

图 1-16　已准备好创建虚拟机

任务 1.5　Windows Server 2012 R2 的基本设置

1.5.1　任务目标

（1）掌握 Windows Server 2012 R2 的屏幕设置。

（2）掌握 Windows Server 2012 R2 的计算机名与 IP 地址的设置。

（3）掌握 Windows Server 2012 R2 的防火墙设置。

实训 1-3　屏幕显示设置

操作步骤

在桌面上右键单击，选择快捷菜单中的“屏幕分辨率”，设置分辨率为 1024×768，如图 1-17 所示，单击“确定”按钮。

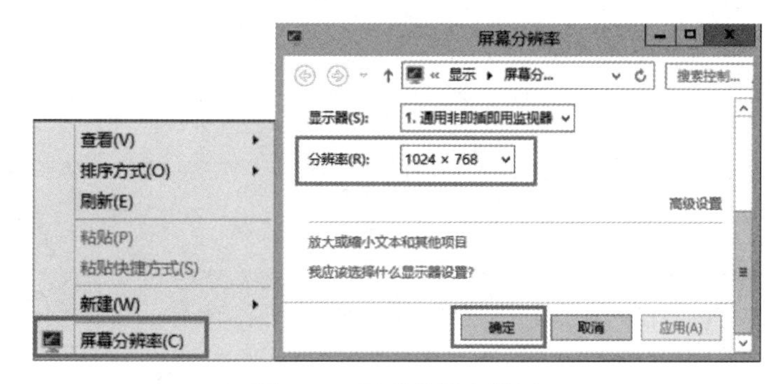

图 1-17　屏幕分辨率设置

实训 1-4　计算机名与 IP 地址的设置

1. 修改计算机名

操作步骤

第1步：单击屏幕左下方的“开始”按钮，如图1-18所示。

图1-18 开始按钮

第2步：打开 Windows Server 2012 R2 的桌面，用鼠标右键单击“这台电脑”，单击下方的“属性”按钮，如图1-19所示。

第3步：单击“高级系统设置”，如图1-20所示。

图1-19 这台电脑属性

图1-20 高级系统设置

第4步：在“系统属性”对话框中，单击“计算机名”选项卡，单击“更改”按钮，输入计算机名“dc”，单击“确定”，如图1-21所示。

第5步：计算机改名后，必须重新启动才能生效。

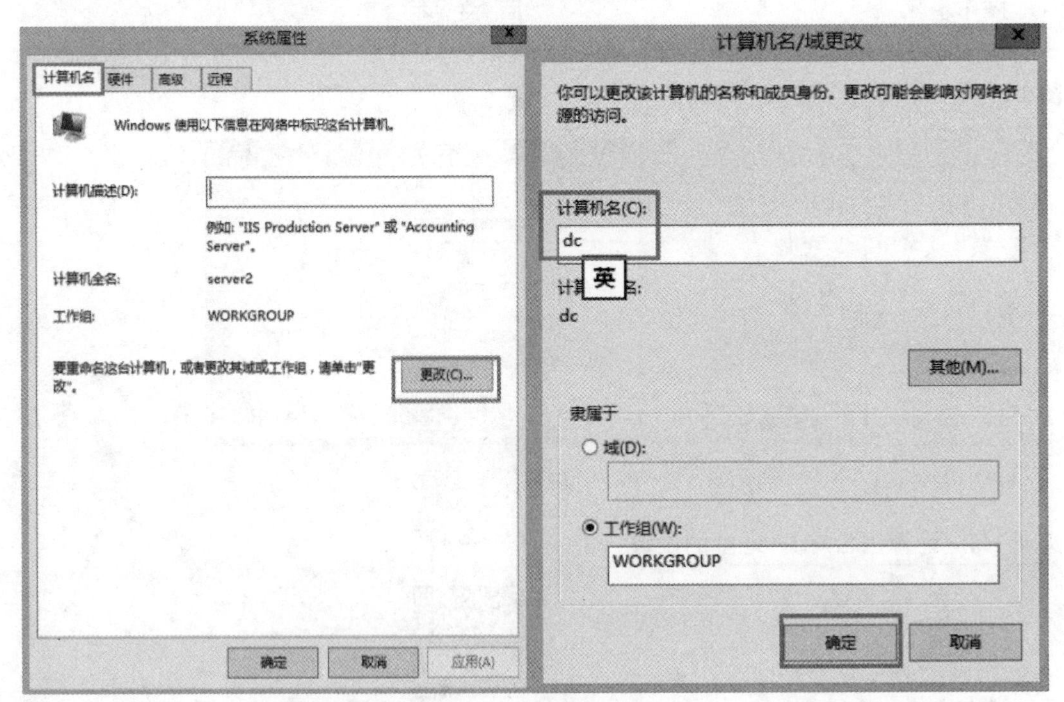

图1-21 更改计算机名

2. 设置计算机的 IP 地址

操作步骤

第 1 步： 用鼠标右键单击屏幕右下方的“网络”图标，选择“打开网络和共享中心”，如图 1-22 所示。

图 1-22　网络图标

第 2 步： 单击“更改适配器设置”，如图 1-23 所示，打开“网络连接”对话框，如图 1-24 所示。

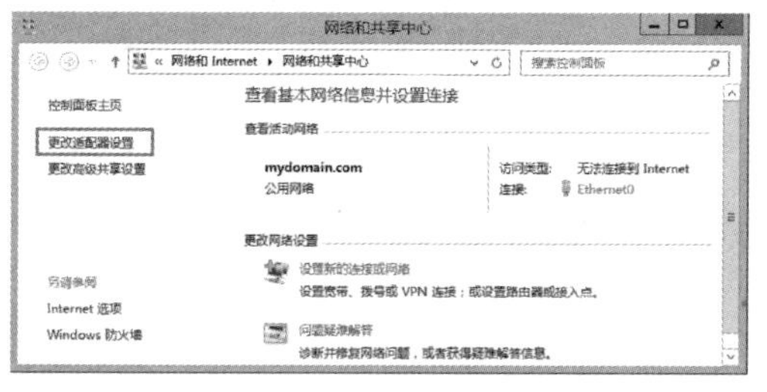

图 1-23　更改适配器设置

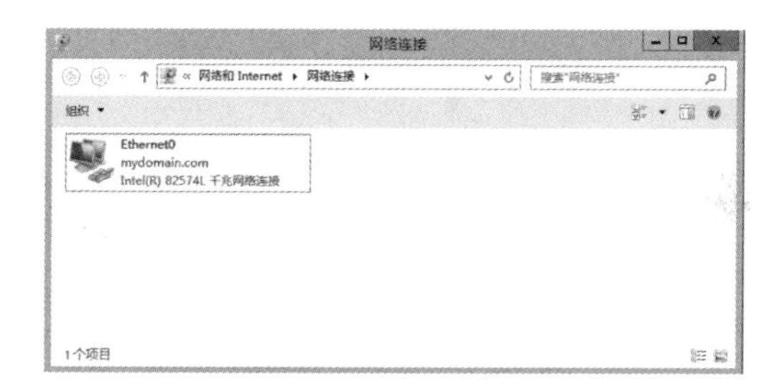

图 1-24　网络连接

第 3 步： 用鼠标右键单击“Ethernet0”，打开“Ethernet0 属性”对话框，双击“Internet 协议版本 4（TCP/IPv4）”，如图 1-25 所示，输入要设置的 IP 地址“192.168.1.10”、子网掩码“255.255.255.0”、默认网关“192.168.1.1”、首选 DNS 服务器地址“192.168.1.10”等，然后单击“确定”按钮，如图 1-26 所示。

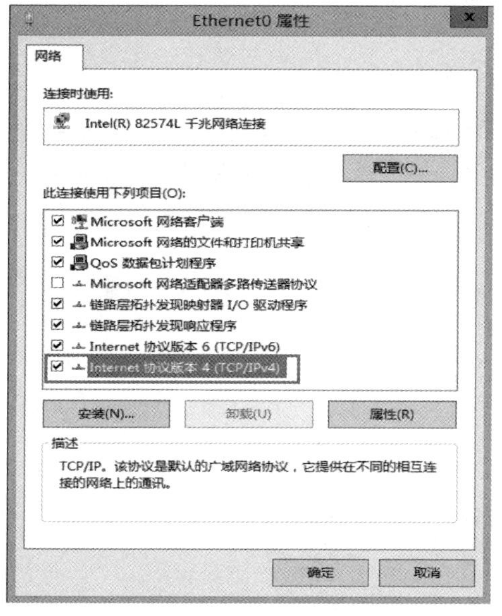

图 1-25　Ethernet0 属性

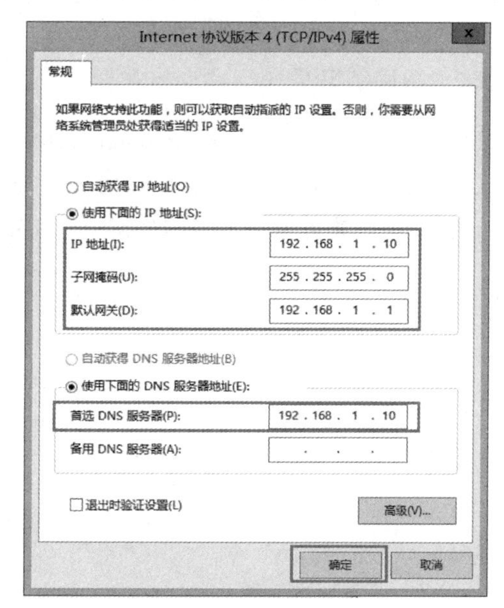

图 1-26　TCP/IPv4 属性

实训 1-5 Windows 防火墙的设置

操作步骤

第 1 步： 打开网络和共享中心，单击下方的"Windows 防火墙"，如图 1-27 所示。

第 2 步： 单击"启用或关闭 Windows 防火墙"，如图 1-28 所示。

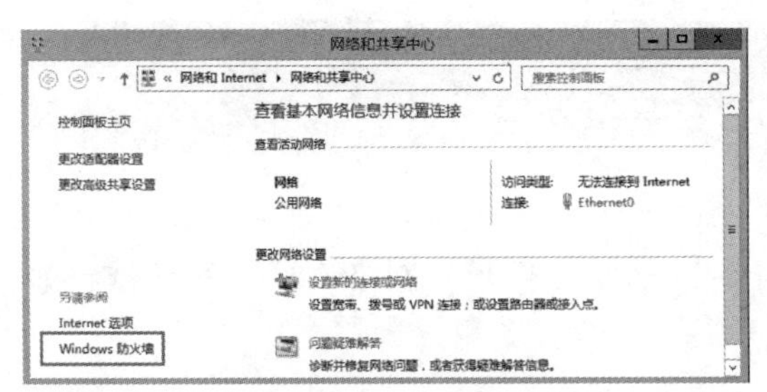

图 1-27 Windows 防火墙

图 1-28 启用或关闭 Windows 防火墙

第 3 步： 选择"启用 Windows 防火墙"或"关闭 Windows 防火墙"，如图 1-29 所示。

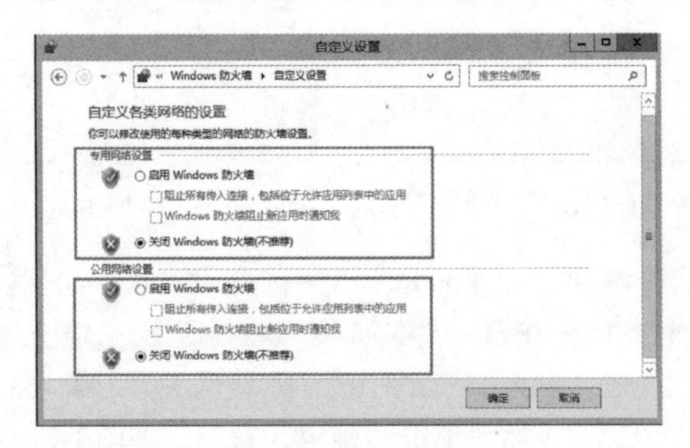

图 1-29 关闭 Windows 防火墙

1.5.2 巩固练习

（1）请设置计算机名为 Windows2012A1，IP 地址为 192.168.10.10，子网掩码为 255.255.255.0，网关为 192.168.10.1，DNS 为 192.168.10.10，并关闭计算机的防火墙。

（2）请设置计算机的显示分辨率为 1024×768。

项目 2　本地用户和组

项目应用场景：

李明是某小型企业的网络管理员，公司内部的办公网络是基于工作组方式的，李明需要对本地的用户账户进行管理和维护。

任务 2.1　本地用户账户的管理

2.1.1　任务目标

（1）了解 Windows 本地用户的操作。

（2）掌握本地用户账户的创建与管理。

2.1.2　知识准备

每台 Windows 计算机都有一个本地安全账户管理器（SAM），用户使用计算机前必须登录该计算机，也就是要提供有效的用户账户与密码，而这个用户账户就创建在本地安全账户管理器内，这个账户就被称为本地用户账户。创建在本地安全账户管理器内的组被称为本地组账户。

实训 2-1　查看 Windows 内置的本地用户和组

操作步骤

第 1 步： 打开“管理工具”，双击“计算机管理”，如图 2-1 所示。

第 2 步： 展开“本地用户和组”，查看 Windows 自带的本地用户和组，如图 2-2 所示。

图 2-1　管理工具

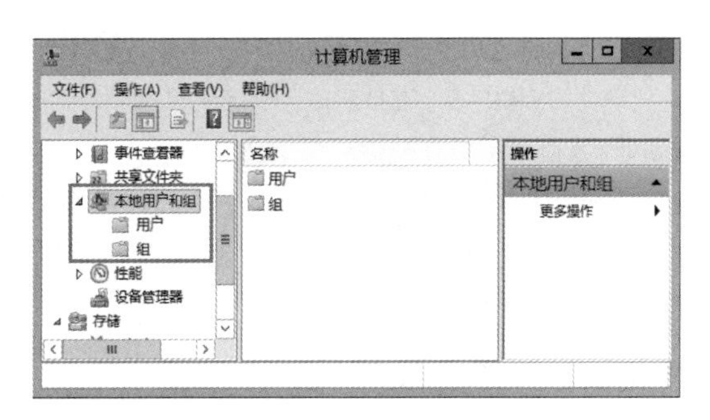

图 2-2　计算机管理 1

第 3 步： 展开“本地用户和组”中的用户，查看 Windows 自带的本地用户，如图 2-3 所示，Windows Server 2012 R2 内置了两个本地用户账户 Administrator（系统管理员）和 Guest（来宾）。

（1）Administrator（系统管理员）：它拥有最高的权限，我们可以利用它来管理计算机，例如建立、修改、删除用户与组账户、设置安全策略、建立打印机、设置用户等。我们无法将此账户删除，不过为了安全起见，我们可以将其改名。

（2）Guest（来宾）：它是供没有账户的用户来临时使用的，它只有很少的权限。我们可以更改其名称，但无法将其删除，此账户默认是被停用的。

第 4 步：展开“本地用户和组”中的组，查看 Windows 自带的本地组，如图 2-4 所示，常用的本地组有：

（1）Administrators：此组内的用户具备系统管理员的权限，他们拥有对这台计算机最高的控制权，可以执行计算机的全部管理工作。内置的系统管理员 Administrator 就是隶属于此组，我们无法将它从此组内删除。

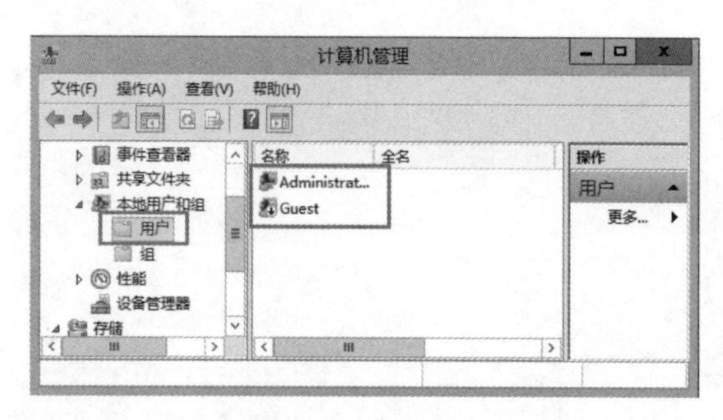

图 2-3　本地用户

图 2-4　本地组

（2）Backup Operators：此组内的用户可以通过 Windows Server Backup 工具来备份与还原计算机内的文件，不论他们是否有权限访问这些文件。

（3）Guests：此组内的用户无法永久改变其桌面的工作环境，当他们登录时，系统会为他们建立一个临时的用户配置文件，注销时此配置文件就会被删除。Guest 用户默认隶属于此组。

（4）Network Configuration Operators：此组内的用户可以执行常规的网络设置工作，例如修改 IP 地址，但是不可以安装、删除驱动程序与服务，也不可以执行与网络服务器设置有关的工作。

（5）Performance Monitor Users：此组内的用户可监视本地计算机的运行性能。

（6）Remote Desktop Users：此组内的用户可以从远程计算机利用远程桌面服务登录。

（7）Users：此组内的用户只拥有一些基本权限，例如执行应用程序、使用本地与网络打印机、锁定计算机等，但是他们不能将文件夹共享给网络上的其他用户、不能将计算机关机等，所有新增的本地用户账户都自动隶属于此组。

实训 2-2　创建本地用户账户

操作步骤

打开“管理工具”→“计算机管理”，在空白处用鼠标右键单击，选择“新用户”，如图 2-5 所示，输入用户名“zhangsan”和密码，然后单击“创建”按钮，如图 2-6 所示，创建用户“zhangsan”后，如图 2-7 所示。

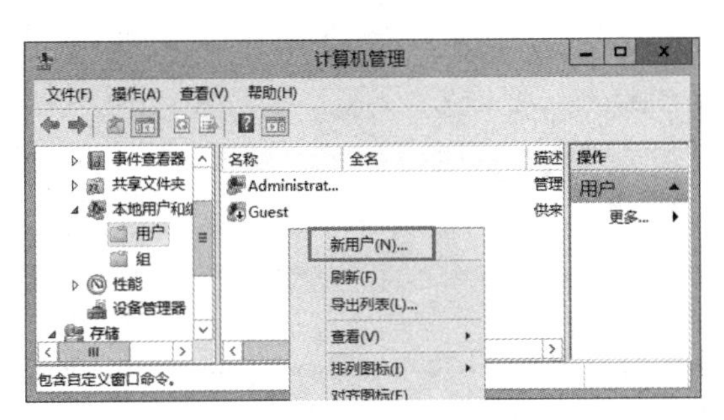

图 2-5　计算机管理 2

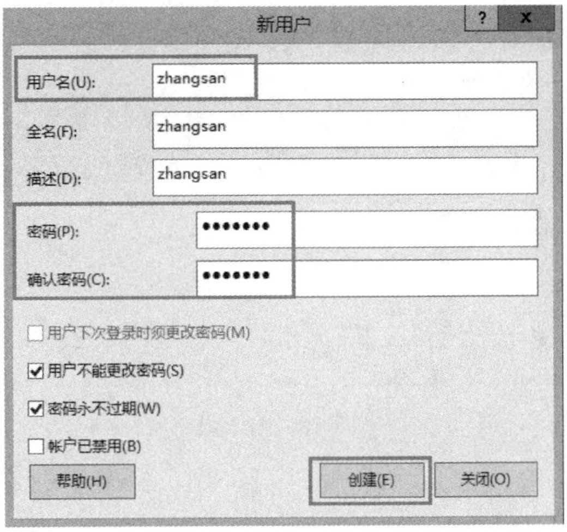

图 2-6　新用户 zhangsan

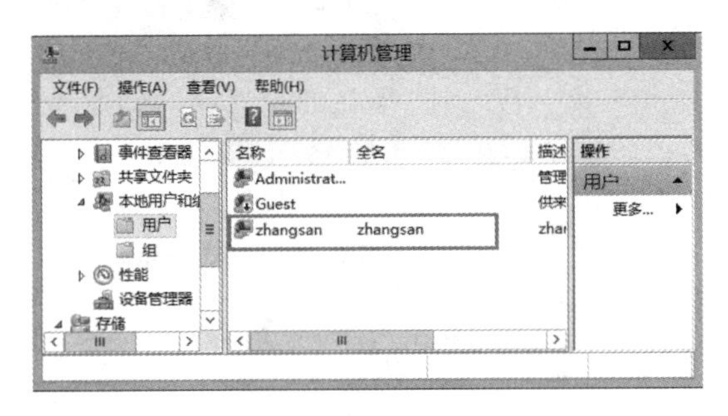

图 2-7　计算机管理 3

实训 2-3　将本地用户添加到某个组中

操作步骤

第 1 步：用鼠标右键单击用户“zhangsan”，选择“属性”，如图 2-8 所示。

第 2 步：单击“隶属于”选项卡，单击“添加”按钮，如图 2-9 所示，打开“选择组”对话框，在“输入对象名称来选择”文本框中直接输入要加入的组的名称“Administrators”，如图 2-10 所示。如果不知道需要加入组的名称，则单击“高级”按钮，然后再单击“立即查找”按钮，出现搜索结果，选择需要加入的组，如图 2-11 所示。

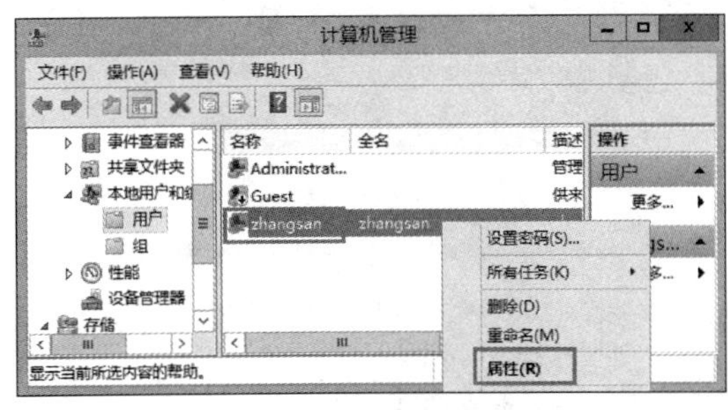

图 2-8　用户属性

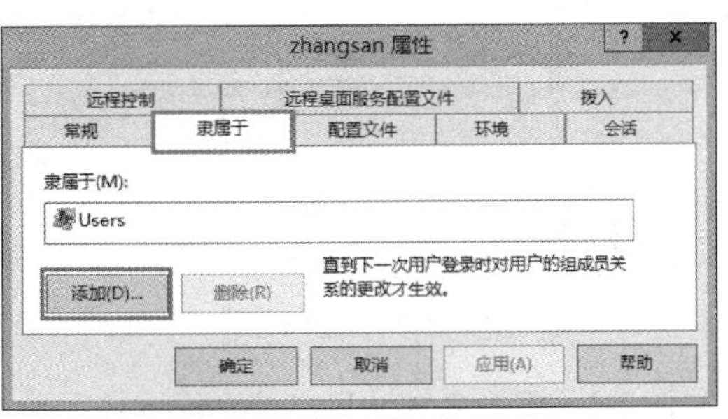

图 2-9　隶属于

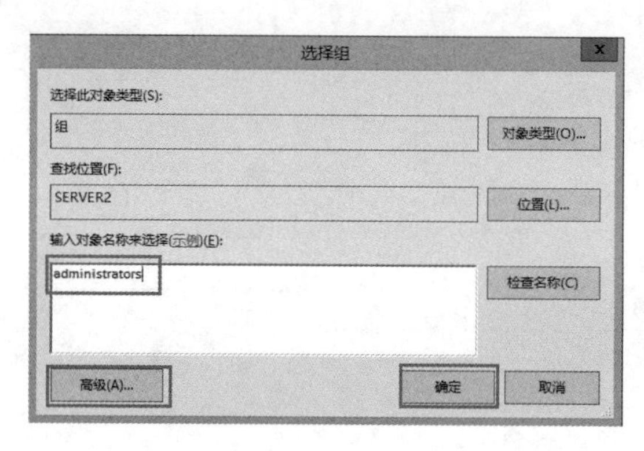

图 2-10　输入组

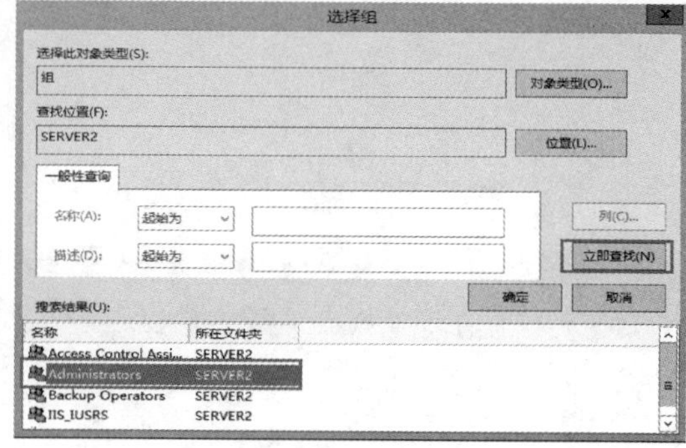

图 2-11　查找组

第 3 步：单击“确定”按钮，就可以看到已经将用户 zhangsan 加入“Administrators”组了，最后单击“应用”按钮，如图 2-12 所示。

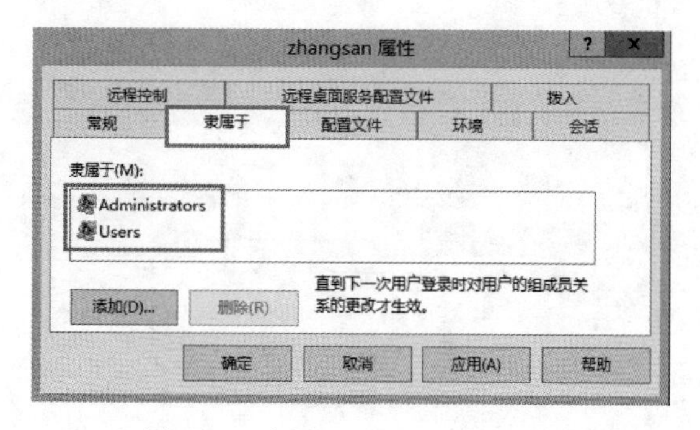

图 2-12　隶属于 Administrators 组

实训 2-4　重设本地用户账户密码

操作步骤

第 1 步：用鼠标右键单击账户“zhangsan”，选择“设置密码”，如图 2-13 所示。

第 2 步：不需要输入原密码，直接输入新密码即可，单击“确定”按钮，如图 2-14 所示。

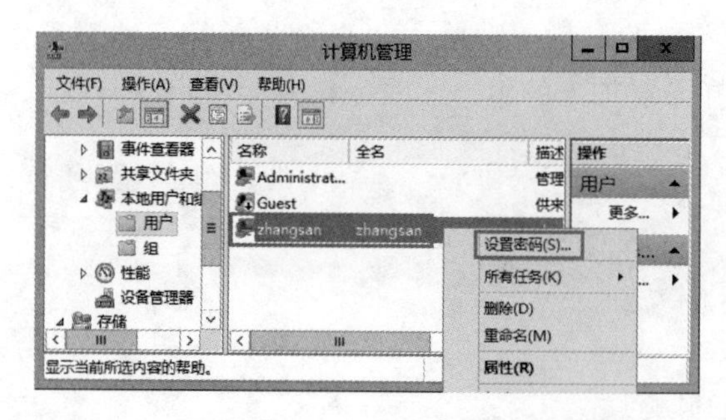

图 2-13　设置密码

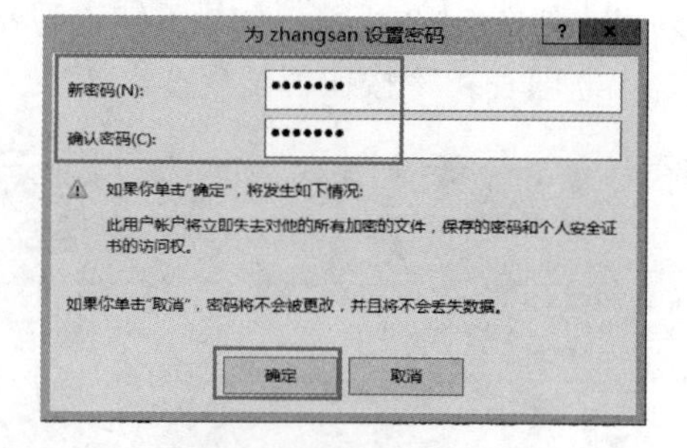

图 2-14　设置新密码

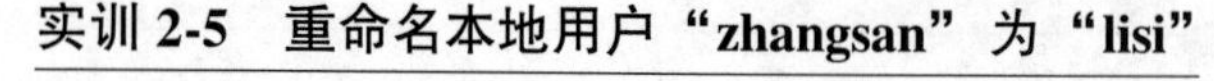

实训 2-5　重命名本地用户“zhangsan”为“lisi”

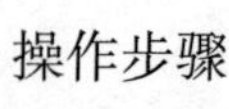

操作步骤

第 1 步： 用鼠标右键单击账户 "zhangsan"，选择 "重命名"，如图 2-15 所示。

第 2 步： 直接将 "zhangsan" 改为 "lisi"，如图 2-16 所示，账户被重命名后，保留原来账户的属性。

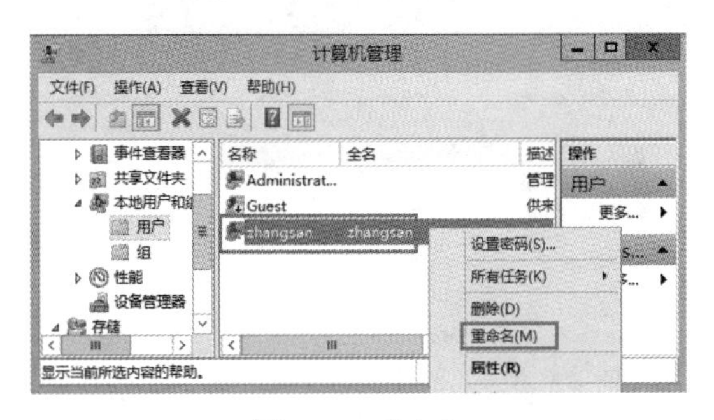

图 2-15　重命名

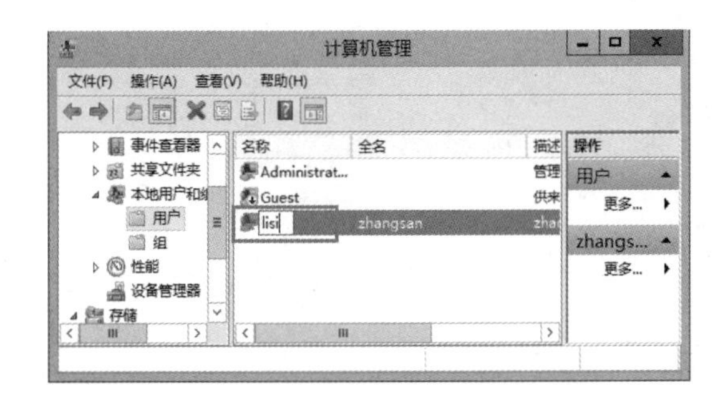

图 2-16　zhangsan 改为 lisi

实训 2-6　删除本地用户账户 "zhangsan"

操作步骤

用鼠标右键单击账户 "zhangsan"，选择 "删除"，如图 2-17 所示，删除了本地用户账户 "zhangsan" 后，如果又新建一个用户也叫 "zhangsan"，但是后建的账户 "zhangsan" 已经不是原来的账户 "zhangsan" 了，他们的属性已经不一样了。

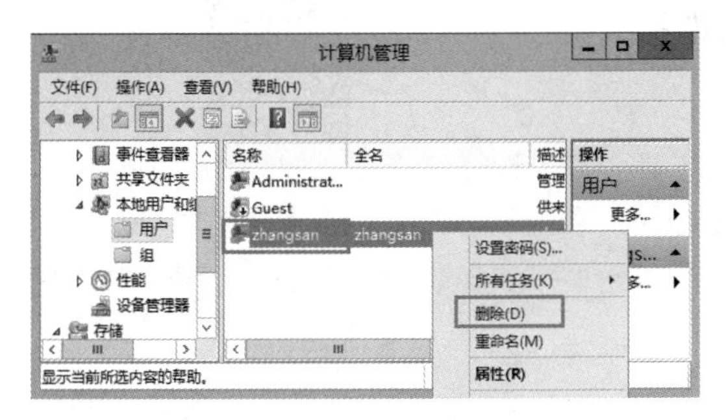

图 2-17　删除用户账户

实训 2-7　本地用户账户的属性

操作步骤

用鼠标右键单击账户“zhangsan”，选择“属性”，如图 2-18 所示，可以勾选账户的属性，包括“用户下次登录时必须更改密码”“用户不能更改密码”（但这两个选项不能同时勾选）“密码永不过期”和“账户已禁用”。

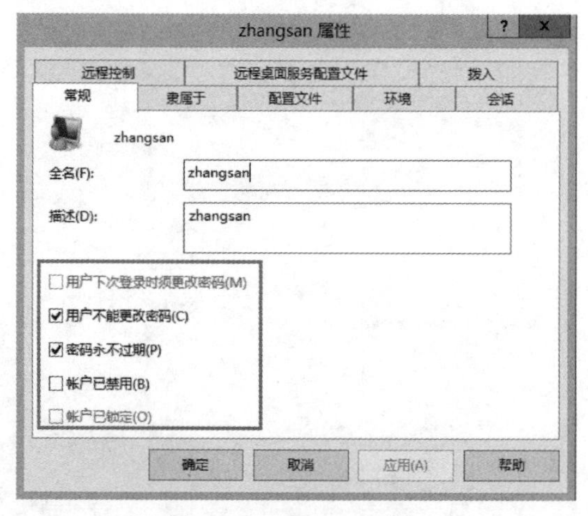

图 2-18　zhangsan 属性

任务 2.2　本地组账户的管理

2.2.1　任务目标

（1）了解 Windows 本地组的操作。

（2）掌握本地组账户的创建与管理。

2.2.2　知识准备

Windows 系统内置了许多本地组，它们本身已经被赋予了一些权利与权限，具备管理本地计算机或访问本地资源的能力，只要用户账户被加入本地组内，此用户就会具备该组拥有的权利与权限。

实训 2-8　创建本地组账户

操作步骤

第 1 步：打开管理工具，双击计算机管理，如图 2-19 所示。

第 2 步：展开“本地用户和组”，单击“组”，如图 2-20 所示。

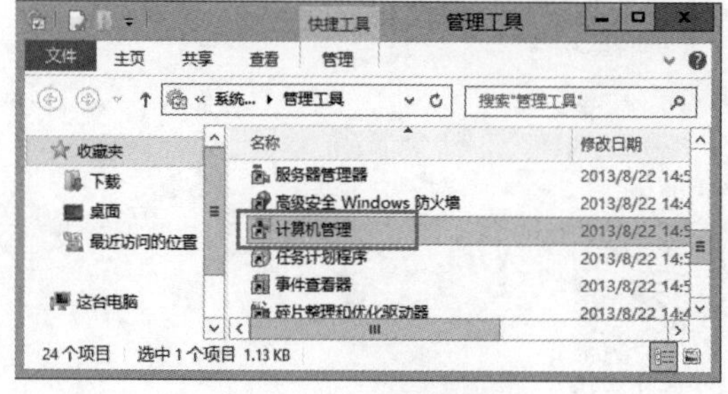

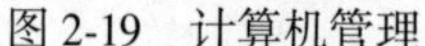

图 2-19　计算机管理

图 2-20　本地组

第 3 步：用鼠标右键单击“组”，选择“新建组”，如图 2-21 所示。

第 4 步：输入组名“jishu”，单击“创建”按钮，如图 2-22 所示。“jishu”组创建完成后，如图 2-23 所示。

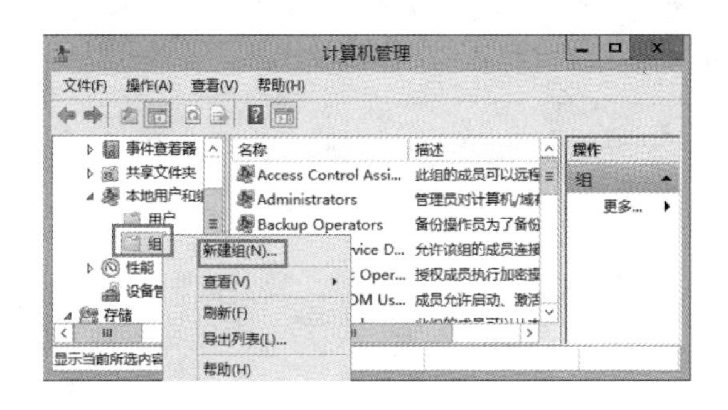

图 2-21　新建组

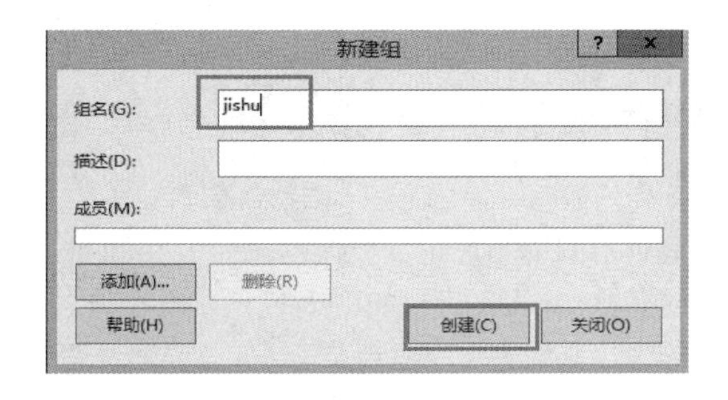

图 2-22　新建 jishu 组

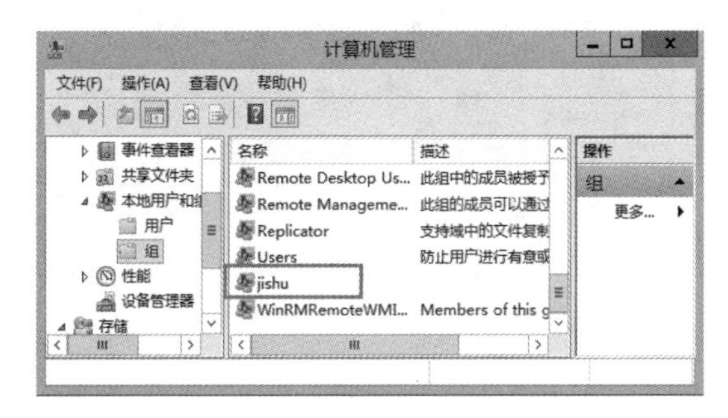

图 2-23　新建 jishu 组完成

实训 2-9　为本地组账户添加成员

操作步骤

用鼠标右键单击“jishu”组，选择“属性”，打开“jishu 属性”对话框，选择“常规”选项卡，单击“添加”按钮，打开“选择用户”对话框，在“输入对象名称来选择”文本框中输入需要添加的用户账户名称“zhangsan”，如图 2-24 所示。也可以单击“高级”按钮，然后单击“立即查找”按钮，选择要添加的账户“zhangsan”，单击“确定”按钮，如图 2-25 所示。

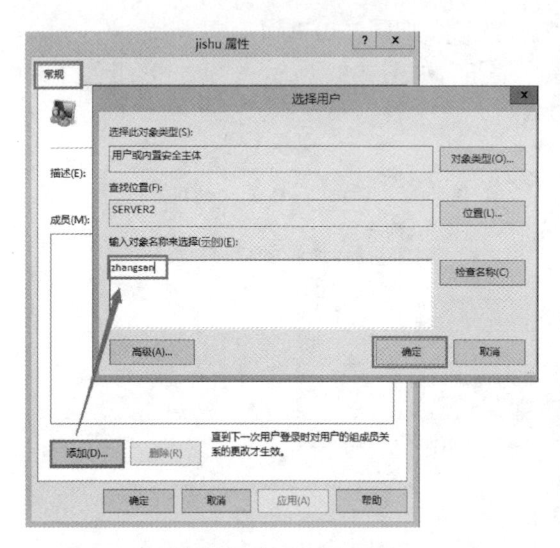

图 2-24 输入用户名称

图 2-25 选择用户

实训 2-10 重命名本地组账户

操作步骤

第 1 步：用鼠标右键单击“jishu”组，选择“重命名”，如图 2-26 所示。

第 2 步：直接输入新名称“jishubu”，如图 2-27 所示。组改名后，组的属性及成员都不发生变化，还是原来的组，只是名字发生改变。

图 2-26 重命名 jishu 组

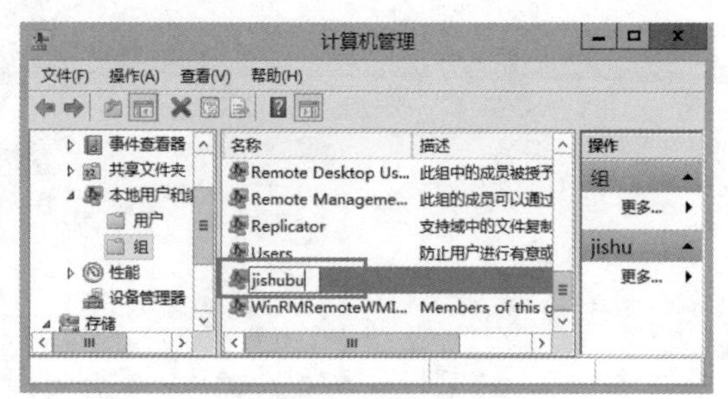

图 2-27 重命名为 jishubu 组

2.2.3 巩固练习

（1）在 WIN2012A1 中创建 4 个本地组，组名采用部门名称的拼音来命名，每个部门都创建 5 个本地用户，销售部用户：user1 ~ user5，营销部用户：user6 ~ user10，市场部用户：user11 ~ user15，管理部用户：user16 ~ user20，用户不能修改用户口令，用户口令为 ABCabc123#。

（2）在 WIN2012B1 中创建 4 个本地组，分别为 group1、group2、group3、group4，每个组都创建两个用户，依次分别为 manager1 ~ manager4 和 user1 ~ user4，用户的初始密码为 netW@ rk2020，用户下次登录需要更改密码。

项目 3　创建 Active Directory 域

项目应用场景：

某公司内部的办公网络原来是基于工作组方式的，现在由于公司业务发展较快，人员增多，同时考虑到网络安全和统一管理，考虑将基于工作组的网络环境升级为基于域的网络环境，现在需要升级一台域控制器，并将其他计算机加入域中成为成员服务器。

任务 3.1　升级 Active Directory 域控制器

任务目标

会升级 Active Directory 域控制器。

实训 3-1　创建网络中的第一台域控制器

1. 知识准备

在 Windows Server 2012 R2 升级域控制器前，请注意以下事项。

（1）DNS 域名：请事先为 Active Directory 域考虑一个符合 DNS 格式的域名，例如 zbgyxx.com。

（2）DNS 服务器：由于域控制器需要将自己注册到 DNS 服务器内，以便让其他计算机通过 DNS 服务器来找到这台域控制器，因此必须要有一台可支持 Active Directory 的 DNS 服务器，也就是它必须支持服务位置资源记录，且最好支持动态更新。如果现在没有可支持 Active Directory 的 DNS 服务器，可以在升级过程中，选择在这台即将升级为域控制器的服务器上安装 DNS 服务器。

（3）域控制器需要静态的 IP 地址，它的 IP 地址不能是从其他 DHCP 服务器获得的地址。

2. 操作步骤

我们将使用添加服务器角色的方式，创建域控制器。我们会将计算机名设置为 DC，等升级为域控制器后，其计算机名会自动被改为 DC.zbgyxx.com。

第 1 步：设置域控制器的计算机名为 DC，如图 3-1 所示。设置域控制器的 IP 地址为 192.168.10.10，子网掩码为 255.255.255.0，默认网关为 192.168.10.1，首选 DNS 服务器为 192.168.10.10，如图 3-2 所示。

第 2 步：单击“开始”→“服务器管理器”→“添加角色和功能”，如图 3-3 所示，出现“开始之前”对话框，单击“下一步”按钮，如图 3-4 所示。

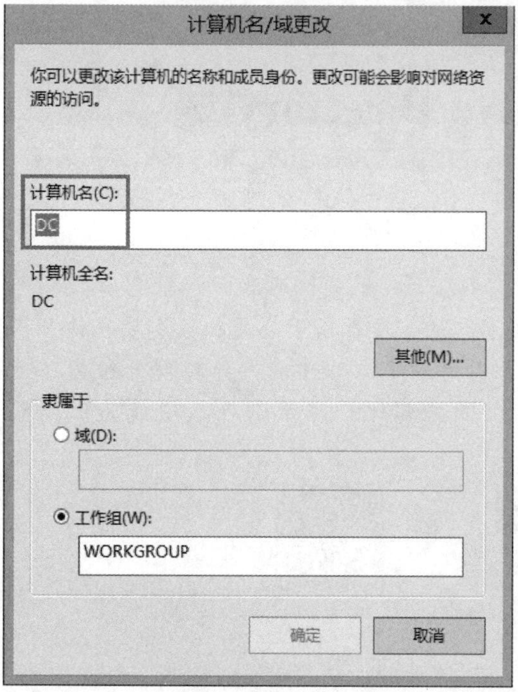

计算机名/域更改

你可以更改该计算机的名称和成员身份。更改可能会影响对网络资源的访问。

计算机名(C):

DC

计算机全名:

DC

其他(M)...

隶属于

域(D):

工作组(W):

WORKGROUP

确定　取消

图 3-1　计算机名

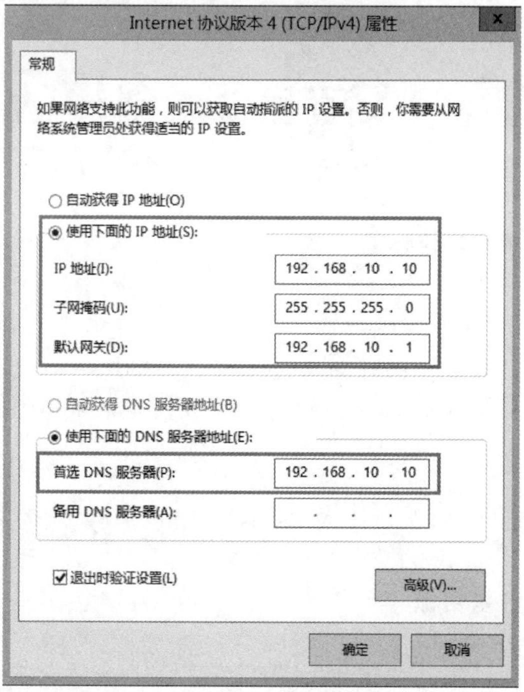

Internet 协议版本 4 (TCP/IPv4) 属性

常规

如果网络支持此功能，则可以获取自动指派的 IP 设置。否则，你需要从网络系统管理员处获得适当的 IP 设置。

自动获得 IP 地址(O)

使用下面的 IP 地址(S):

IP 地址(I):　192 . 168 . 10 . 10

子网掩码(U):　255 . 255 . 255 . 0

默认网关(D):　192 . 168 . 10 . 1

自动获得 DNS 服务器地址(B)

使用下面的 DNS 服务器地址(E):

首选 DNS 服务器(P):　192 . 168 . 10 . 10

备用 DNS 服务器(A):

退出时验证设置(L)　高级(V)...

确定　取消

图 3-2　TCP/IPV4 属性

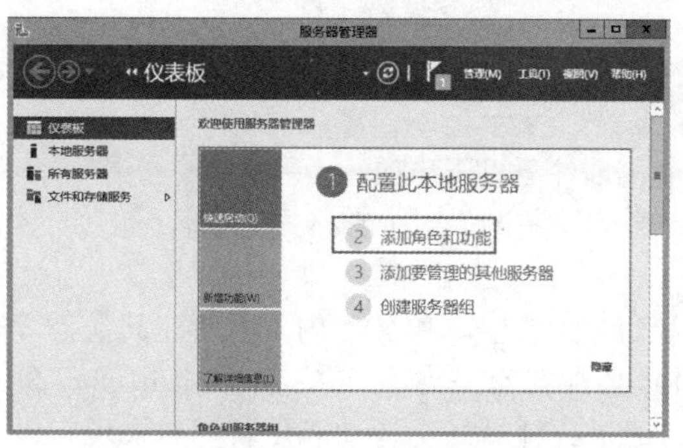

图 3-3　服务器管理器

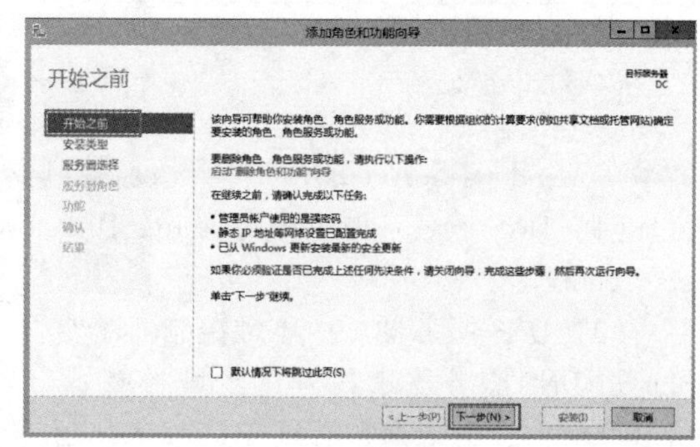

图 3-4　开始之前

第 3 步：安装类型选择“基于角色或基于功能的安装”，如图 3-5 所示，在选择“目标服务器”对话框中选择“DC”，单击“下一步”按钮，如图 3-6 所示。

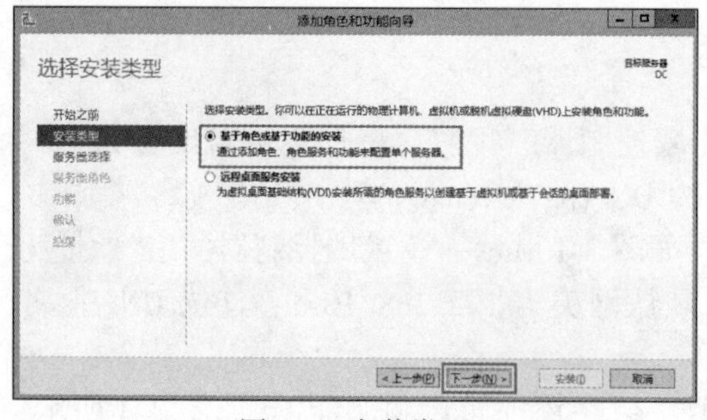

图 3-5　安装类型

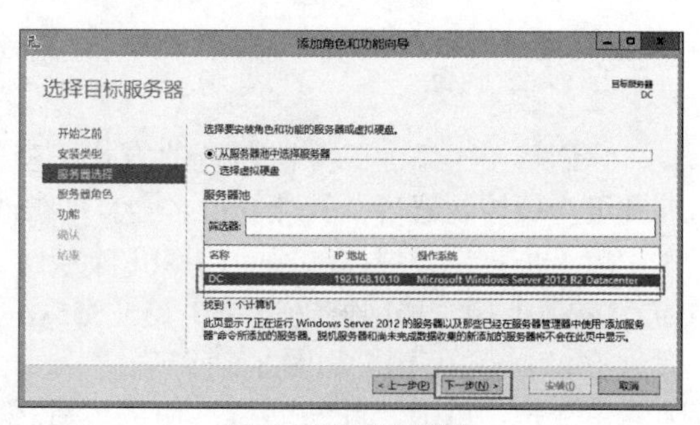

图 3-6　服务器选择

第 4 步：在“服务器角色”对话框中勾选“Active Directory 域服务”，在“添加角色和功能向导”对话框中单击“添加功能”按钮，如图 3-7 所示，然后单击“下一步”按钮。

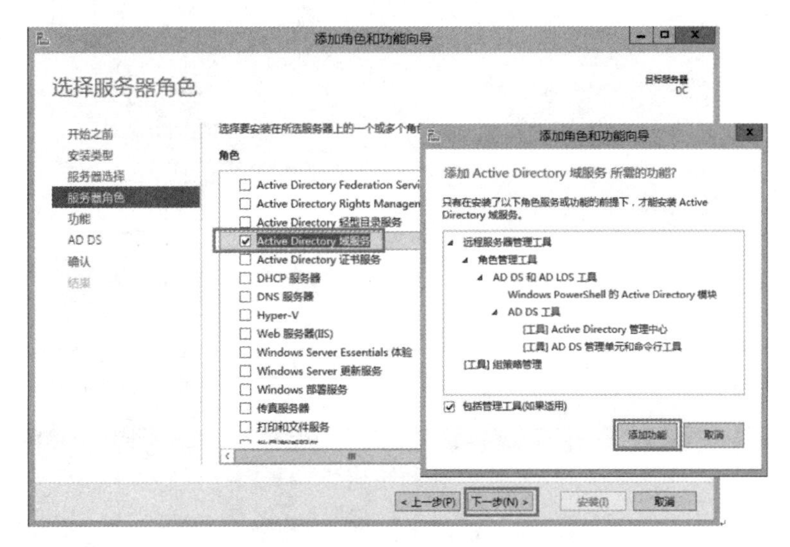

图 3-7　服务器角色

第 5 步：在“选择功能”对话框中，我们不需要安装功能，采用默认，直接单击“下一步”按钮，如图 3-8 所示。在“Active Directory 域服务”对话框中采用默认，直接单击“下一步”按钮，如图 3-9 所示。

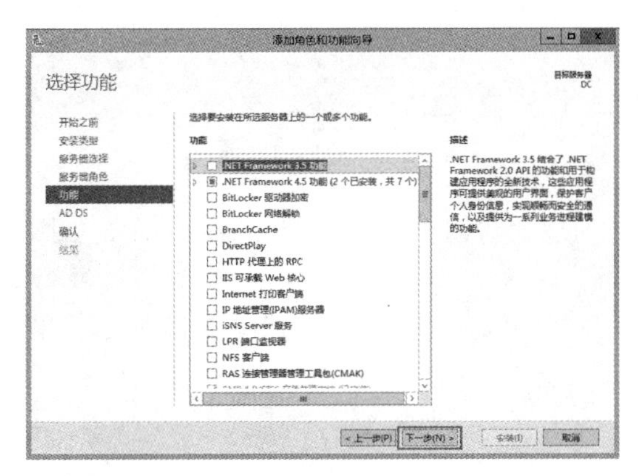

图 3-8　功能

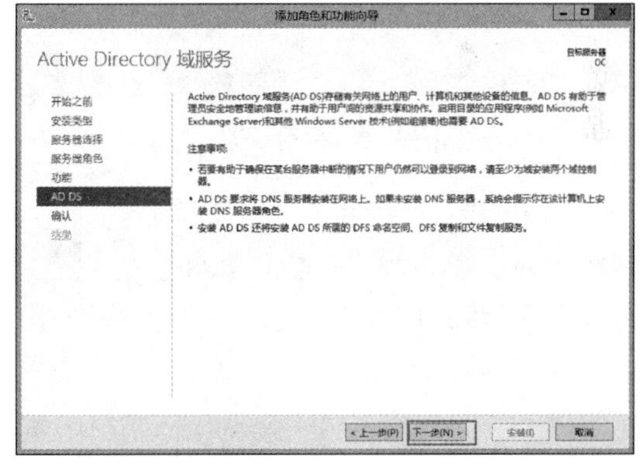

图 3-9　AD DS

第 6 步：在“确认安装所选内容”对话框中，单击“安装”按钮，如图 3-10 所示。

第 7 步：图 3-11 为角色安装完成的结果图，单击“将此服务器提升为域控制器”。

第 8 步：在“Active Directory 域服务配置向导”对话框中选择“添加新林”然后输入前面规划的根域名“zbgyxx.com”，如图 3-12 所示，单击“下一步”按钮。

第 9 步：配置“新林和根域的功能级别”都选择“Windows Server 2012 R2”，勾选“指定域名系统（DNS）服务器”，第一台域控制器必须扮演全局编录服务器的角色，第一台域控制器不可以是只读域控制器（RODC），所以这两项现在不能选择，设置“目录服务还原模式（DSRM）密码”。说明：目录服务还原模式是一个安全模式（Safe Mode），进入此模式可以修复 Active Directory 数据库。我们可以在系统启动时按 F8 来选择此模式，不过必须输入此处所设置的密码，如图 3-13 所示，完成后单击“下一步”按钮。

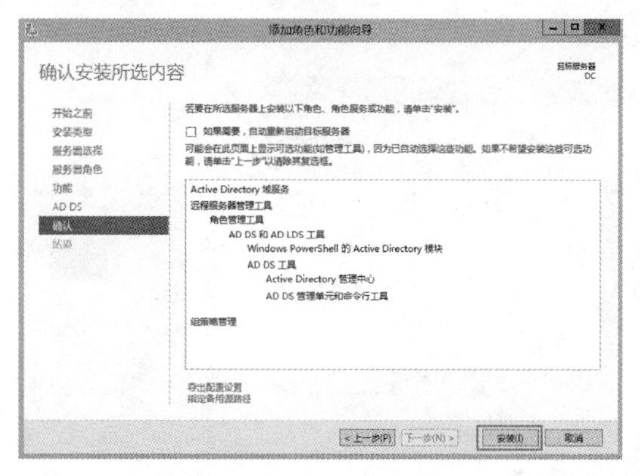

图 3-10　确认

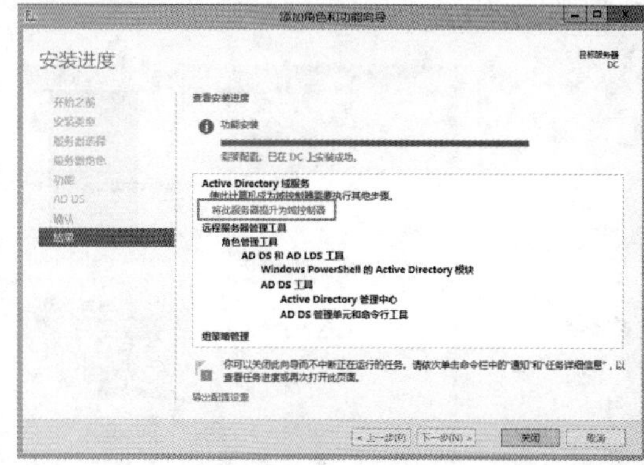

图 3-11　结果

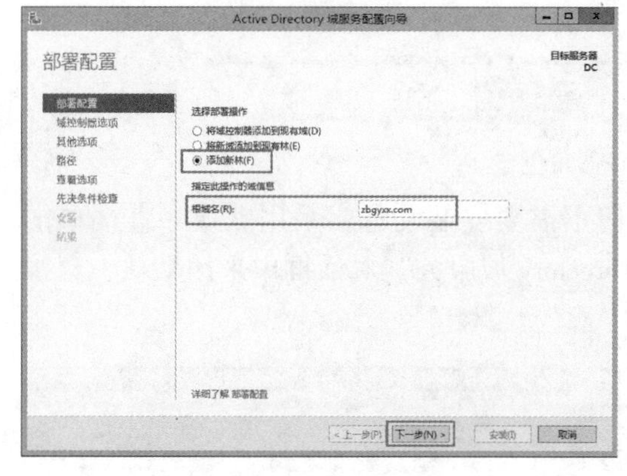

图 3-12　部署配置

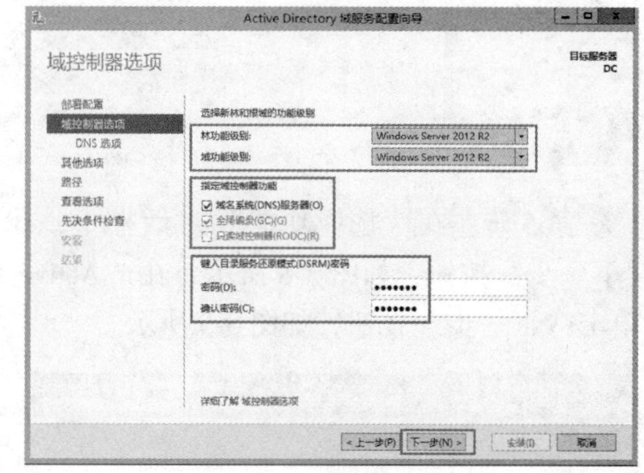

图 3-13　域控制器选项

第 10 步：因为我们没有配置 DNS 服务器，所以无法创建该 DNS 服务器的委派，如图 3-14 所示，单击“下一步”按钮。

第 11 步：设置 NetBIOS 名称，默认情况下会根据域名自动产生，如图 3-15 所示，单击“下一步”按钮。

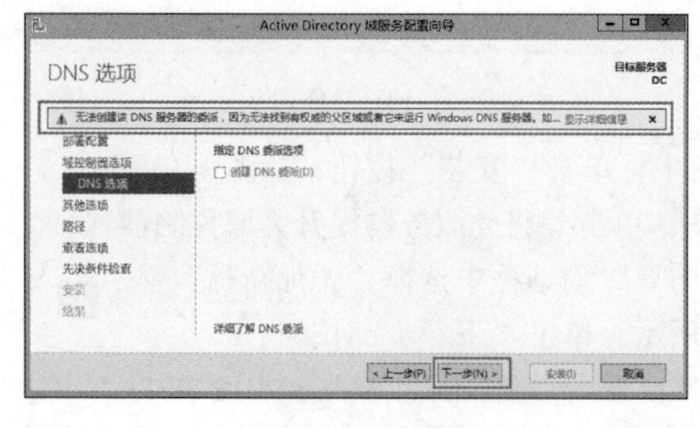

图 3-14　DNS 选项

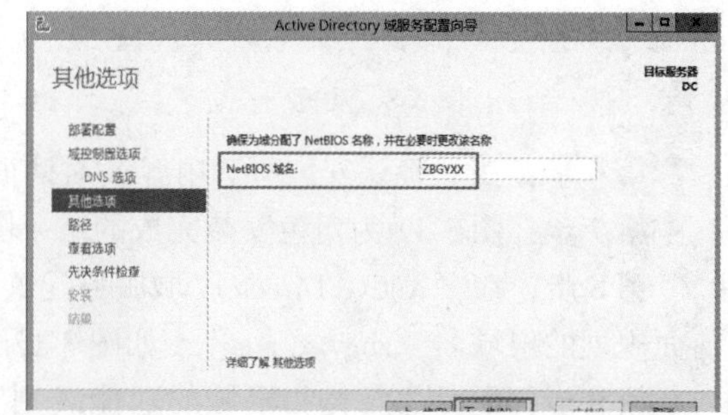

图 3-15　其他选项

第 12 步：指定 AD DS 数据库、日志文件和 SYSVOL 的位置，这些一般采用默认，也可以单击后面的按钮进行修改，如图 3-16 所示，单击“下一步”按钮。

第 13 步： 查看选项，查看域控制器的配置情况，如图 3-17 所示，单击“下一步”按钮。

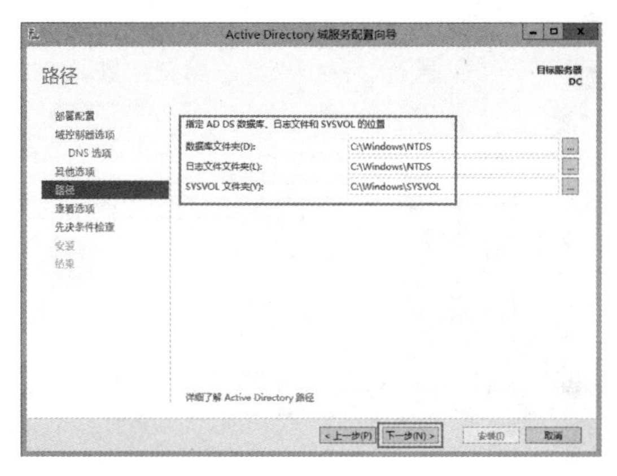

图 3-16　路径

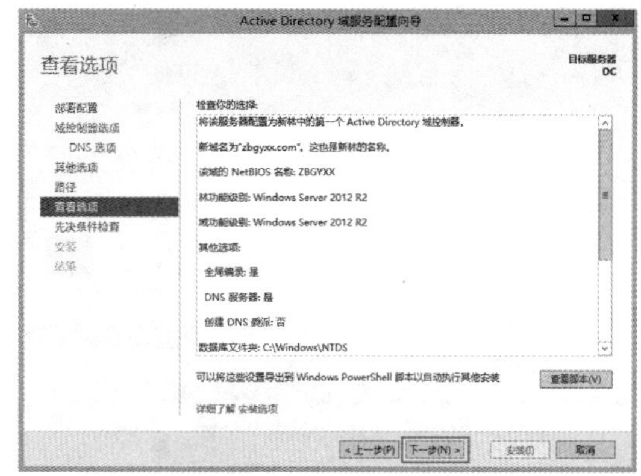

图 3-17　查看选项

第 14 步： 验证先决条件检查，自动检查域控制器安装哪里没有配置好，所有先决条件检查都通过，如图 3-18 所示，就可以单击“安装”按钮。

第 15 步： 安装完成后，计算机会自动重新启动系统，重新登录之后，打开“这台电脑属性”，发现计算机名字由原来的“DC”变成“DC. zbgyxx. com”，如图 3-19 所示。

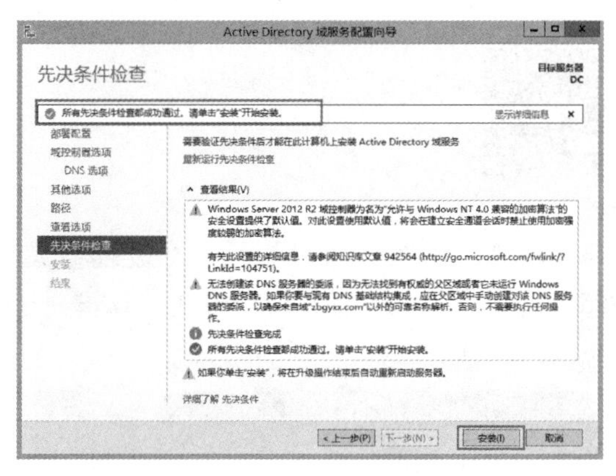

图 3-18　先决条件检查

图 3-19　系统

3. 验证结果

（1）检查 DNS 服务器内的记录是否完备。

检查主机记录，首先要检查的是域控制器是否已将其主机名与 IP 地址注册到 DNS 服务器内。请到 DNS 服务器角色的主机（DC. zbgyxx. com）上，打开“开始”→“管理工具”→“DNS 服务器”，打开 DNS 管理器，如图 3-20 所示，应该会有一个名称为 zbgyxx. com 的区域，图 3-20 中的主机（A）记录 DC，表示域控制器 DC. zbgyxx. com 已经正确地将其主机名与 IP 地址注册到 DNS 服务器内。

（2）如果域控制器已经正确地将其所扮演角色注册到 DNS 服务内，则应该还会有图 3-21 中的_tcp、_udp 等文件夹。在选择_tcp 文件夹后可以看到图 3-21 右侧所示的窗口，其中数据类型为服务位置（SRV）的_ldap 记录，标示 DC. zbgyxx. com 已经正确地注册为域控制器。图

3-21 中的_gc 记录还可以看出全局编录服务器的角色也是由 DC. zbgyxx. com 所扮演的。

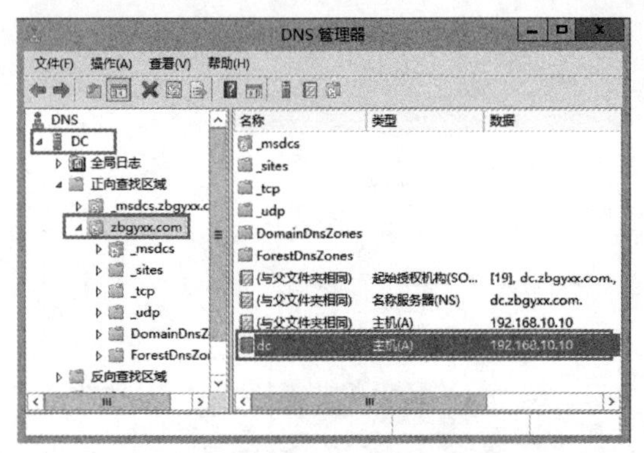

图 3-20　DNS 管理器 1

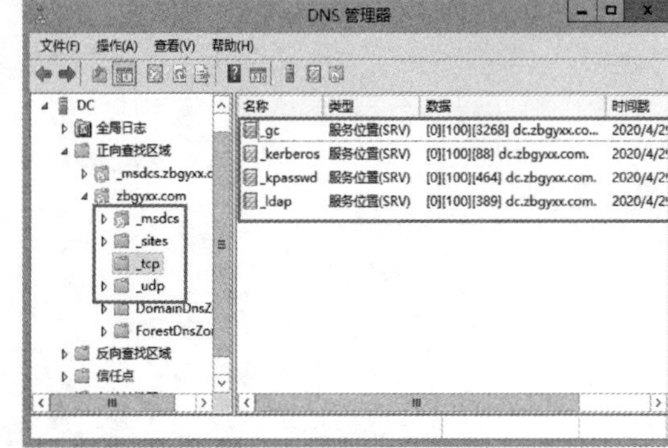

图 3-21　DNS 管理器 2

任务 3. 2　将 Windows 计算机加入或脱离域

任务目标

（1）会将 Windows 计算机加入域。

（2）会将加入域的计算机脱离域。

实训 3-2　将 Windows 系统计算机加入域

1. 操作步骤

第 1 步： 将要加入域的计算机名改为 server 2，如图 3-22 所示。IP 地址改为 192. 168. 10. 20，子网掩码为 255. 255. 255. 0，网关为 192. 168. 10. 1，DNS 为 192. 168. 10. 10，如图 3-23 所示。保证计算机 server 2 与域控制器可以 ping 通。

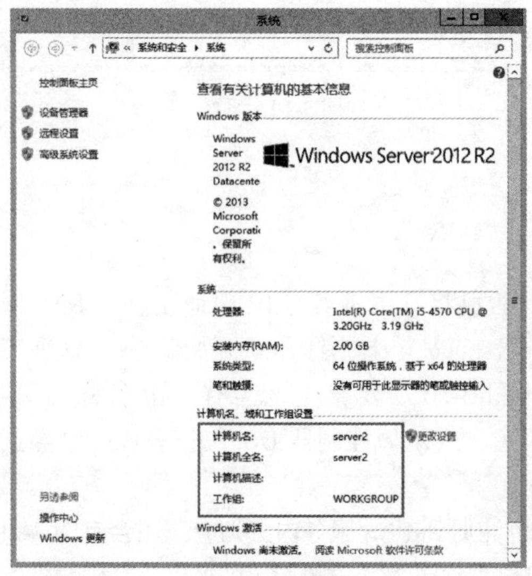

图 3-22　系统 1

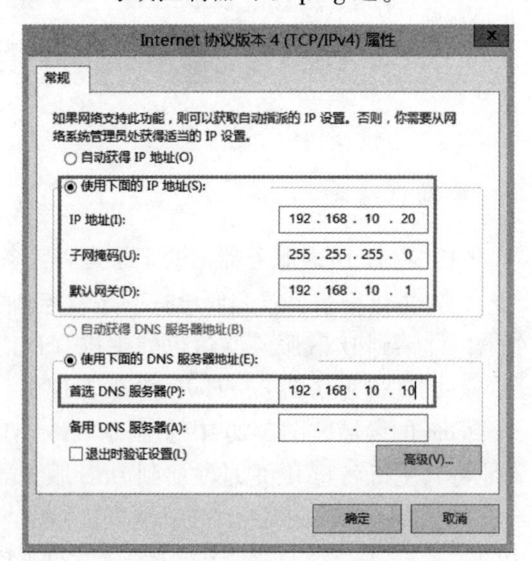

图 3-23　TCP/IPv4 属性

第 2 步： 单击开始菜单，用鼠标右键单击“这台电脑”，单击属性，打开“系统”对话框，单击“更改设置”，如图 3-24 所示。

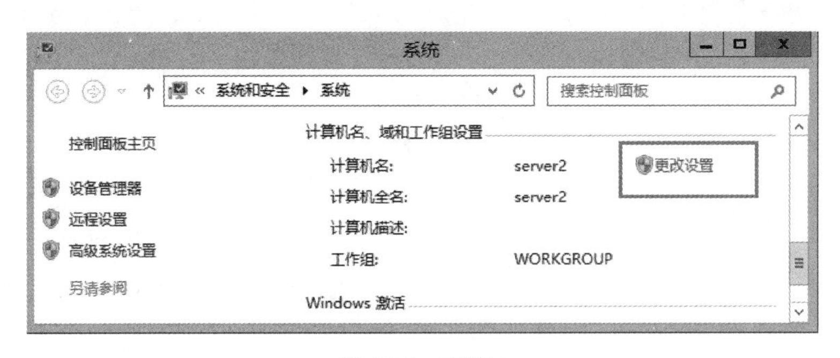

图 3-24　系统 2

第 3 步： 在“系统属性”对话框中单击“更改”按钮，如图 3-25 所示，打开“计算机名/域更改”对话框，“隶属于”选择“域”，输入域名“zbgyxx.com”，单击“确定”按钮，如图 3-26 所示。

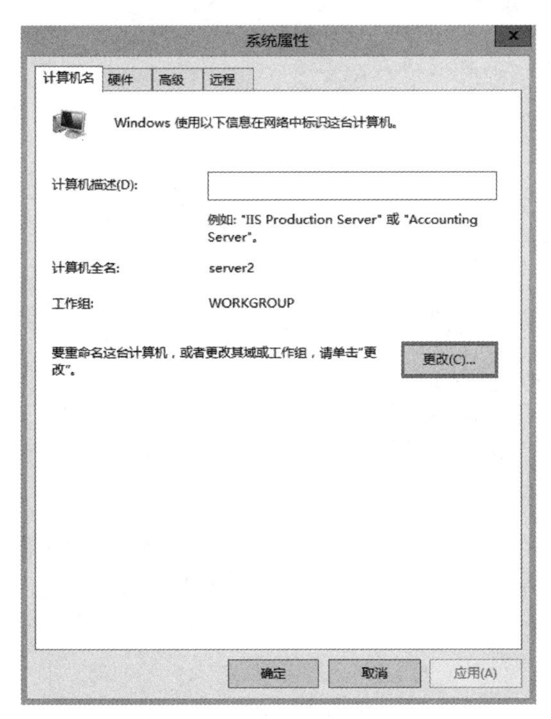

图 3-25　系统属性 1

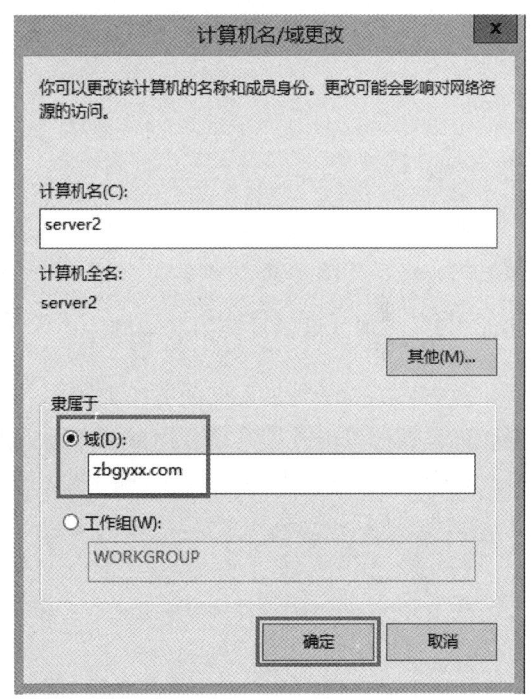

图 3-26　计算机名

第 4 步： 输入域内任何一位有权限加入该域的用户账户名称与密码，单击“确定”按钮，这里我们用的是域管理员账户 Administrator，如图 3-27 所示。

第 5 步： 出现图 3-28 所示的对话框，表示已经成功地加入域，也就是此计算机的计算机账户已经被新建在 Active Directory 数据库内，单击“确定”按钮。

第 6 步： 出现图 3-29 所示的对话框，提醒用户需要重新启动计算机，单击“确定”按钮。

图 3-27　Windows 安全

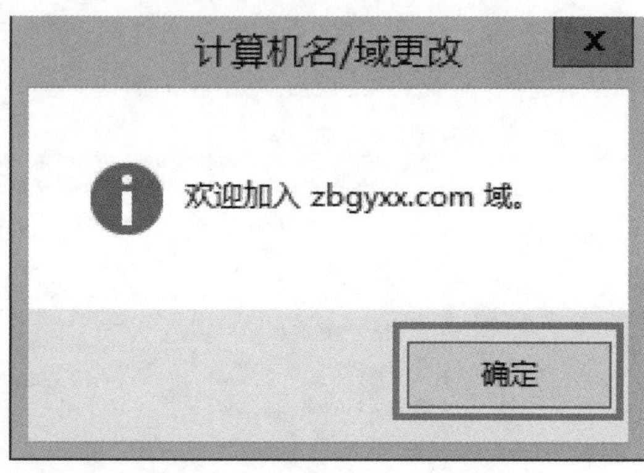

图 3-28　成功加入域

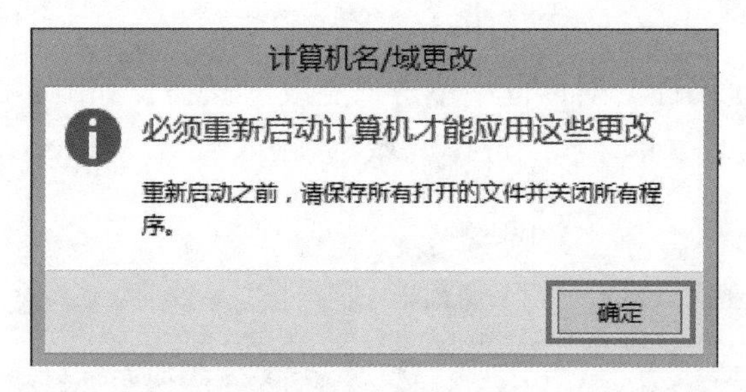

图 3-29　重启计算机

2. 验证结果

请重新打开“系统属性”对话框，加入域后，其完整计算机名的后缀就会自动加上域名的后缀，如图 3-30 所示，单击“关闭”按钮。

实训 3-3　将加入域的计算机脱离域

脱离域的方法与加入域的方法大同小异，都是通过单击开始菜单，用鼠标右键单击“这台电脑”，单击属性打开“系统”对话框，单击“更改设置”，然后选择如图 3-31 所示的“工作组”输入可用的工作组名“WORK-

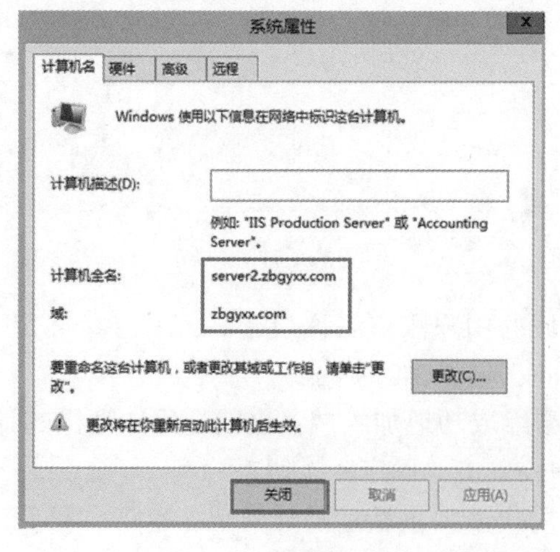

图 3-30　系统属性 2

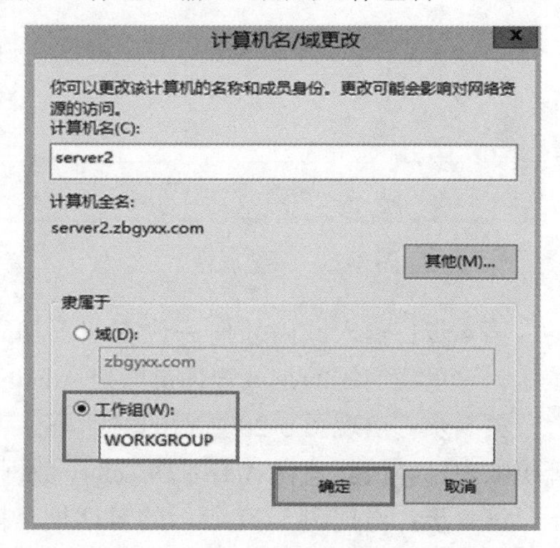

图 3-31　脱离域

GROUP”，单击“确定”按钮。完成后重新启动计算机，以后在这台计算机上登录就只能利用本地用户账户，无法再利用域用户账户来登录。

实训 3-4　利用已加入域的计算机登录域

在已经加域的计算机上，可以利用本地用户账户或域用户账户进行登录。

1. 利用本地用户账户登录

在登录窗口中按<Ctrl>+<Alt>+<Del>键后，将会出现如图 3-32 所示的窗口，图中默认是利用本地系统管理员 Administrator 的身份登录，因此只要输入本地 Administrator 的密码就可以登录。用本地账户登录时，系统会利用本地安全数据库来检查用户账户与密码是否正确，如果正确，就可以登录成功，也可以访问此计算机内的资源（若有权限）。不过，无法访问域内其他计算机的资源，除非在连接其他计算机时再输入有权限的用户名与密码。

2. 利用域用户账户登录

如果用域系统管理员 Administrator 的身份登录，请单击“切换用户”选择“其他用户”，如图 3-33 中输入域系统管理员的账号 administrator@ zbgyxx. com（账户名称后面需要附加域名 zbgyxx. com）和密码进行登录。此时，账户名与密码会被发送到域控制器，并利用 Active Directory 数据库来检查账户与密码是否正确，如果正确，就可以登录成功，并且可以直接连接域内任何一台计算机，也可以访问其中的资源（若有权限），不需要再手动输入用户名与密码。

图 3-32　利用本地用户账户登录

图 3-33　利用域用户账户登录

任务 3.3　将 Active Directory 域控制器降级

3.3.1　任务目标

会将 Active Directory 域控制器降级。

实训 3-5　删除 Active Directory 域服务，将域控制器降级

操作步骤

第 1 步： 打开“服务器管理器”→“添加角色和功能”，选择“启动删除角色和功能向导”，单击“下一步”按钮，如图 3-34 所示。

第 2 步：在“删除角色和功能向导”→“开始之前”，直接单击“下一步”按钮。在服务器选择对话框中，选择“DC. zbgyxx. com”，单击“下一步”按钮。

第 3 步：在“服务器角色”对话框中，去掉勾选“Active Directory 域服务”然后单击“删除功能”按钮，单击“下一步”按钮，如图 3-35 所示。

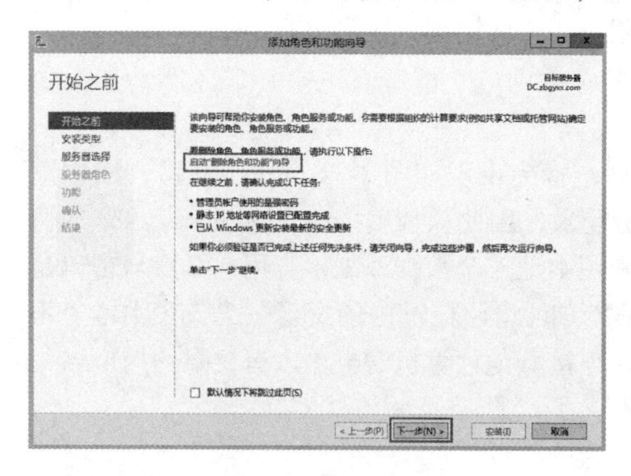

图 3-34 开始之前

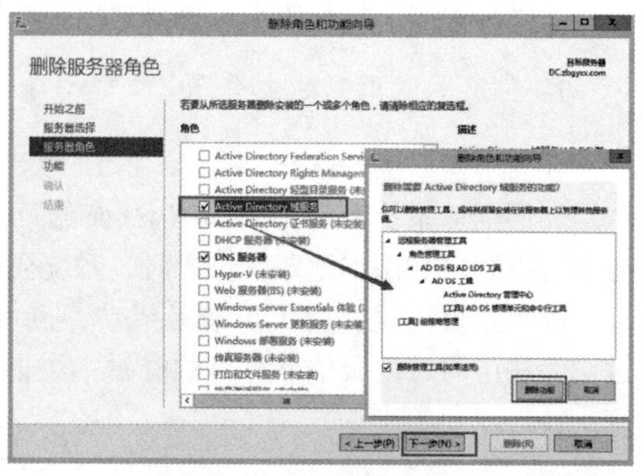

图 3-35 服务器角色

第 4 步：出现“在删除 AD DS 角色之前，需要将 Active Directory 域控制器降级”。单击“将此域控制器降级”，如图 3-36 所示。

第 5 步：勾选“域中的最后一个域控制器”，单击“下一步”按钮，如图 3-37 所示。

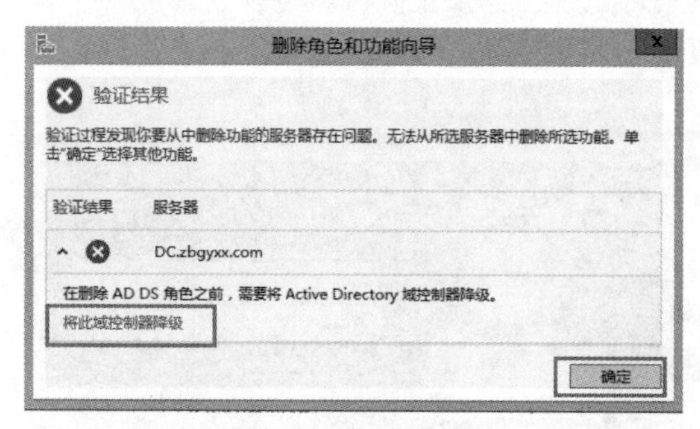

图 3-36 将此域控制器降级

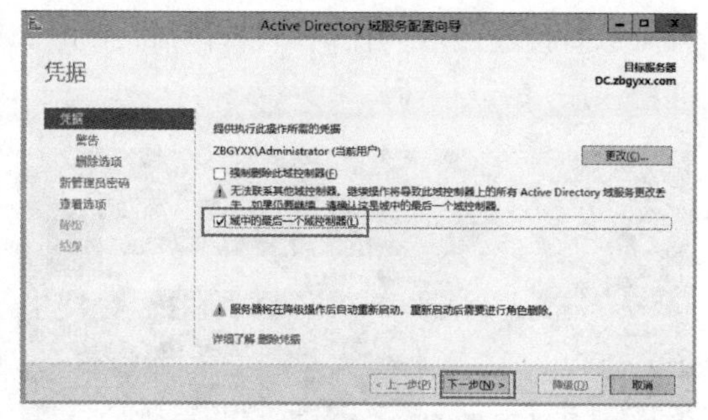

图 3-37 凭据

第 6 步：勾选“继续删除”，单击“下一步”按钮，如图 3-38 所示。

第 7 步：勾选“删除此 DNS 区域”和“删除应用程序分区”，单击“下一步”按钮，如图 3-39 所示。

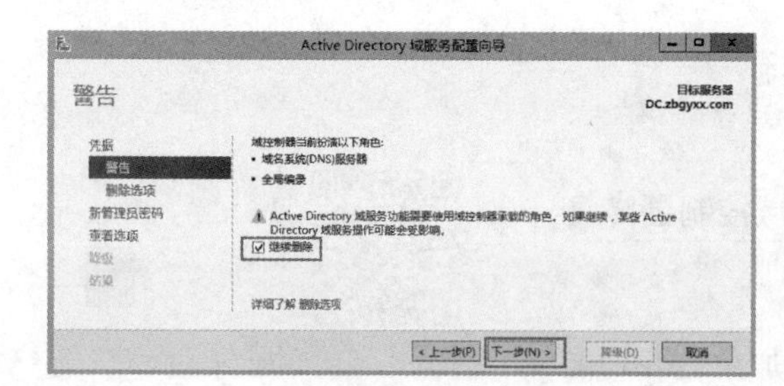

图 3-38 警告

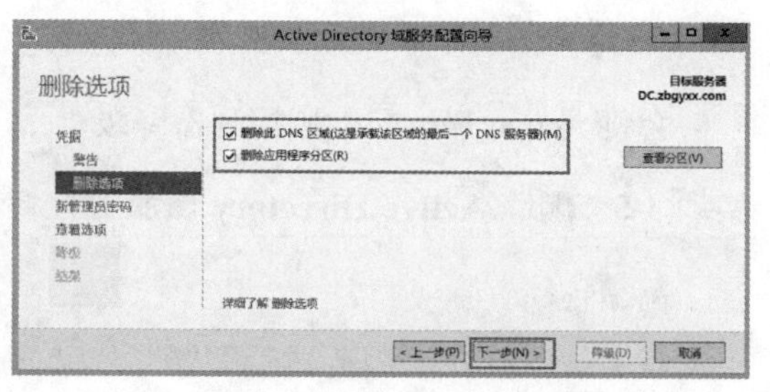

图 3-39 删除选项

第 8 步：输入此服务器上新管理员密码，单击“下一步”按钮，如图 3-40 所示。

第 9 步：出现“查看选项”对话框，单击“降级”按钮，如图 3-41 所示。

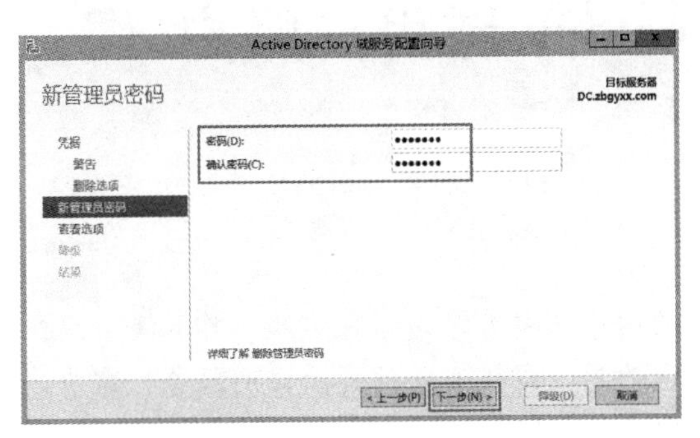

图 3-40　新管理员密码

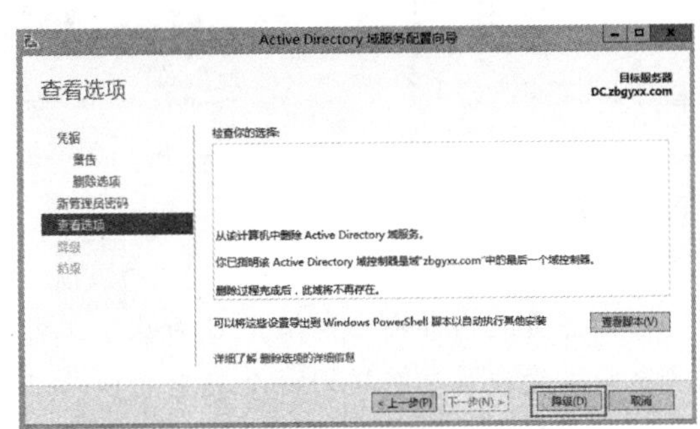

图 3-41　查看选项

第 10 步：降级 Active Directory 域服务时需要一定的时间，降级成功后计算机会自动重新启动。

3.3.2　巩固练习

（1）把 Win2012A1 升级为域控制器，域名为 ykca. com，FQDN 为 2012A1. ykca. com，并为域内部用户提供域名解析服务。

（2）将 Win2012B1 服务器配置为域控制器，域名为 chinaskills. com，保证 win7A1、Win2008A1、Win2008B1、Win2012A1 四台虚拟机能够成为域成员。

（3）将虚拟机 Win2012C1 配置为域控制器，域名为 2018Network. com，NetBIOS 域名为 2018Network，服务器的 FQDN 为 2012C1. 2018Network. com，林和域的功能级别都为 Windows Server 2008 R2 模式。同时该服务器为 DNS 服务器，负责解析 2018Network. com 域名。

项目 4　Active Directory 域用户账户

项目应用场景:

某公司的内部办公网络近日由基于工作组的网络环境升级为基于域的工作环境，现在需要网络管理员李明规划一个安全的网络环境，为用户提供有效的资源访问服务，需要建立域用户账户和组，并赋予账户和组相应的权限。

任务 4.1　了解域控制器内置的 Active Directory 管理工具

4.1.1　任务目标

（1）了解 Active Directory 用户和计算机。

（2）会使用 Active Directory 管理中心。

4.1.2　知识准备

我们可以在 Windows Server 2012 R2 计算机上通过以下两个工具来管理域账户（用户账户、组账户、计算机账户等）。

（1）Active Directory 用户和计算机。这是以前在 Windows Server 2003、Windows Server 2008 等系统就已经提供的工具。

（2）Active Directory 管理中心。这是从 Windows Server 2008 R2 开始提供的工具，用来取代 Active Directory 用户和计算机。以下我们尽量通过 Active Directory 管理中心进行操作。

这两个工具默认只有域控制器上安装，可以通过“开始”→“管理工具”中的“Active Directory 用户和计算机”，如图 4-1 所示，或者“Active Directory 管理中心”来管理 AD DS，如图 4-2 所示。

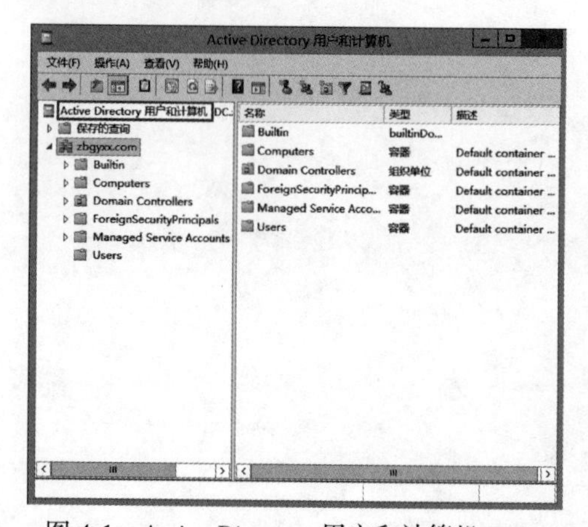

图 4-1　Active Directory 用户和计算机

图 4-2　Active Directory 管理中心

（3）在服务器还没有升级成为域控制器之前，原来位于本地安全数据库内的本地账户，会在升级后被转移到 Active Directory 数据库内，而且是被放置到 Users 容器内，如图 4-2所示。另外，这台服务器的计算机账户会被放置到图 4-2 中 Domain Controllers 组织单位内，其他加入域的计算机账户会被放置到图 4-2 中的 Computers 容器内。

（4）只有在创建域内的第一台域控制器时，该服务器原来的本地账户才会被转移到 Active Directory 数据库，其他域控制器原来的本地账户并不会被转移到 Active Directory 数据库内，而是被删除。

任务 4.2　创建组织单位与域用户

任务目标

（1）会创建组织单位。

（2）会创建域用户账户。

实训 4-1　新建组织单位与域用户账户

1. 操作步骤

第 1 步：组织单位是 Active Directory 的一种容器，可以存放账户、组和计算机。选择“开始”→“管理工具”→“Active Directory 管理中心”用鼠标右键单击“zbgyxx（本地）”选择“新建→组织单位”，如图 4-3 所示。

第 2 步：按照图 4-4 所示，在名称处输入组织单位名称“经贸部”，单击“确定”按钮。

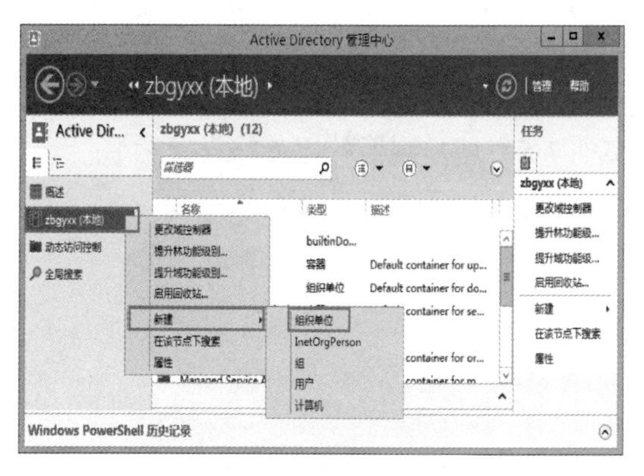

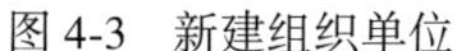
图 4-3　新建组织单位

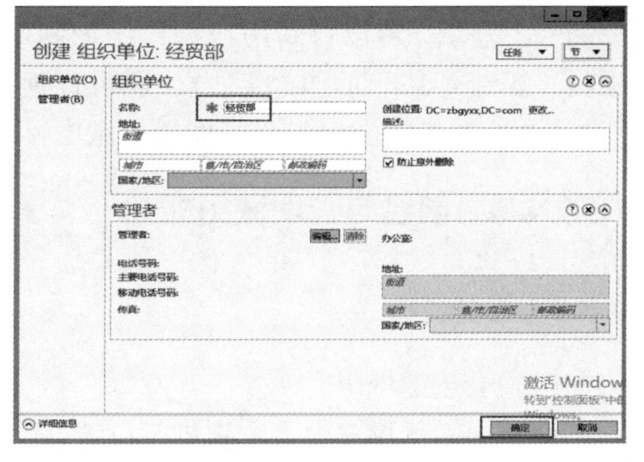

图 4-4　新建组织单位“经贸部”

第 3 步：在组织单位内新建用户，用鼠标右键单击“经贸部”选择“新建”→“用户”，如图 4-5 所示。

第 4 步：在图 4-6 中输入“名字”“姓氏”“全名”“用户 UPN 登录”等数据。说明：名字是用户登录账户名称。

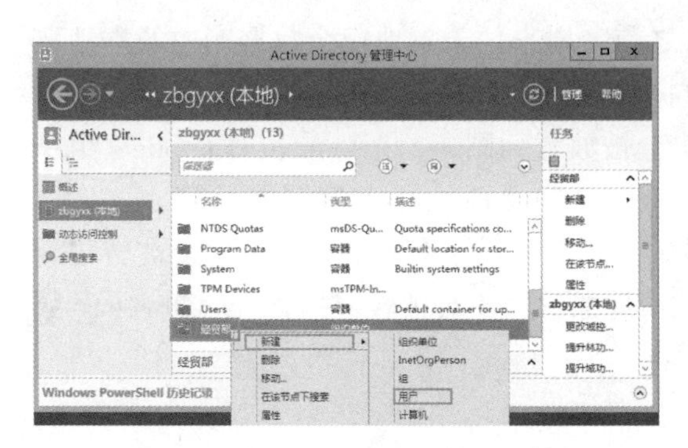

图 4-5　创建新用户

图 4-6　创建用户 zhangsan

2. 验证结果

利用新用户账户 Zhangsan 在域的成员服务器上登录测试，如图 4-7 所示，登录成功后，用 Win+R 打开命令窗口，使用“whoami”命令可以查看当前登录的账户为“zbgyxx \ zhangsan”，如图 4-8 所示。

图 4-7　验证图 1

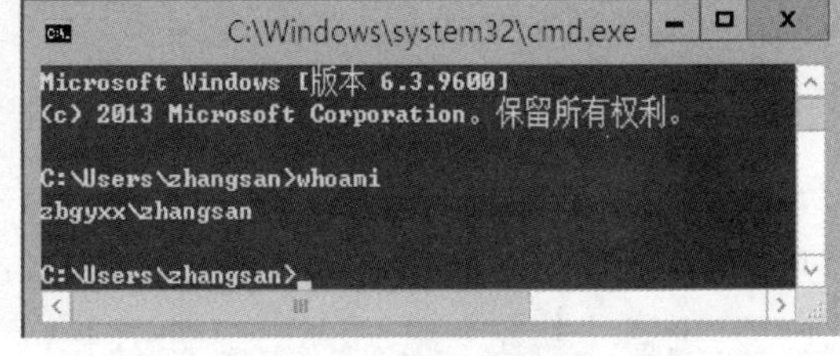

图 4-8　验证图 2

说明：我们新建的用户一般默认属于 Domain Users 组，默认没有在域控制器登录的权限，所以我们在域的成员服务器登录测试，要让新用户在域控制器上登录，可以将新用户账户添加到域 Administrators 组（具体操作见项目 4 实训 4-2“创建域组”），还可以通过修改组策略，允许用户在域控制器上具备“允许本地登录”的权限（具体操作见项目 7 实训 7-5“域控制器的组策略设置”）。

任务 4.3　创建与管理域组账户

4.3.1　任务目标

（1）会创建域组。

（2）会对域用户个人数据进行设置。

实训 4-2　创建域组

操作步骤

（1）创建域组。

第 1 步：打开“开始”→“管理工具→“Active Directory 管理中心”，在图 4-9 中用鼠标右键单击“zbgyxx（本地）”选择“新建”→“组”。

第 2 步： 输入组名“group”，设置组类型为“安全”，设置组的范围为“全局”，单击“确定”按钮，如图 4-10 所示。

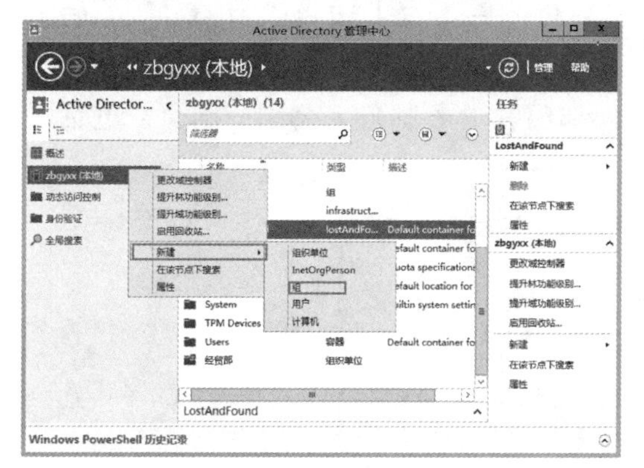

图 4-9　新建组

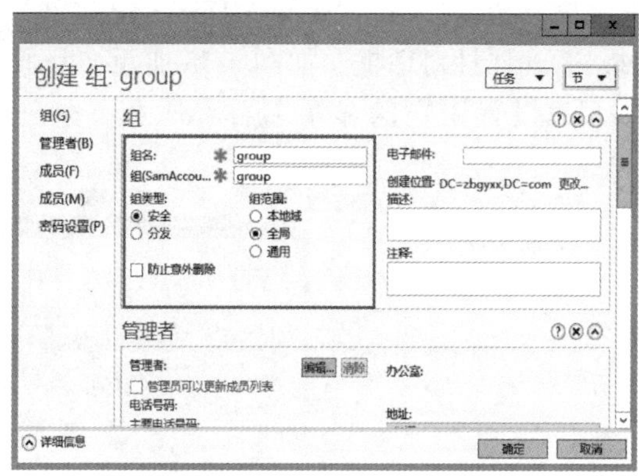

图 4-10　新建 group 组

（2）将用户添加到组。

第 1 步： 例如，将用户“zhangsan”添加到“Administrators”组。用右键单击已经建好的用户“zhangsan”，选择“添加到组”，输入组名“Administrators”，如图 4-11 所示，单击“确定”按钮。

第 2 步： 将用户“zhangsan”成功添加到“Administrators”组，如图 4-12 所示。将用户“zhangsan”添加到“Administrators”组后，不用修改组策略也可以让用户“zhangsan”在域控制器登录。

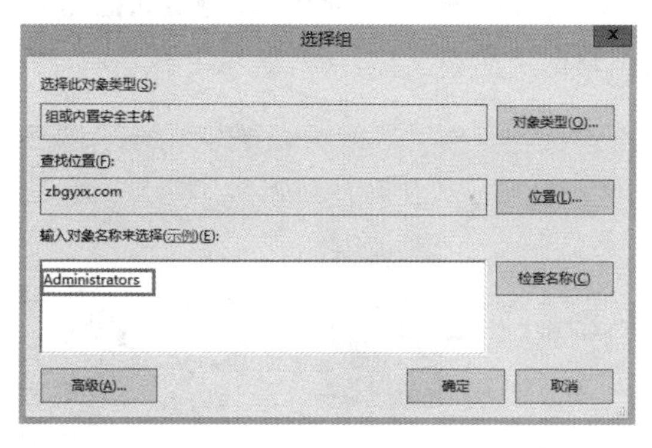

图 4-11　选择组

图 4-12　成功添加到组

实训 4-3　域用户个人数据的设置

1. 知识准备

每个域用户账户内都有一些相关的属性数据，如地址、电话、电子邮件等，域用户可以通过这些属性来查找 Active Directory 内的用户。例如，可以通过电话号码或者其他属性信息来查找用户。为了更容易地找到所需要的用户账户，这些属性数据越完整越好。

2. 操作步骤

第 1 步：打开“Active Directory 管理中心”控制台，双击用户账户 zhangsan 打开 zhangsan 属性对话框，如图 4-13 所示，我们可以输入用户的属性数据，例如：在“组织”处可以设置用户的显示名称、职务、办公室、部门、电子邮件、公司、网页、电话号码等。

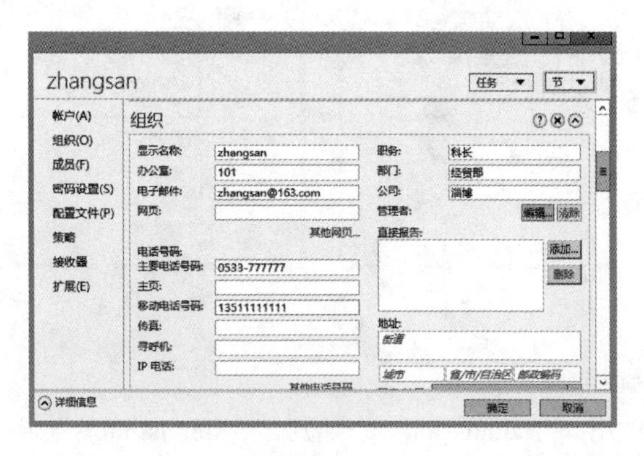

图 4-13　zhangsan 属性

第 2 步：设置登录时段，使用“登录小时 ...”来设置登录时间，如图 4-14 所示。单击“登录小时 ...”后，打开图 4-15，图中横轴每一小方块代表一个小时，纵轴每一小方块表示一天，深色方块表示允许用户登录的时段，白色方块表示拒绝用户登录的时段。例如：设置 zhangsan 登录的允许时间为周一到周五的 8 时到 18 时，如图 4-15 所示。

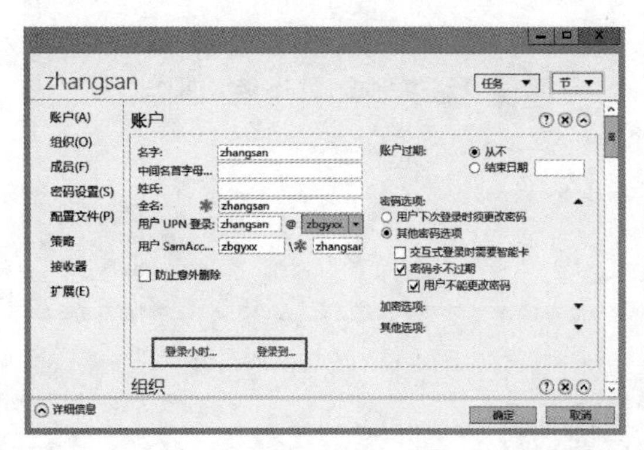

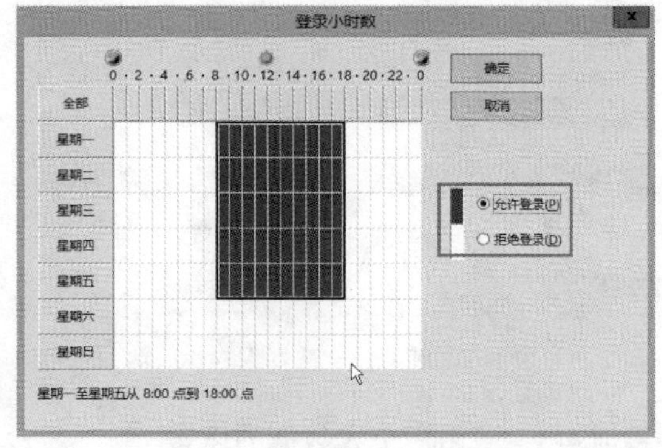

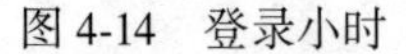

图 4-14　登录小时　　　　图 4-15　登录小时数

第 3 步：设置登录计算机，使用“登录到 ...”限制用户只能够登录到域中某些计算机，一般情况下，用户具有本地登录的权限，则默认该用户可以在域内的任何一台计算机来登录域。如果要设置用户只能够登录到域中某些计算机，单击图 4-14 中的“登录到 ...”然后选择图 4-16 中的“下列计算机”输入计算机名后单击“添加”按钮，计算机名可以为 NetBIOS 名称。例如：设置用户“zhangsan”只能登录到域控制器“DC”，单击“登录到 ...”，打开“登录到”对话框，添加 DC，单击“确定”按钮。

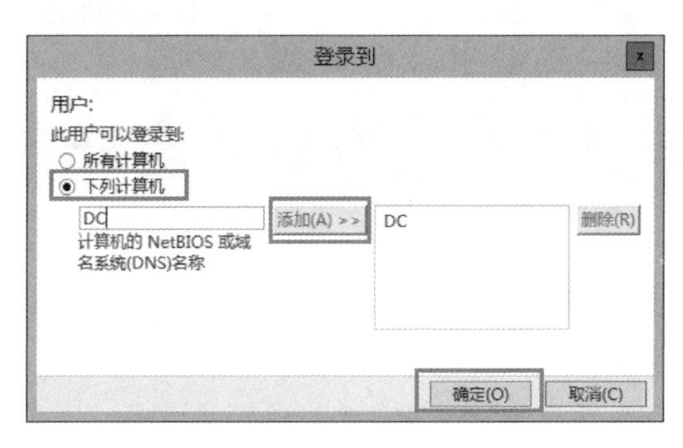

图 4-16 登录计算机

4.3.2 巩固练习

（1）在域控制器 Win2012A1 中创建 4 个组织单位，组织单位名采用对应部门名称的拼音来命名，每个部门都创建 4 个用户，财务部用户：fin1～fin4、市场部用户：mar1～mar4、网络部用户：net1～net4、研发部用户：yf1～yf4，所有用户不能修改其用户口令，并要求用户只能在上班时间可以登录（每周工作日 9：00～17：00）。

（2）在域控制器 Win2012B1 中按表 4-1 关系建立组织单位，组和用户。

表 4-1 巩固练习 1

组织单位	全局组	用 户
财务部	Financial	Tom，manager
生产部	Product	Jim，Jack
经理室	Manager	Abel
技术部	Technical	ftp1，ftp2

（3）在域控制器 Win2012C1 中创建组织单位和用户：在 dc. tj. com 域中创建 5 个组织单位、5 个全局组和 10 个域用户，域用户的初始密码为 User123#，要求域用户在首次登录时更改密码，具体见表 4-2。

表 4-2 巩固练习 2

部门	组织单位	全局组	隶属用户	登录时间
办公室	办公室	offer	John，tom	全部
销售部	销售部	Sales	Bonnie，Sande	周一到周五
技术部	技术部	Technology	Jonie，Bruce	全部
财务部	财务部	Finance	Nide，Dawson	周一到周五
人事部	人事部	Personnel	Janes，Henly	周一到周五

项目 5　管理磁盘与文件系统

项目应用场景：

李明作为某企业的网络管理员，近期由于公司人员增多，他需要对文件的安全保存、磁盘文件的存储、用户对文件的权限设置、对文件进行压缩与加密、设置磁盘配额等进行进一步的整理与规划。

任务 5.1　磁盘与卷管理

5.1.1　任务目标

（1）会在虚拟机中添加磁盘。

（2）会初始化磁盘，建立不同的卷。

5.1.2　知识准备

（1）基本磁盘和动态磁盘是 Windows 中的两种硬盘配置类型。基本磁盘分区叫磁盘分区，可分为主分区、扩展分区和逻辑分区（逻辑驱动器）。基本磁盘任意分区必须是连续的磁盘空间（可利用第三方软件如：PQ 改变分区空间的大小）。

（2）动态磁盘分区叫卷，可分为简单卷、跨区卷、带区卷、镜像卷和 RAID-5 卷。动态磁盘的卷类型可以是非连续的磁盘空间组成。

实训 5-1　在虚拟机中添加磁盘

操作步骤

第 1 步：单击 VMware Workstation 的菜单“虚拟机”，选择“设置”打开“虚拟机设置”对话框，单击“添加”按钮，如图 5-1 所示。在硬件类型对话框中，选择“硬盘”，如图 5-2 所示，单击“下一步”按钮。

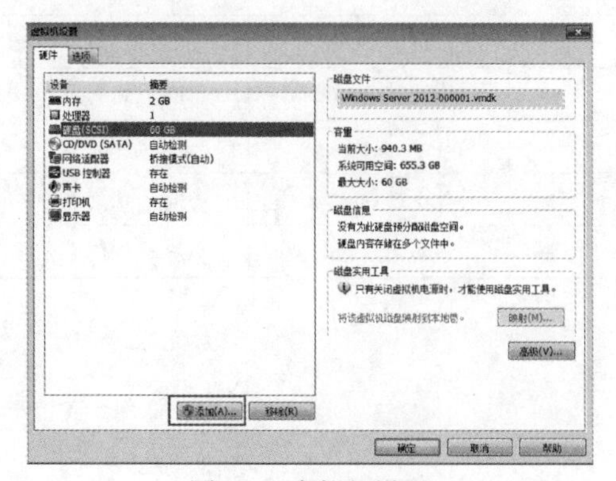

图 5-1　虚拟机设置

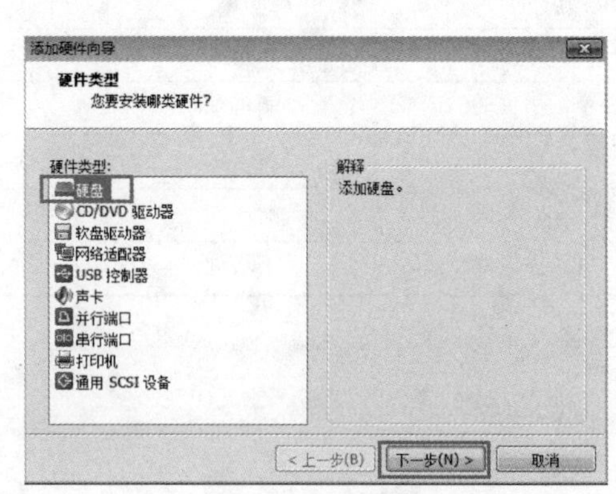

图 5-2　添加硬盘

第 2 步： 在“选择磁盘类型”对话框中，选择“SCSI”硬盘，如图 5-3 所示，单击“下一步”按钮后，在“选择磁盘”对话框中选择“创建新虚拟磁盘”，如图 5-4 所示，单击“下一步”按钮。

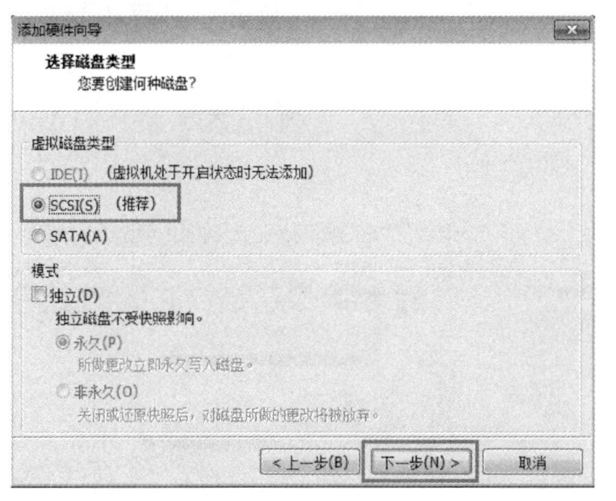

图 5-3　选择磁盘类型

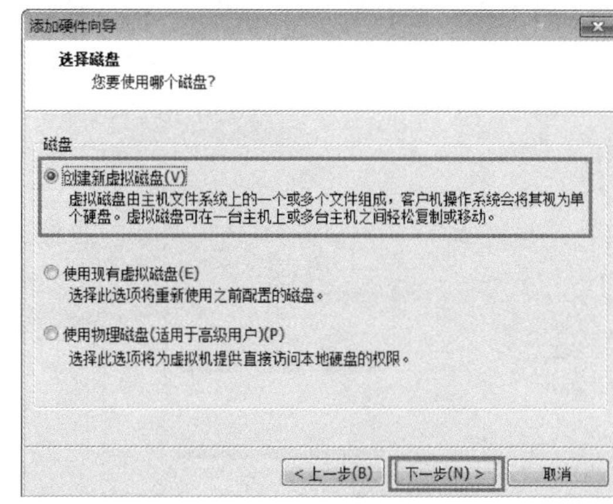

图 5-4　选择磁盘

第 3 步： 设置新磁盘的大小为“5.0GB”，如图 5-5 所示，单击“下一步”按钮。指定磁盘文件名为“dc-a.vmdk”，如图 5-6 所示，单击“完成”按钮。

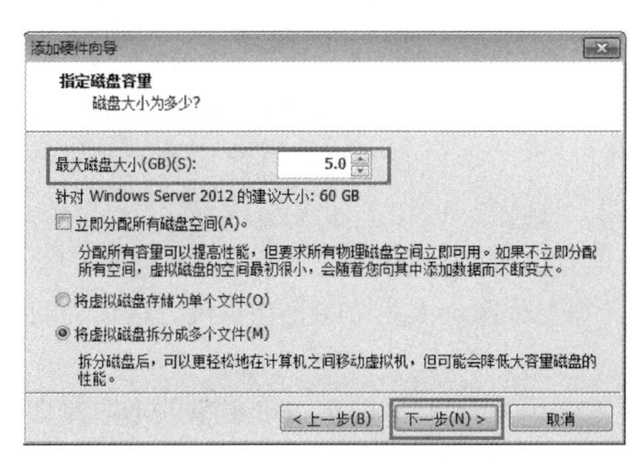

图 5-5　指定磁盘容量

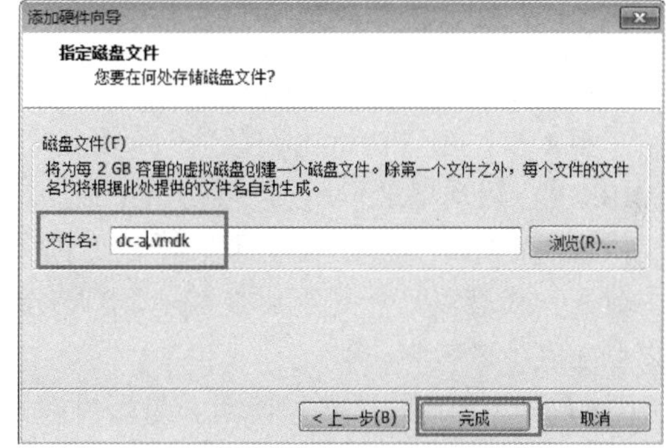

图 5-6　指定磁盘文件名

第 4 步： 添加成功的界面，如图 5-7 所示，用同样的方法添加另外两块硬盘，如图 5-8 所示。

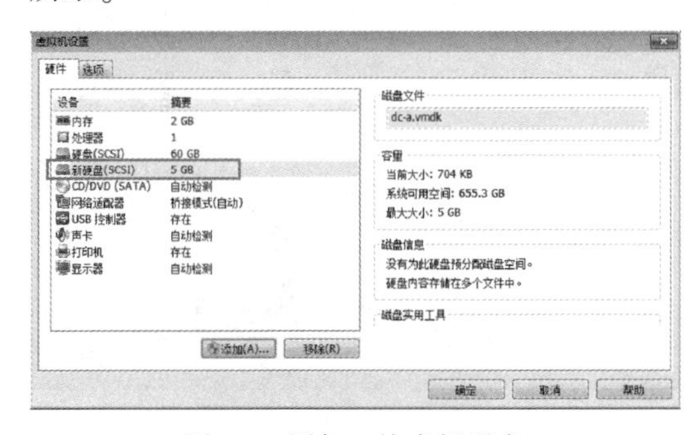

图 5-7　添加一块虚拟磁盘

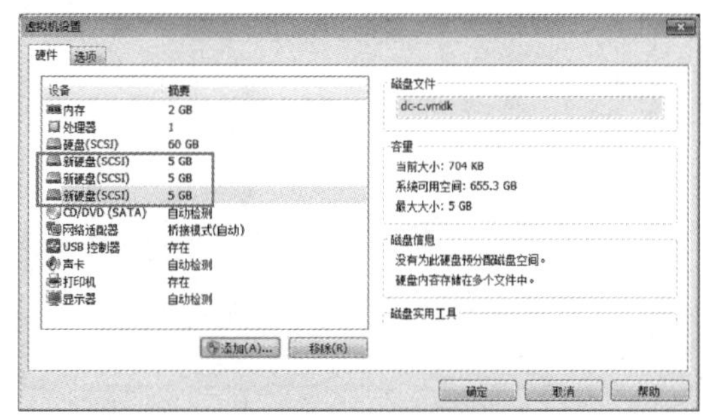

图 5-8　再添加两块虚拟磁盘

实训 5-2 初始化磁盘

操作步骤

第 1 步：单击“开始菜单”→“管理工具”→“计算机管理”，打开“计算机管理”对话框，单击“磁盘管理”，可以看到实训 5-1 中添加的磁盘，如图 5-9 所示。

第 2 步：分别用鼠标右键单击“磁盘 1”“磁盘 2”“磁盘 3”，选择“联机”，如图 5-10 所示。

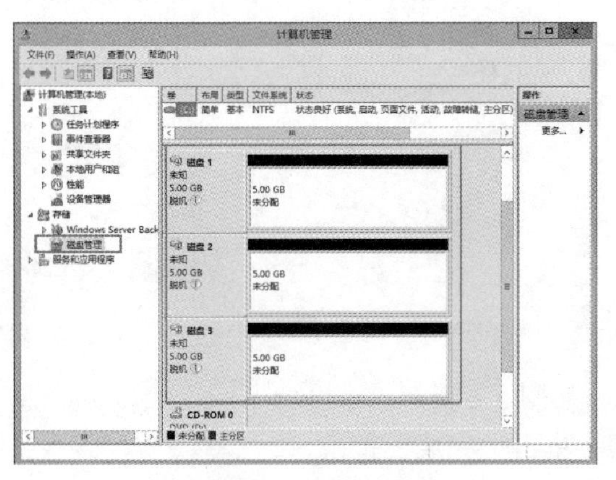

图 5-9 磁盘管理

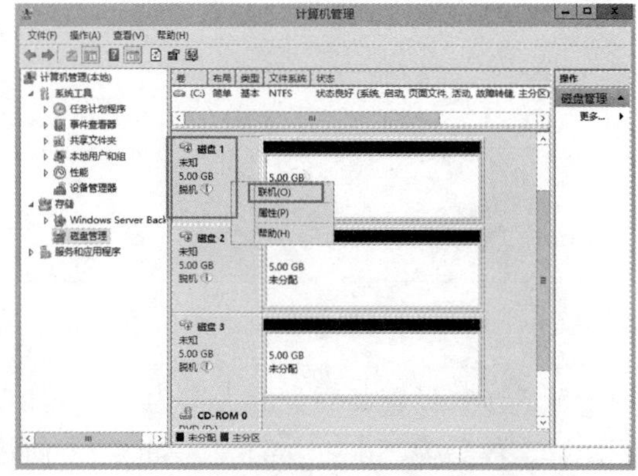

图 5-10 联机

第 3 步：用鼠标右键单击“磁盘 1”，选择“初始化磁盘”，如图 5-11 所示。

第 4 步：在“初始化磁盘”对话框中，同时勾选三块磁盘，磁盘分区形式选择默认“MBR（主启动记录）”，进行初始化磁盘，单击“确定”按钮，如图 5-12 所示。

说明：MBR（主启动记录）磁盘，也就是现有的硬盘分区模式，最多可以创建四个主分区，或最多三个主分区加上一个扩展分区，每个分区最大为 2TB。在扩展分区内，可以创建多个逻辑驱动器。

GPT（GUID 分区表）磁盘，最多可以创建 128 个主分区，由于 GPT 磁盘并不限制四个分区，因而不必创建扩展分区或逻辑驱动器。

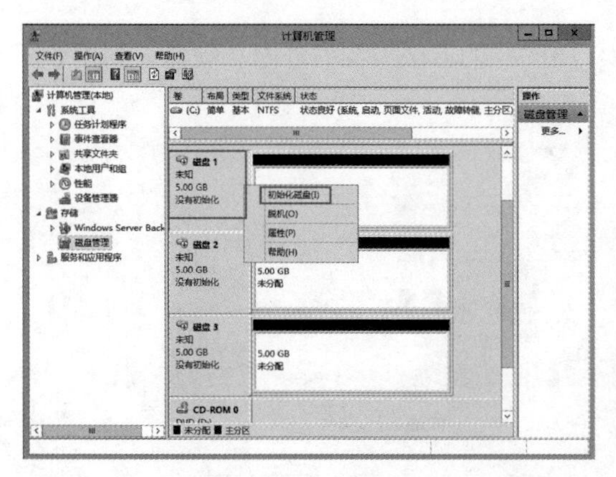

图 5-11 初始化磁盘 1

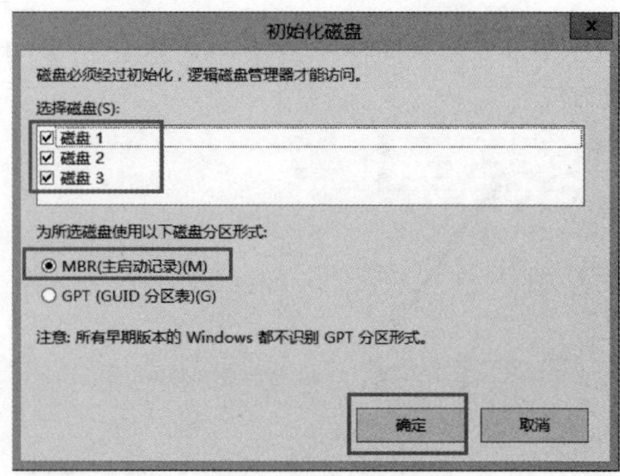

图 5-12 初始化磁盘 2

实训 5-3　更改驱动器号

操作步骤

第 1 步： 我们以“更改 E 盘驱动器为 Z 盘”为例，用鼠标右键单击“新加卷（E：）”，选择“更改驱动器号和路径”，如图 5-13 所示。

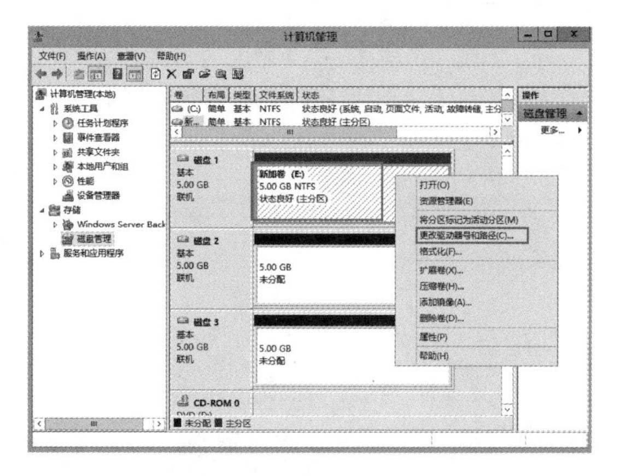

图 5-13　计算机管理

第 2 步： 在“更改 E：（新加卷）的驱动器号和路径”对话框中，单击“更改”按钮，如图 5-14 所示，然后选择要分配的驱动器号“Z”，单击“确定”按钮，如图 5-15 所示。

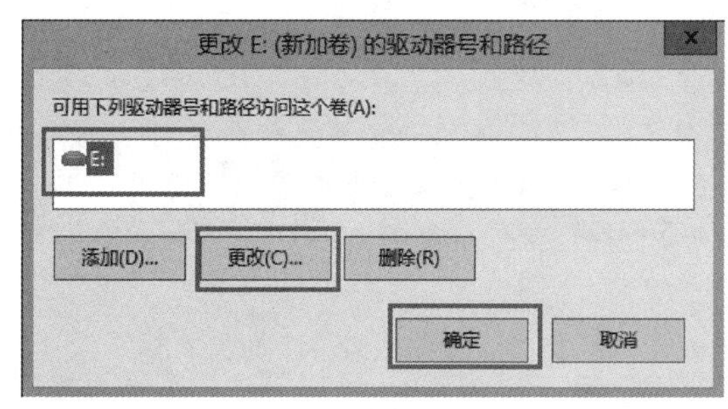

图 5-14　更改

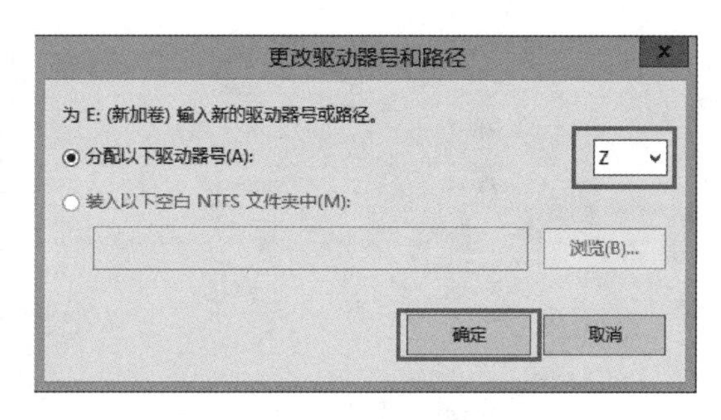

图 5-15　分配驱动器号为 Z

实训 5-4　格式化卷

操作步骤

第 1 步： 用右键单击“新加卷（Z：）”，选择“格式化...”，如图 5-16 所示。

第 2 步： 添加“卷标”为“mydisk”，选择“文件系统”为“NTFS”，勾选“执行快速格式化”，单击“确定”按钮，如图 5-17 所示。

实训 5-5　基本磁盘转换为动态磁盘

操作步骤

第 1 步： 在“计算机管理”对话框中，用鼠标右键单击“磁盘 1”选择“转换到动态磁盘”，如图 5-18 所示。

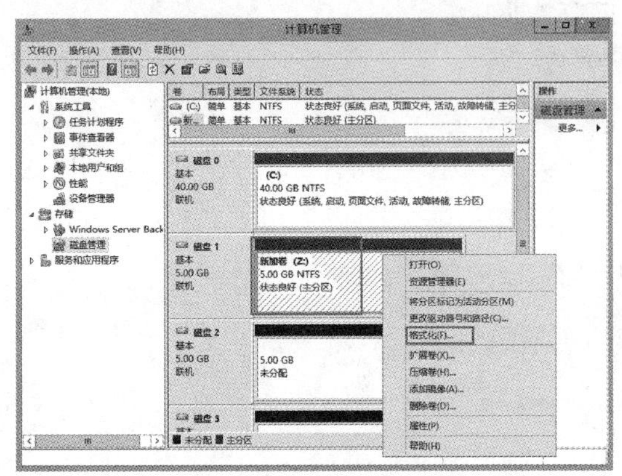
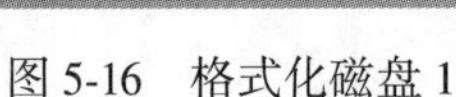

图 5-16　格式化磁盘 1

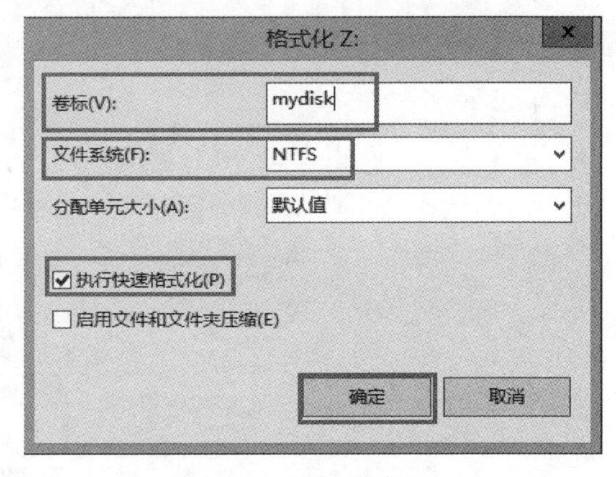

图 5-17　格式化磁盘 2

第 2 步： 选择要转换的磁盘，我们可以同时勾选“磁盘 1”“磁盘 2”“磁盘 3”，单击“确定”按钮，可以同时转换三块磁盘，如图 5-19 所示。

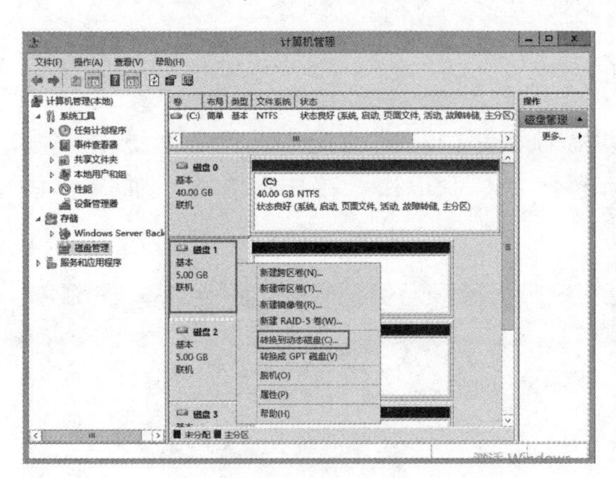

图 5-18　转换到动态磁盘

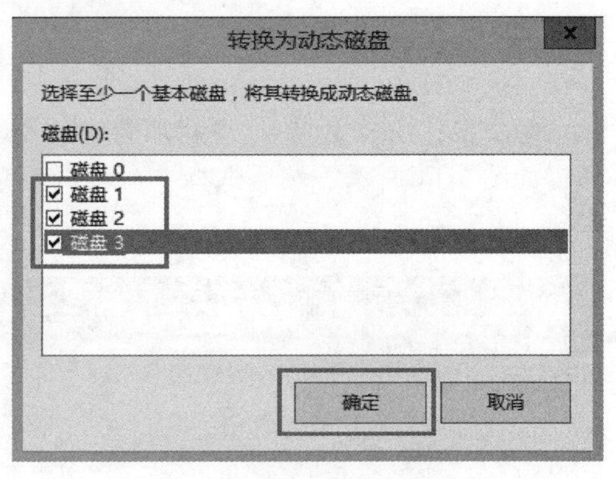

图 5-19　转换为动态磁盘

实训 5-6　建立简单卷

1. 知识准备

简单卷有且只有一块磁盘，所有数据存储在同一块磁盘上的非连续空间，基本磁盘格式的简单卷不能进行扩展。

2. 操作步骤

第 1 步： 用鼠标右键单击“磁盘 1”，选择“新建简单卷”，如图 5-20 所示。

第 2 步： 指定卷的大小“5117MB”，如图 5-21 所示，分配磁盘驱动器号“E”，如图 5-22 所示。

第 3 步： 设置文件系统的格式“NTFS”，如图 5-23 所示。

第 4 步： 查看磁盘信息，单击“完成”按钮，如图 5-24 所示。

图 5-20　新建简单卷

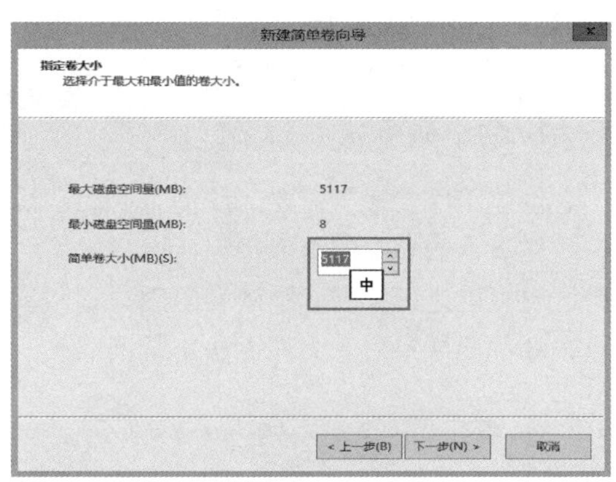

图 5-21　指定卷的大小

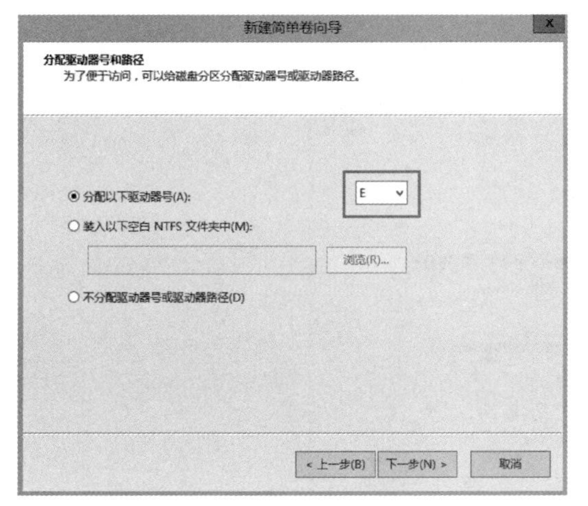

图 5-22　分配磁盘驱动器号

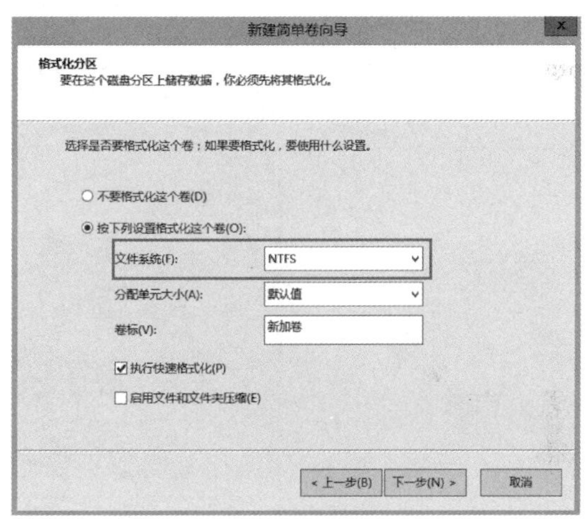

图 5-23　设置文件系统的格式

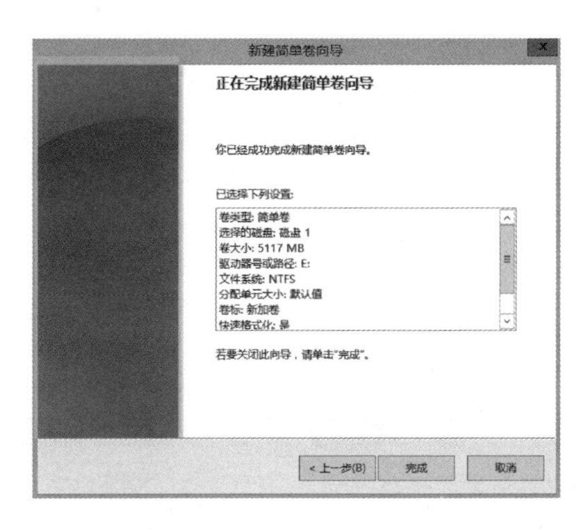

图 5-24　完成新建简单卷

实训 5-7　创建跨区卷

1. 知识准备

创建跨区卷最少需要两块动态磁盘，最多不超过 32 块，跨区卷在写入数据时先将第一块磁盘上的卷空间全部用完后再写入第二块磁盘。两块磁盘的卷空间大小可以不相同。跨区卷可以进行扩展。跨区卷的磁盘利用率为 100%。跨区卷没有容错功能，任意一块磁盘损坏都会导致所有文件无法正常读取。

2. 操作步骤

第 1 步： 用鼠标右键单击“磁盘”选择“新建跨区卷”，如图 5-25 所示。

第 2 步： 选择要添加的磁盘，这里选择“磁盘 1”和“磁盘 2”，设置磁盘大小“5117MB”，如图 5-26 所示，分配驱动器号“E”，如图 5-27 所示。

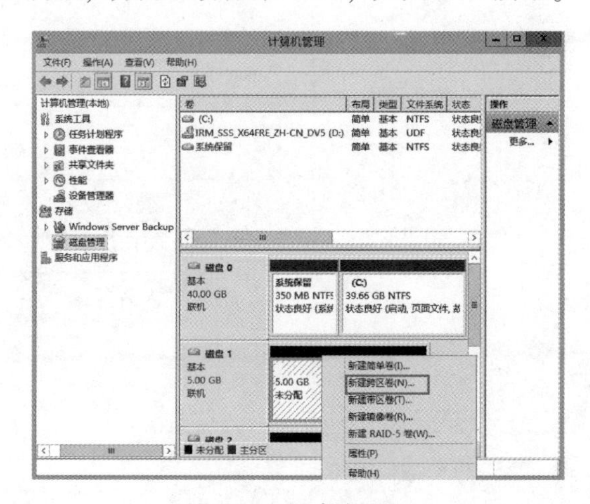

图 5-25　新建跨区卷

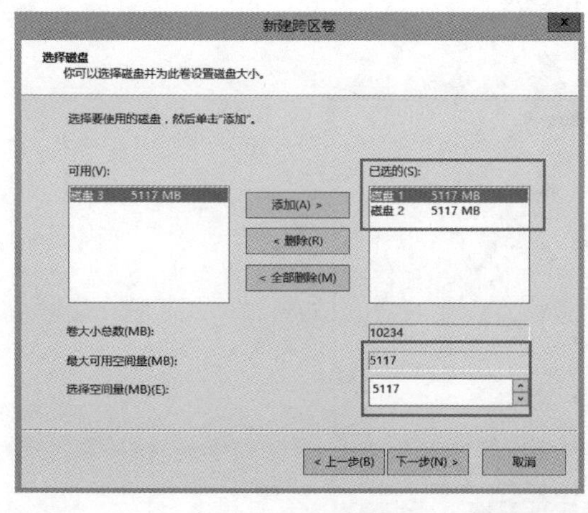

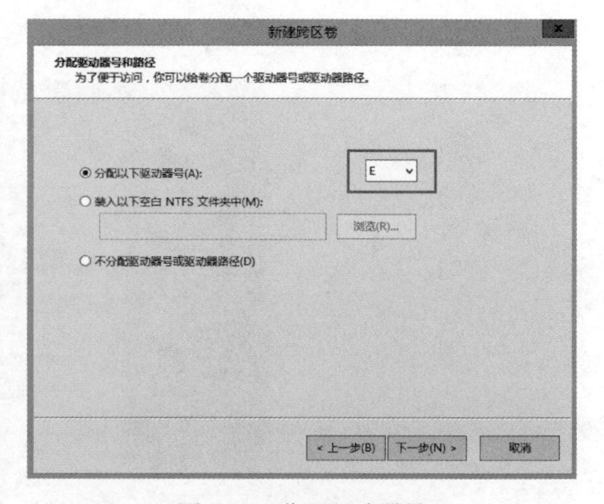

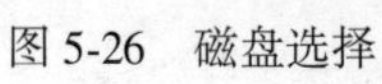

图 5-26　磁盘选择　　　　图 5-27　分配驱动器号

第 3 步： 设置磁盘文件系统为“NTFS”，勾选“执行快速格式化”，如图 5-28 所示，完成新建跨区卷，如图 5-29 所示。

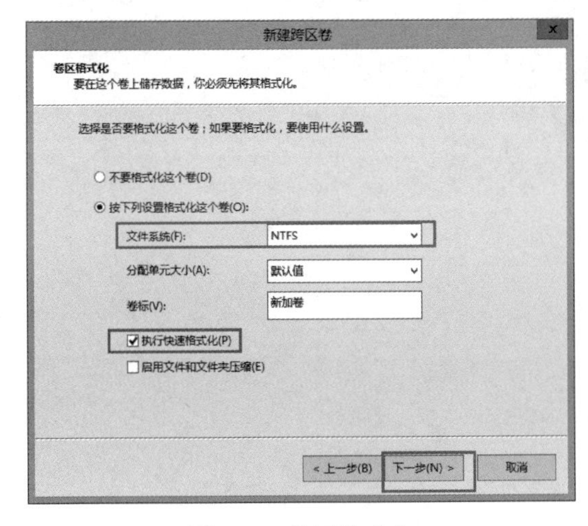

图 5-28　卷区格式化

图 5-29　完成新建跨区卷

实训 5-8　创建带区卷

1. 知识准备

带区卷至少两块动态磁盘组成，带区卷在写入数据时是将数据同时写入到两块或多块磁盘空间中。组成带区卷的磁盘卷空间大小必须相同，相同的原因是要保证数据同步，带区卷的磁盘利用率为 100%，带区卷的读取速度会随着磁盘的增多而不断提高。带区卷没有容错功能，任意一块磁盘损坏都会导致所有文件无法正常读取。

2. 操作步骤

第 1 步： 用鼠标右键单击“磁盘”选择“新建带区卷”，如图 5-30 所示。

第 2 步： 选择要添加的磁盘，这里选择“磁盘 1”和“磁盘 2”，设置磁盘大小“5117MB”，如图 5-31 所示，分配驱动器号“E”，如图 5-32 所示。

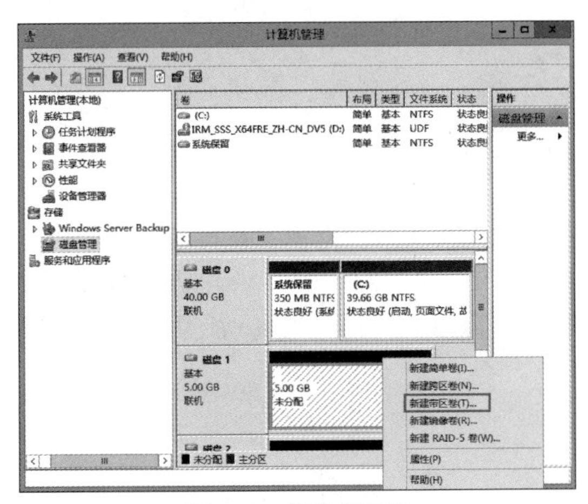

图 5-30　新建带区卷

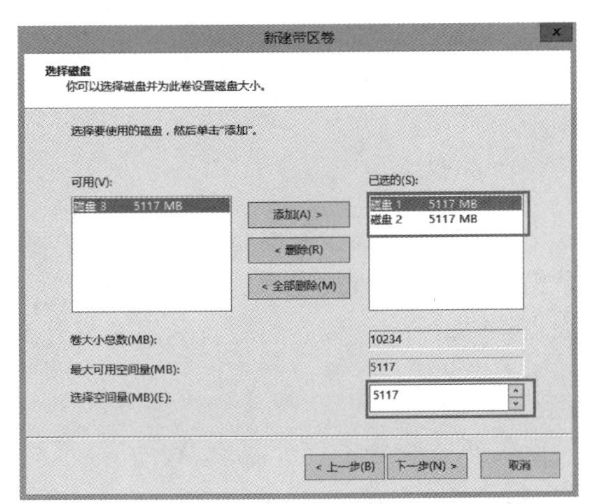

图 5-31　选择磁盘

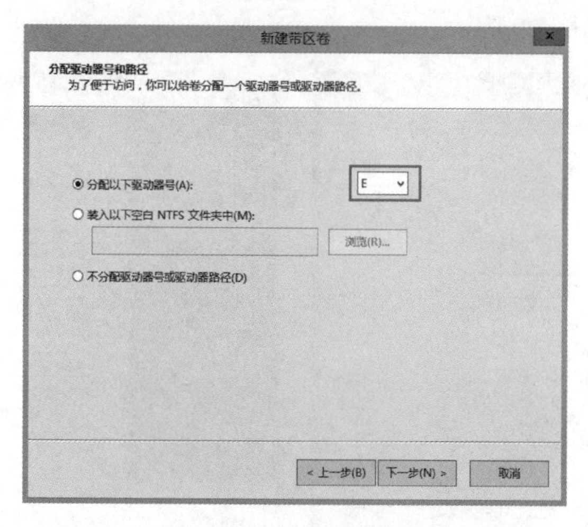

图 5-32　分配驱动器号

第 3 步：设置磁盘文件系统为“NTFS”，勾选“执行快速格式化”，如图 5-33 所示，完成新建带区卷，如图 5-34 所示。

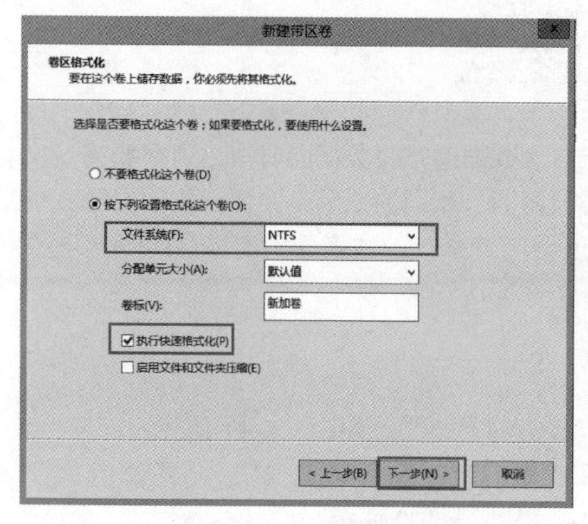

图 5-33　卷区格式化

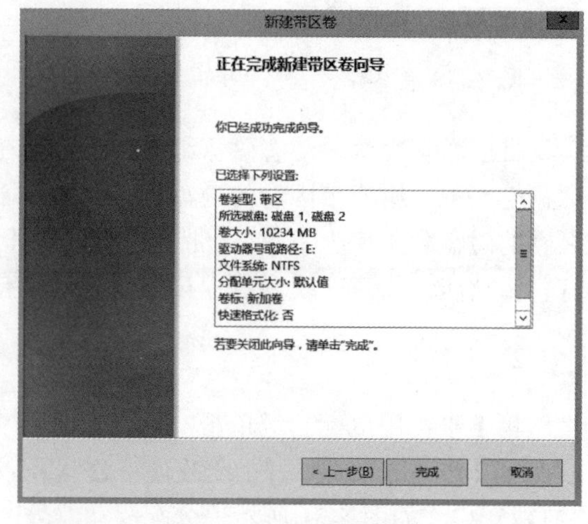

图 5-34　完成新建带区卷

实训 5-9　创建镜像卷

1. 知识准备

创建镜像卷最少需要两块动态磁盘，镜像卷必须成对出现。镜像卷在写入数据时是将数据写两份，分别放在两块磁盘上，并且两块磁盘上的数据内容一样，两块磁盘的卷空间大小必须相同。镜像卷的磁盘利用率只有 50%，镜像卷具有容错功能，任意一块磁盘损坏不会影响用户正常读取磁盘上的数据。

2. 操作步骤

第 1 步：用鼠标右键单击“磁盘”选择“新建镜像卷”，如图 5-35 所示。

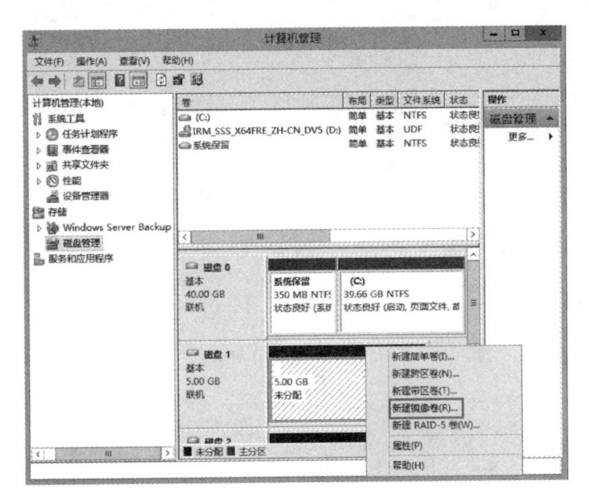

图 5-35　新建镜像卷

第 2 步： 选择要添加的磁盘，这里选择“磁盘 1”和“磁盘 2”，设置磁盘大小“5117MB”，如图 5-36 所示，分配驱动器号“E”，如图 5-37 所示。

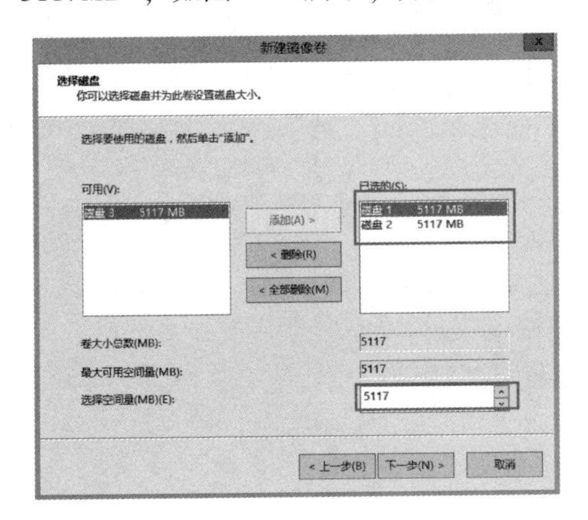

图 5-36　选择磁盘

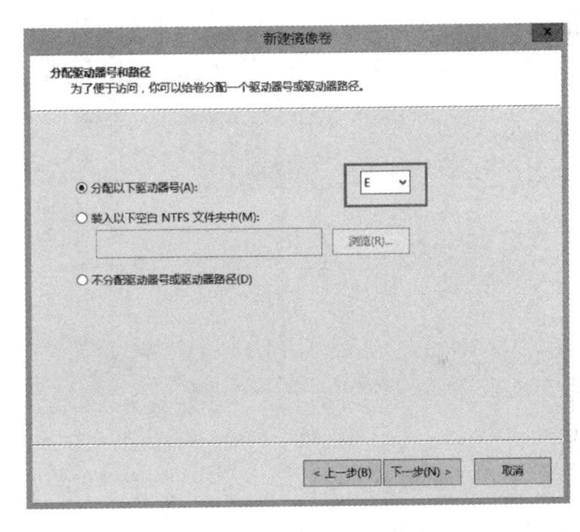

图 5-37　分配驱动器号

第 3 步： 设置磁盘文件系统为“NTFS”，勾选“执行快速格式化”，如图 5-38 所示，完成新建镜像卷，如图 5-39 所示。

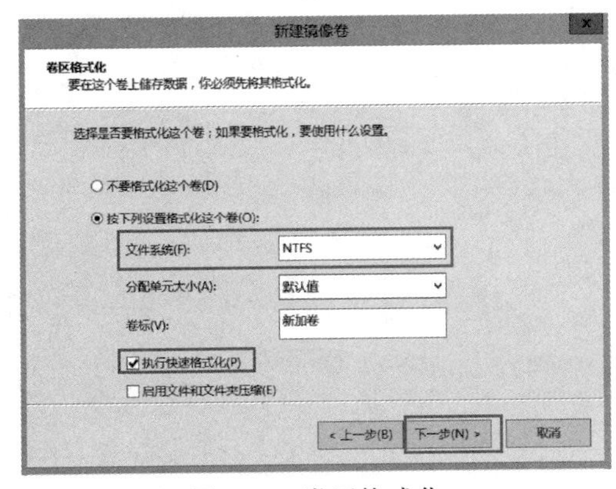

图 5-38　卷区格式化

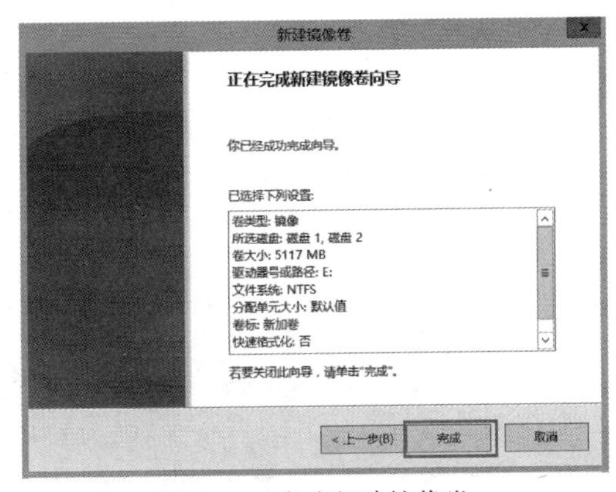

图 5-39　完成新建镜像卷

实训 5-10　创建 RAID-5 卷

1. 知识准备

创建 RAID-5 卷（带冗余校验码的带区卷）最少需要三块动态磁盘，RAID-5 卷在写入数据时，将数据同时写入到三块磁盘空间中。三块磁盘的卷空间大小必须相同。并在写入数据的时候同时生成校验码来实现容错功能，任意一块磁盘损坏不会影响用户正常读取磁盘上的数据。RAID-5 卷的磁盘利用率为［$(n-1)/n$］× 100%。n 代表磁盘的个数。RAID-5 卷不支持扩展。

2. 操作步骤

第 1 步：用鼠标右键单击“磁盘”选择“新建 RAID-5 卷”，如图 5-40 所示。

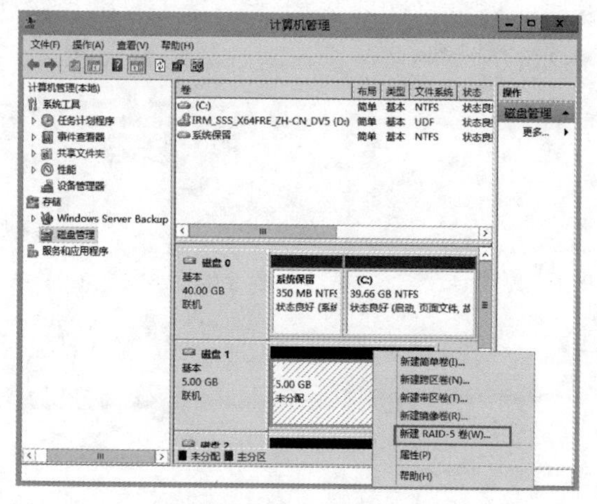

图 5-40　新建 RAID-5 卷

第 2 步：选择要添加的磁盘，这里选择“磁盘 1”“磁盘 2”和“磁盘 3”，设置磁盘大小“5117MB”，如图 5-41 所示，分配驱动器号“E”，如图 5-42 所示。

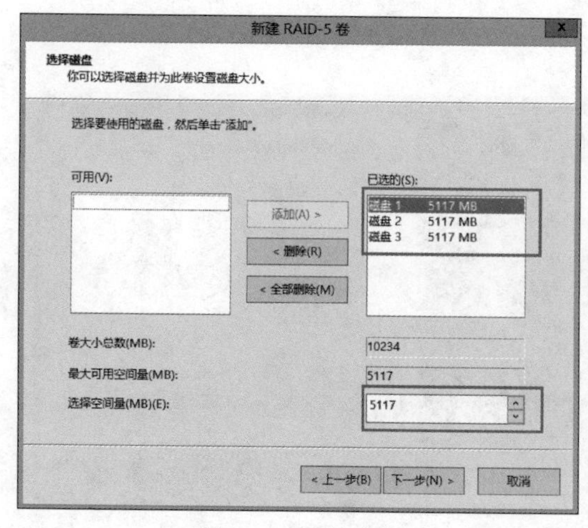

图 5-41　选择磁盘

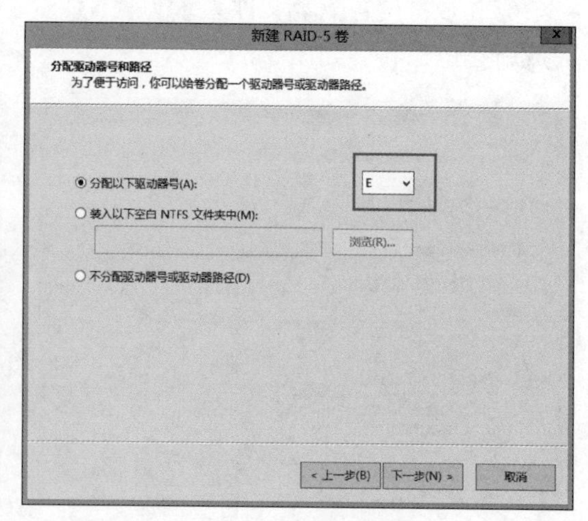

图 5-42　分配驱动器号

第 3 步：设置磁盘文件系统为“NTFS”，勾选“执行快速格式化”，如图 5-43 所示，完成新建 RAID-5 卷，如图 5-44 所示。

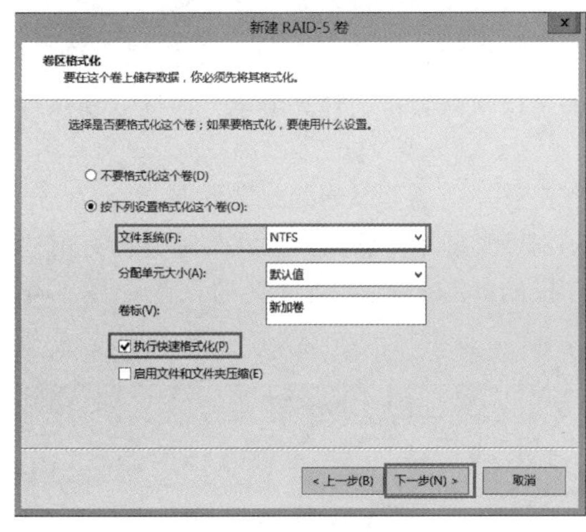

图 5-43　卷区格式化

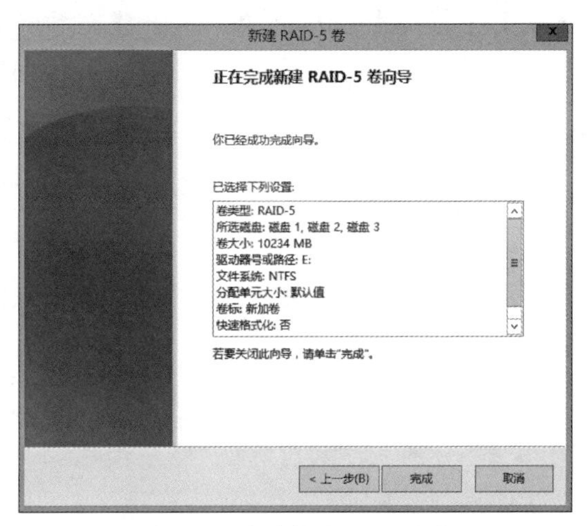

图 5-44　完成新建 RAID-5 卷

任务 5.2　设置 NTFS 安全权限

5.2.1　任务目标

（1）了解标准 NTFS 文件权限的种类。

（2）了解标准 NTFS 文件夹权限的种类。

（3）会设置文件和文件夹的 NTFS 权限。

5.2.2　知识准备

（1）权限定义了授予用户或组对某个对象或对象属性的访问类型。例如：jishu 组可以被授予名为“D:\ziliao”文件的“读取”和“写入”权限。

（2）标准 NTFS 文件权限的种类。

1）读取（Read）：它可以读取文件内容、查看文件属性与权限等。文件属性指的是只读、隐藏等，我们可以通过“用鼠标右键单击文件”→“属性”来查看文件属性。

2）写入（Write）：它可以修改文件内容、在文件后面添加数据或修改文件属性等。

3）读取和执行（Read & Execute）：它除了拥有读取的所有权限外，还具备执行应用程序的权限。

4）修改（Modify）：它除了拥有读取、写入与读取和执行的所有权限外，还可以删除文件。

5）完全控制（Full Control）：它拥有所有的 NTFS 文件权限，也就是除了上述的所有权限之外，还拥有更改权限与取得所有权的特殊权限。文件权限如图 5-45 所示。

（3）标准 NTFS 文件夹权限的种类。

1）读取（Read）：它可以查看文件夹内的文件与子文件夹名、查看文件夹属性与权限等。

2）写入（Write）：它可以在文件夹内添加文件与子文件夹、改变文件夹属性等。

3）列出文件夹内容（List Folder Contents）：它除了拥有读取的所有权之外，还具备遍历文件夹权限，也就是可以打开或关闭此文件夹。

4）读取和执行（Read & Execute）：它拥有与列出文件夹内容几乎完全相同的权限，只在权限继承方面有所不同，列出文件夹内容那个权限只会被文件夹继承，而读取和执行会同时被文件夹与文件继承。

5）修改（Modify）：它除了拥有前面的所有权限外，还可以删除此文件夹。

6）完全控制（Full Control）：它拥有所有的 NTFS 文件夹权限，也就是除了拥有前述的所有权限之外，还拥有更改权限与取得所有权的特殊权限。文件夹的权限如图 5-46 所示。

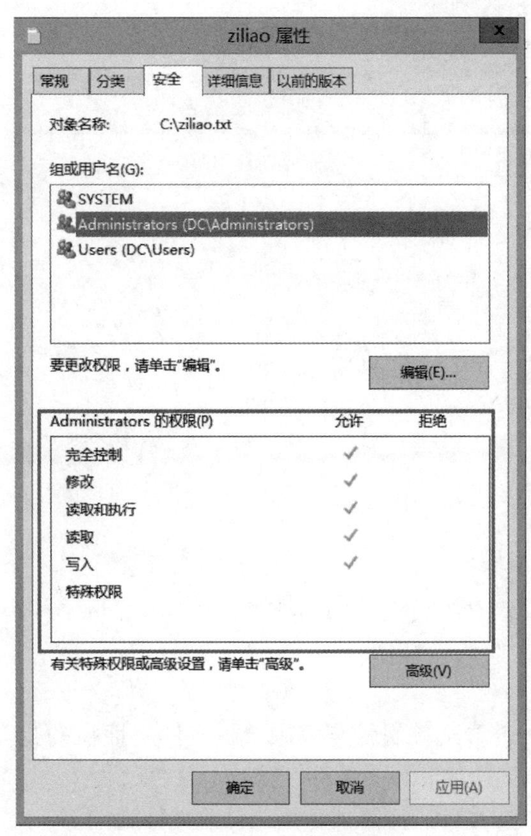

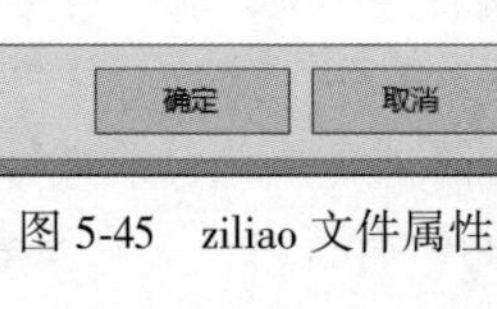

图 5-45　ziliao 文件属性

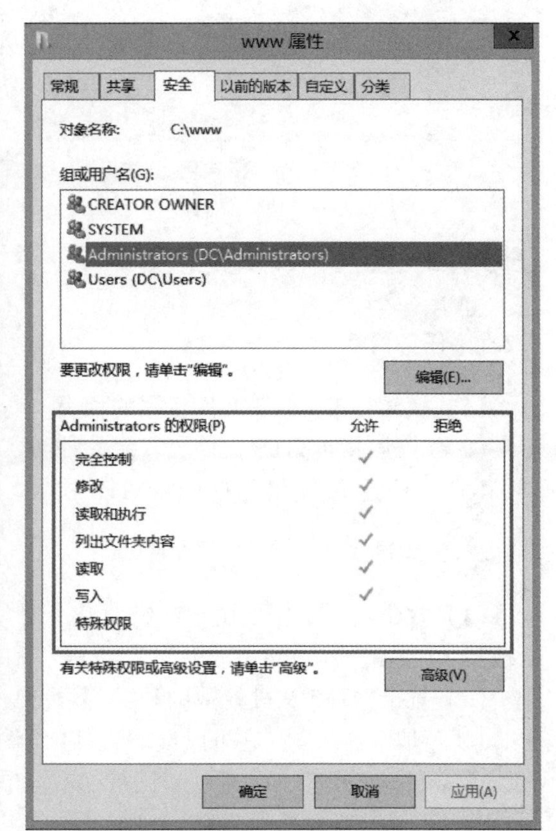

图 5-46　www 文件夹属性

（4）权限是可以被继承的，当我们针对某个文件夹设置权限后，这个权限默认会被此文件夹下的子文件夹与文件继承，当然也可以设置不让继承。

（5）权限是有累加性的，如果用户同时隶属于多个组，而且该用户与这些组分别对某个文件（或文件夹）拥有不同的权限设置时，则该用户对这个文件的最后有效权限是所有权限来源的总和。

（6）拒绝权限的优先级比较高。虽然用户对某个文件的有效权限是其所有权限来源的总和，但是只要其中有一个权限来源被设置为"拒绝"，则用户将不会拥有此权限。

实训 5-11　分配文件权限给用户

操作步骤

第 1 步：用鼠标右键单击文件“myfile. txt”，打开 myfile 属性对话框，选择“安全”选项卡。如图 5-47 所示，显示的是文件从父项继承来的权限，如果要编辑用户对文件的权限，单击“编辑”按钮。

第 2 步：现在要添加“zhangsan”对 myfile 有“读取”的权限，单击图 5-47 中的“编辑”按钮，打开“myfile 的权限”对话框，如图 5-48 所示，单击“添加”按钮，在“选择用户、计算机、服务账户或组”对话框中直接输入用户“zhangsan”单击“确定”按钮（也可以单击“高级”按钮，从中选择用户“zhangsan”）。

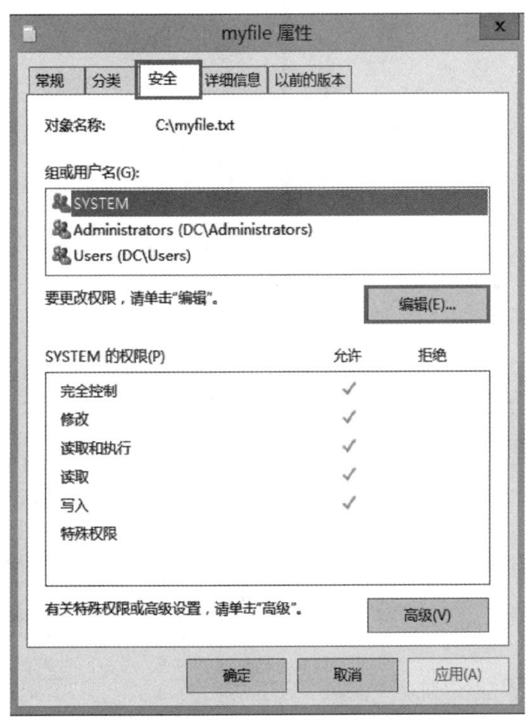

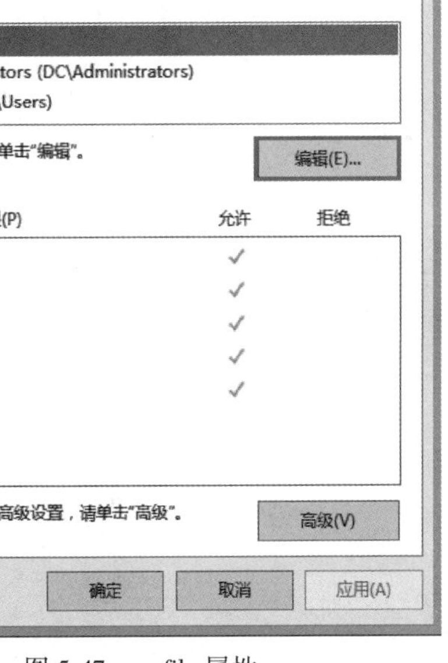

图 5-47　myfile 属性　　　　图 5-48　添加用户权限

第 3 步：如果要更改用户 zhangsan 对 myfile 文件的权限，在“myfile 的权限”对话框”中，先单击用户“zhangsan”，再在“zhangsan 的权限”框中勾选“允许”或“拒绝”权限，单击“应用”完成，如图 5-49 所示。

实训 5-12　不继承父文件夹的权限

操作步骤

如果不希望继承父项权限，单击“myfile 属性”对话框中的“高级”按钮，在“myfile 的高级安全设置”对话框中单击“禁用继承”按钮，如图 5-50 所示。在“阻止继承”对话框中，选择“将已继承的权限转换为此对象的显式权限”或“从此对象中删除所有已继承的权限”，如图 5-51 所示。

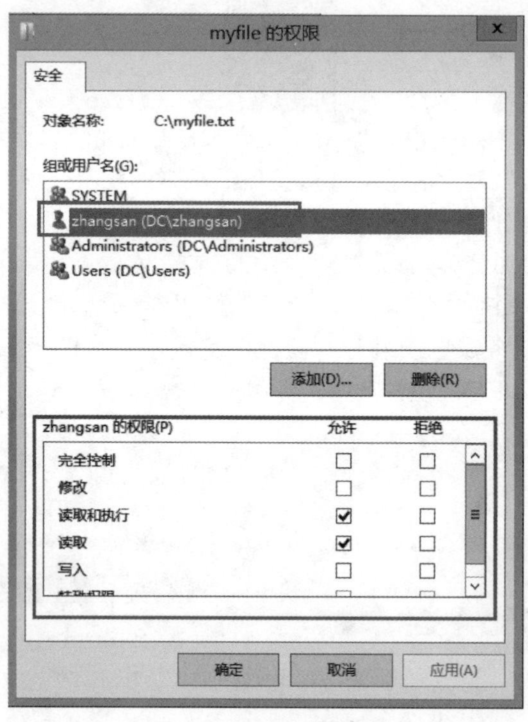

图 5-49 myfile 的权限

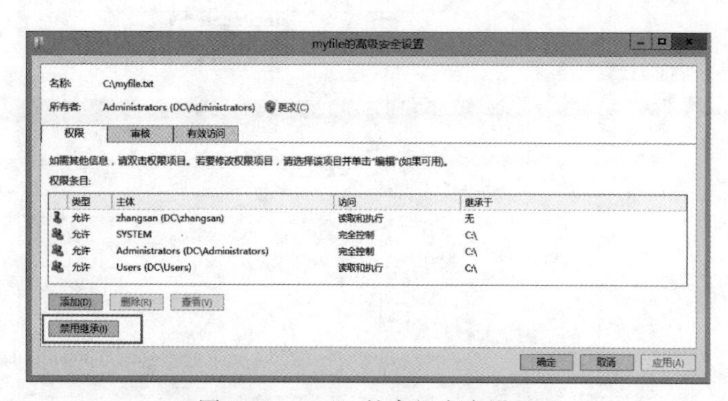

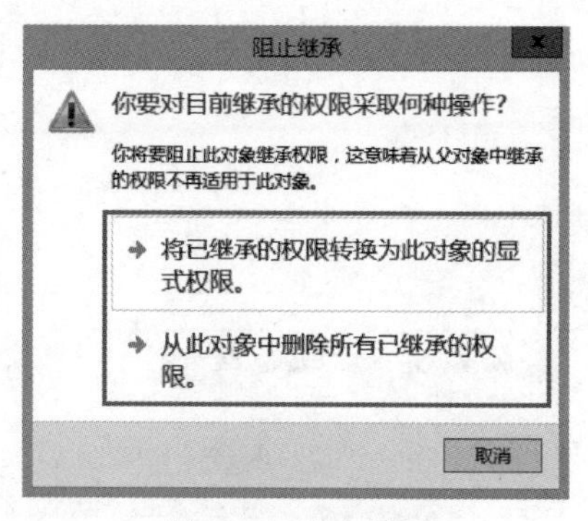

图 5-50 myfile 的高级安全设置

图 5-51 阻止继承

实训 5-13 分配特殊权限

1. 知识准备

前面所述的权限为标准权限，它是为了简化权限管理而设计的。标准权限能够满足一般需求，但是还可以利用特殊权限更精确地分配权限。

2. 操作步骤

第1步：如果要设置特殊权限，单击“myfile 属性”对话框中的“高级”按钮，先单击“禁用继承”，取消继承权后，才能设置特殊权限。

第 2 步：单击用户账户 “zhangsan”，选择 “高级”，打开 “myfile 的高级安全设置” 对话框，如图 5-52 所示，选择用户 “zhangsan”，单击 “编辑” 按钮。

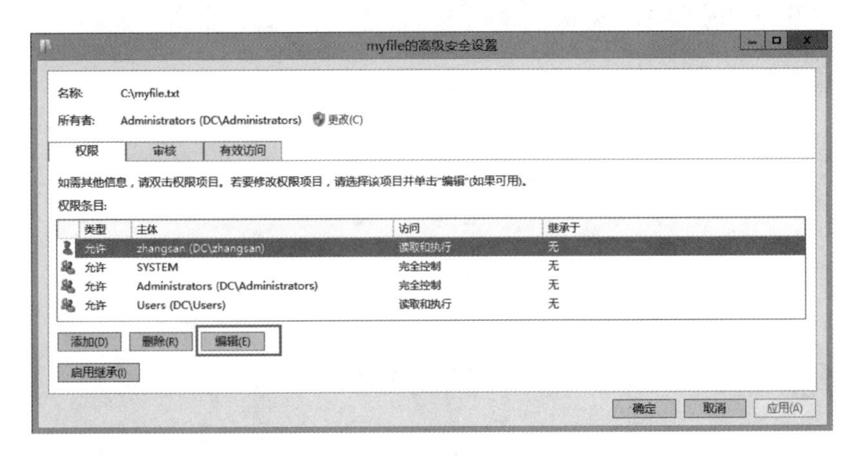

图 5-52　myfile 的高级安全设置

第 3 步：在打开的 “myfile 的权限项目” 对话框中，单击 “显示高级权限”，如图 5-53所示，然后选择相应的高级权限，如图 5-54 所示。前面介绍的标准权限就是这些特殊权限的组合。例如：标准权限 “读取”，就是特殊权限 “列出文件夹/读取数据、读取属性、读取扩展属性、读取权限” 4 个特殊权限的组合。

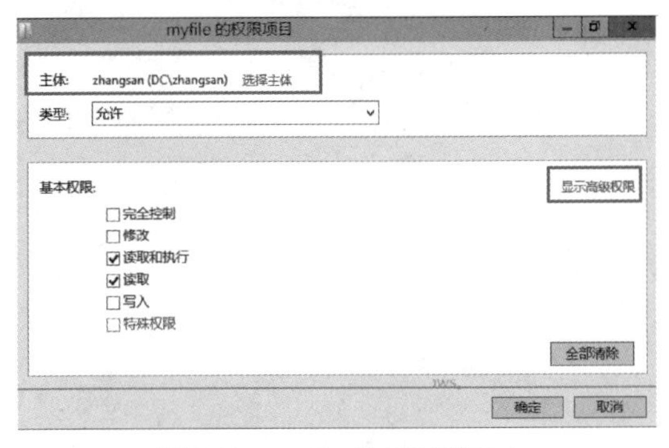

图 5-53　myfile 的权限项目 1

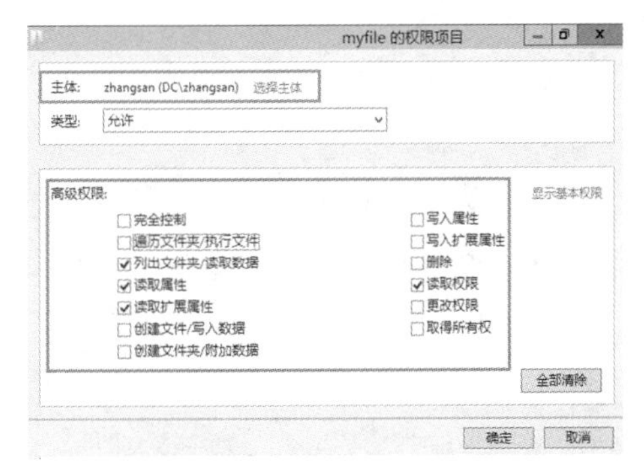

图 5-54　myfile 的权限项目 2

任务 5.3　文件的压缩与加密

任务目标

会设置文件的压缩与加密。

实训 5-14　设置文件的压缩

1. 知识准备

将文件压缩后可以减少它们占用的磁盘空间。系统支持 NTFS 压缩与 ZIP 文件夹两种不同的压缩方法。

2. 操作步骤

（1）NTFS 磁盘内的文件压缩。

第 1 步：NTFS 压缩仅 NTFS 磁盘支持，用鼠标右键单击文件“myfile”打开“myfile 属性”对话框，如图 5-55 所示，单击“高级”按钮，打开“高级属性”对话框，勾选“压缩内容以便节省磁盘空间”，单击“确定”按钮。

第 2 步：如果要压缩文件夹，用鼠标右键单击文件夹“123”，打开文件夹“123 属性”对话框，如图 5-56 所示，单击“高级”按钮，打开“高级属性”对话框，勾选“压缩内容以便节省磁盘空间”，单击“确定”按钮。

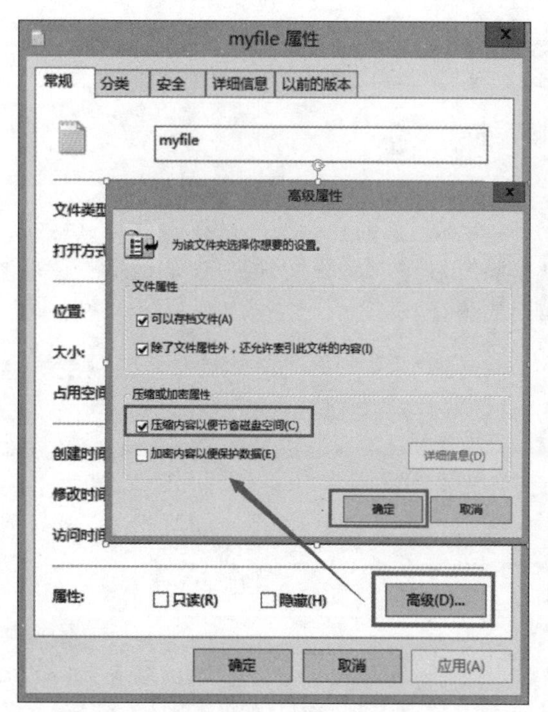

图 5-55　文件高级属性

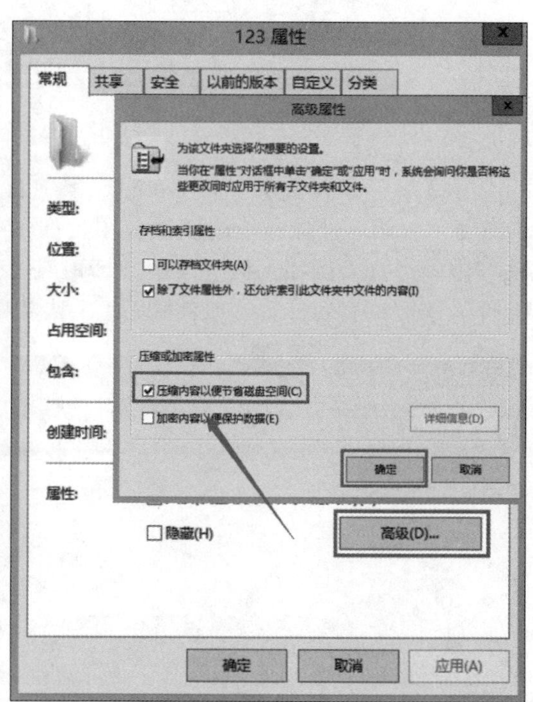

图 5-56　文件夹高级属性

（2）压缩（zipped）文件夹。

无论是 FAT、FAT32、exFAT、NTFS、ReFS 磁盘都可以创建压缩（zipped）文件夹。它可以被 WinZip WinRAR 等文件压缩工具程序进行压缩或解压缩，可以在不需要解压缩的情况下，直接读取压缩（zipped）文件夹内的文件，也可以被复制或移动到其他任何磁盘或计算机中。

用鼠标右键单击要压缩的文件夹“123”，选择“添加到压缩文件...”，或者直接选择“添加到 123. rar”，如图 5-57 所示。

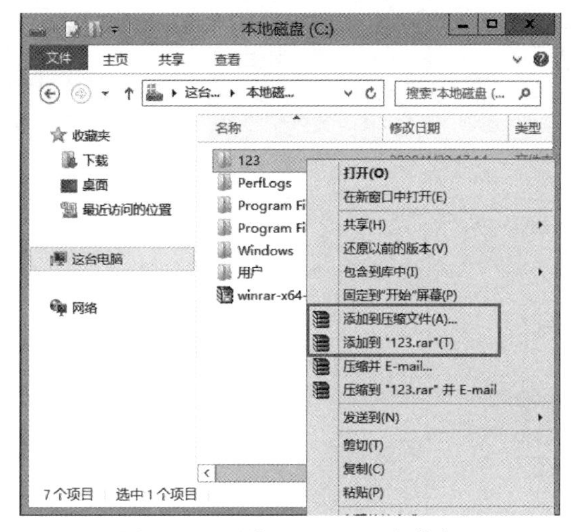

图 5-57　压缩（zipped）文件夹

实训 5-15　设置文件的加密

1. 知识准备

加密文件系统（EFS）提供文件加密的功能，文件经过加密后，只有当初将其加密的用户或被授权的用户能够读取，因此可以提高文件的安全性。只有 NTFS 磁盘内的文件和文件夹才可以被加密，如果将文件复制或移动到非 NTFS 磁盘内，则新文件会被自动解密。

2. 操作步骤

要将 NTFS 磁盘内的文件夹加密，用鼠标右键单击要加密的文件夹，打开“文件夹属性”对话框，单击“高级”按钮，在“高级属性”对话框中，勾选“加密内容以便保护数据”，单击“确定”按钮，如图 5-58 所示。

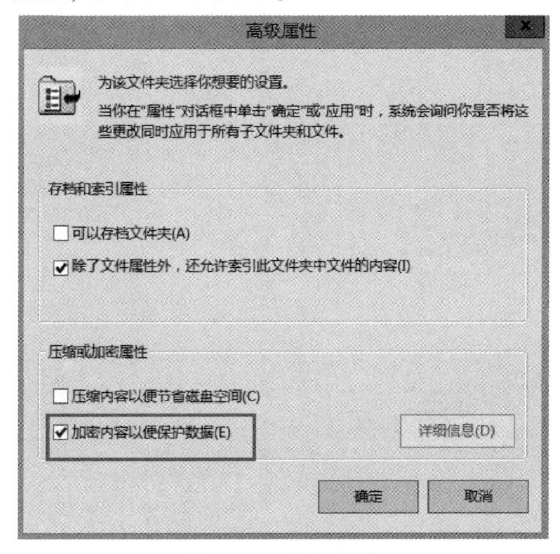

图 5-58　高级属性

任务 5.4　设置磁盘配额

5.4.1　任务目标

（1）掌握磁盘配额的设置。

（2）会监视每个用户的配额使用情况。

5.4.2　知识准备

我们可以通过磁盘配额功能来限制用户在 NTFS 磁盘内的存储空间，也可以追踪每个用户的 NTFS 磁盘使用情况。

实训 5-16　设置磁盘配额

操作步骤

第 1 步： 必须具备系统管理员权限，才可以设置磁盘配额。单击“开始”菜单，单击“这台电脑”，打开“这台电脑”对话框，用鼠标右键单击“本地磁盘（C:）”选择“属性”，打开“本地磁盘（C:）属性”对话框，如图 5-59 所示，选择“配额”选项卡，勾选“启用配额管理”，在“为该卷上的新用户选择默认的配额限制”中设置配额的大小，例如：限制新用户使用的空间为“1GB”超过“800MB”警告。可以根据实际需求，勾选“用户超出配额限制时记录事件”和“用户超过警告等级时记录事件”。

第 2 步： 如果给已有的账户设置配额限制，单击“配额项”按钮，打开“（C:）的配额项”对话框，如图 5-60 所示，单击“配额”菜单，选择“新建配额项”，打开“添加新配额项”对话框，选择用户“zhangsan”，设置用户配额限制为“500MB”，警告等级

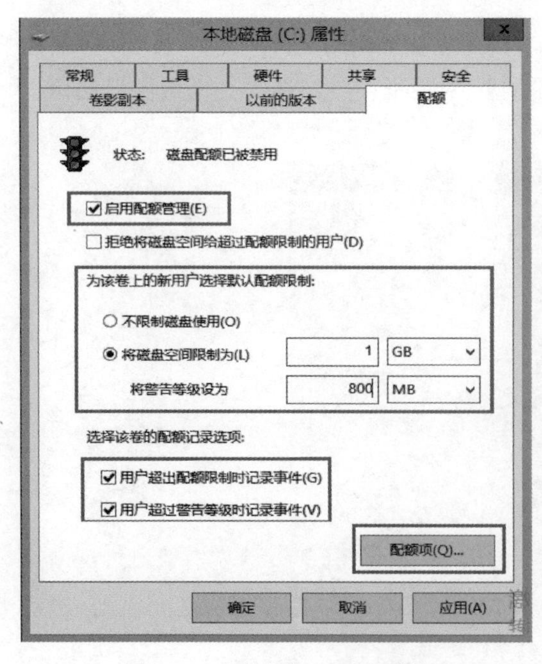

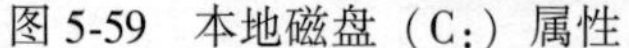
图 5-59　本地磁盘（C:）属性

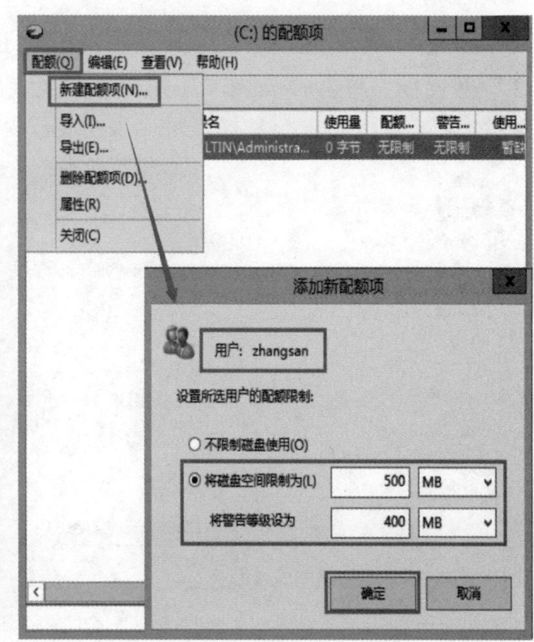

图 5-60　（C:）的配额项 1

为“400MB”，单击“确定”按钮，设置完成之后如图 5-61 所示。

也可以通过图 5-61 直接监视每个用户的磁盘配额使用情况。

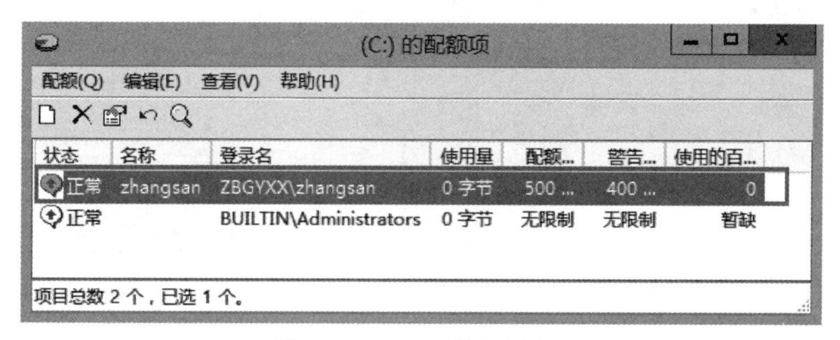

图 5-61　(C:) 的配额项 2

任务 5.5　文件夹配额与文件屏蔽

5.5.1　任务目标

(1) 会设置文件夹配额。

(2) 会设置文件屏蔽。

5.5.2　知识准备

任务 5.4 中设置的磁盘配额是用来追踪、控制每个用户在每个磁盘内的配额。本任务的文件夹配额是以磁盘或文件夹为单位，无论用户是谁。文件夹配额与文件屏蔽需要安装文件服务器管理工具。

实训 5-17　设置文件夹配额

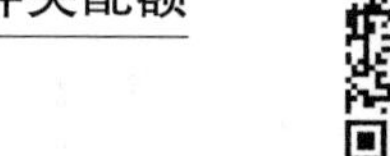

操作步骤

本实训我们将以下面的案例来进行操作，所有用户使用文件夹 C:\123 时，总和不能超过 100MB。如果超过 85%，将发送电子邮件警告，如果超过 95%，将发送电子邮件和记录事件日志警告。

第 1 步：安装文件服务器管理工具，单击“开始”→“管理工具”→“服务器管理”→“添加角色和功能”，如图 5-62 所示，选择“文件服务器资源管理器”，如图 5-63 所示，单击“安装”，直到安装完成。

第 2 步：对 C:\123 文件夹创建配额管理，单击“开始”→“管理工具”→“文件服务器管理器”打开“文件服务器管理器”对话框，如图 5-64 所示。

第 3 步：单击“配额管理”，用鼠标右键单击“配额”，选择“创建配额”，如图 5-65 所示，选择配额路径“C:\123”文件夹，设置配额选项“从此配额模板派生属性”，选择 100MB 限制，此模板包含“超过 85%电子邮件警告，超过 95%电子邮件和事件日志警告”。单击“创建”按钮，如图 5-66 所示。

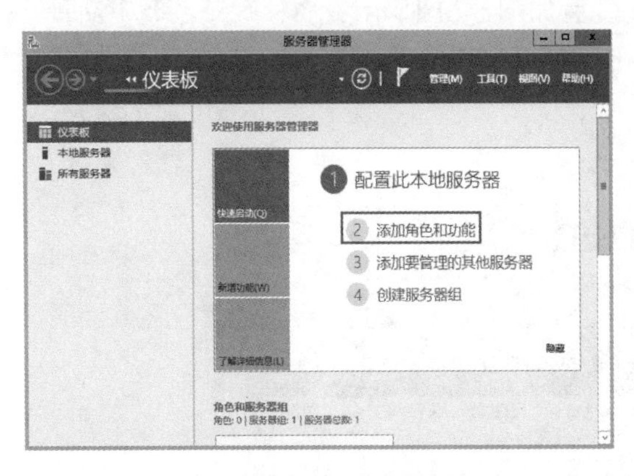

图 5-62　添加角色和功能

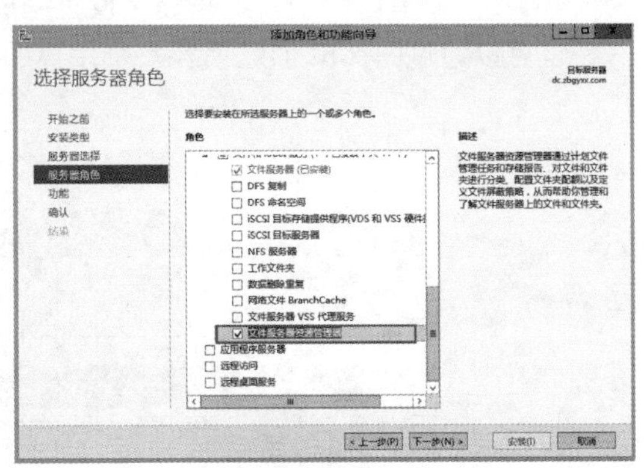

图 5-63　文件服务器资源管理器

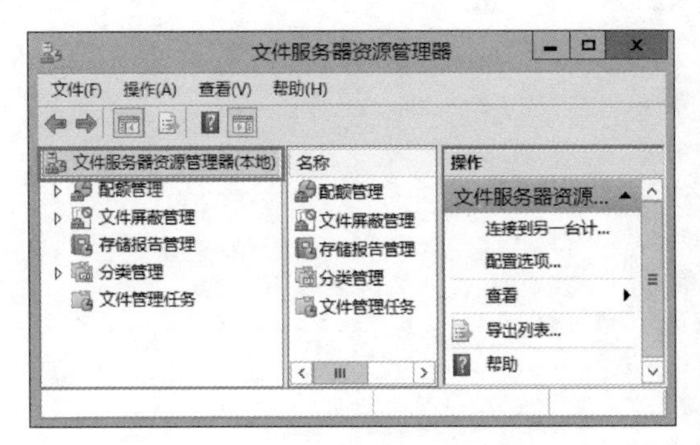

图 5-64　文件服务器资源管理器

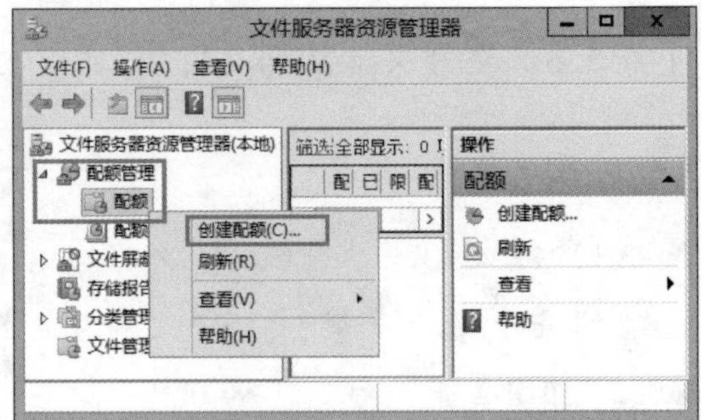

图 5-65　创建配额

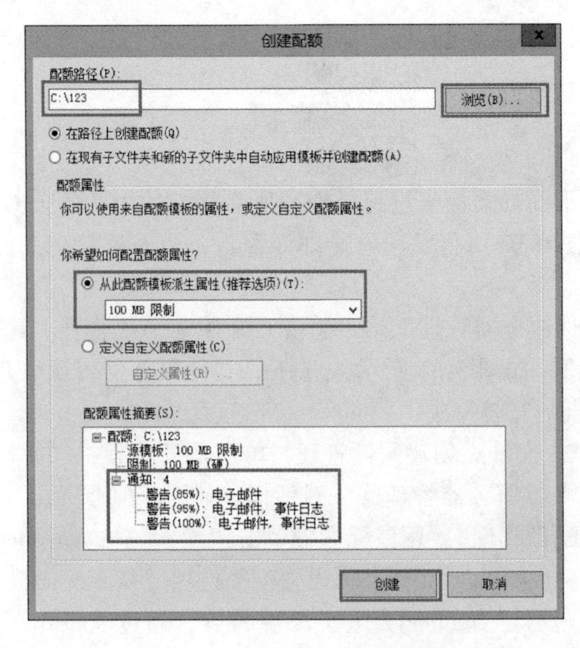

图 5-66　给文件夹 123 创建配额

实训 5-18　设置文件屏蔽

操作步骤

可以通过文件屏蔽功能来限制用户将某些类型的文件保存到指定的文件夹内。本实训我们将以下面的案例进行操作，限制“C:\123”文件夹不可以保存扩展名为“.docx”“.txt”的文件。

第 1 步：打开“文件服务器资源管理器”管理控制台，单击“文件屏蔽管理”，用鼠标右键单击“文件屏蔽”，选择“创建文件屏蔽”，如图 5-67 所示。

第 2 步：选择文件屏蔽路径“C:\123”，选择“定义自定义文件屏蔽属性”，单击“自定义属性”按钮，如图 5-68 所示。

第 3 步：在图 5-69 中单击“创建”按钮，打开“创建文件组属性”对话框，如图 5-70 所示，输入文件组名“docx txt”，在“要包含的文件”文本框中输入“ *.docx”单击“添加”按钮，再输入“ *.txt”单击“添加”按钮，最后单击“确定”按钮。

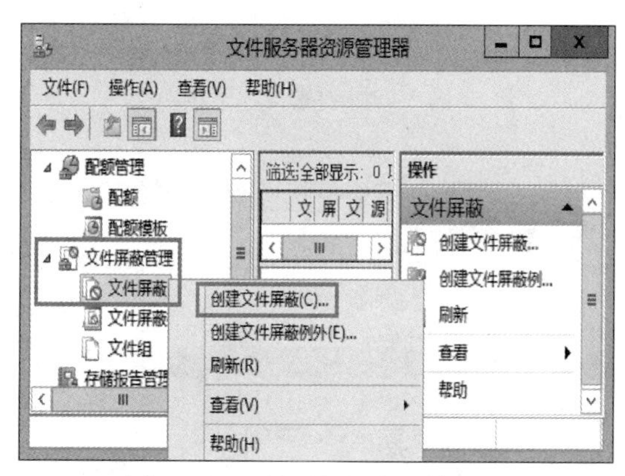

图 5-67　文件服务器资源管理器

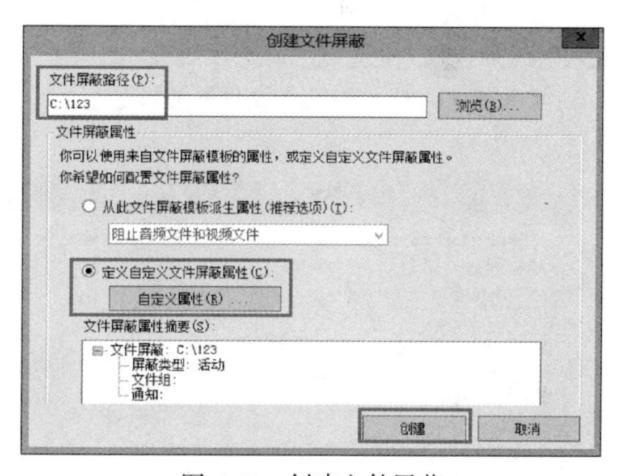

图 5-68　创建文件屏蔽

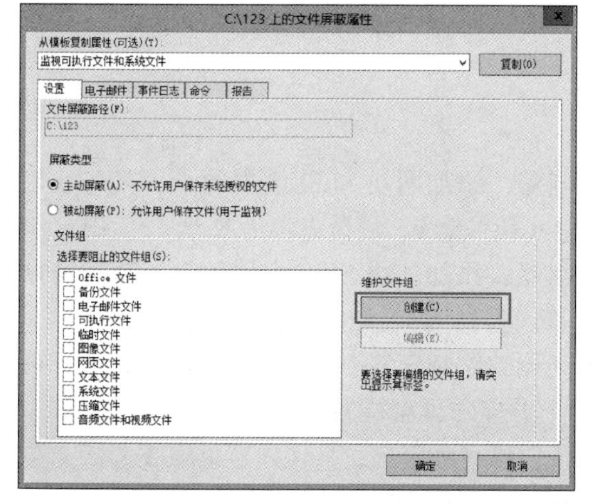

图 5-69　C:\123 上的文件屏蔽属性

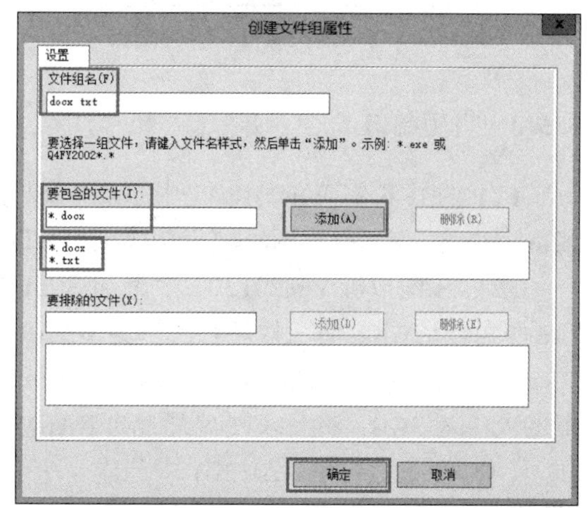

图 5-70　创建文件组属性

第 4 步：在“C:\123 上的文件屏蔽属性”对话框中勾选创建的文件组“docx txt”，

如图 5-71 所示，单击“确定”按钮，如图 5-72 所示，单击“创建”按钮，可以选择“将自定义属性另存为模板”，输入模板名称“docx txt”，单击“确定”按钮，如图 5-73 所示，完成后结果如图 5-74 所示。

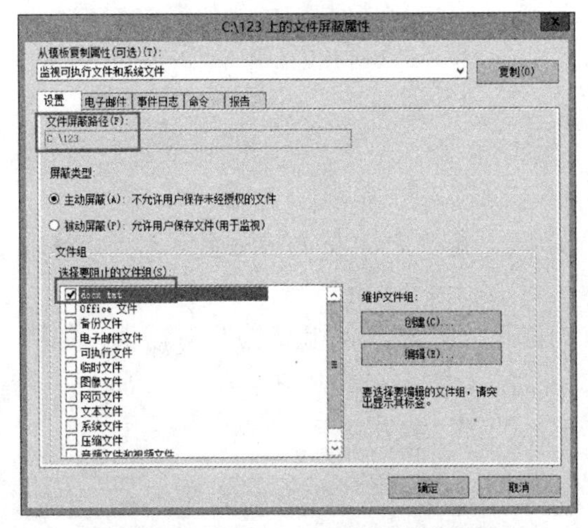

图 5-71　C:\123 上的文件屏蔽属性

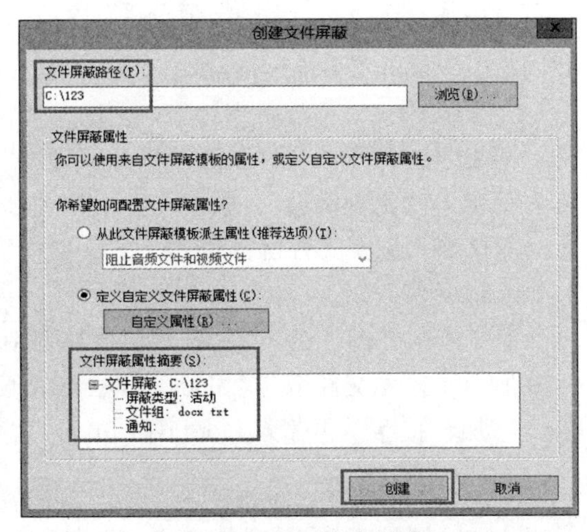

图 5-72　创建文件屏蔽

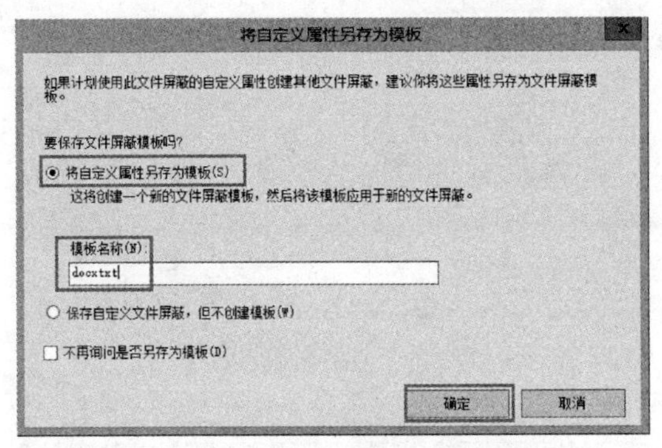

图 5-73　将自定义属性另存为模板

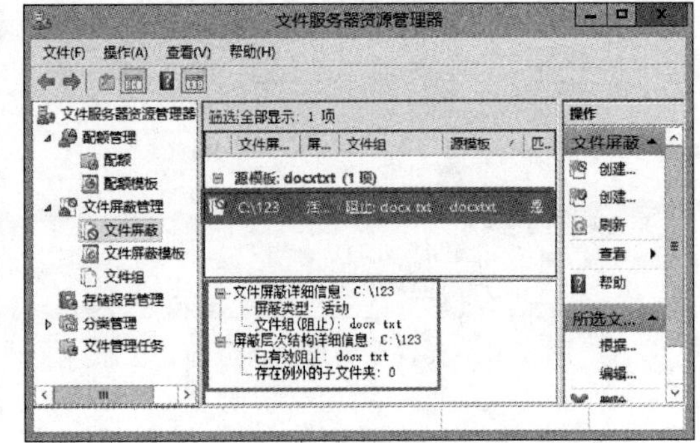

图 5-74　完成创建文件屏蔽

5.5.3　巩固练习

（1）在虚拟机 Win2012A1 中添加 SCSI 控制器，添加两块 SCSI 虚拟硬盘，其每块硬盘的大小为 10GB；将两块硬盘制作成 RAID1 卷（镜像卷），磁盘盘符为 E 盘。

（2）在虚拟机 Win2012B1 中添加 SCSI 控制器，添加三块 SCSI 虚拟硬盘，其每块硬盘的大小为 2GB。将三块硬盘配置为 RAID0（带区卷），对应磁盘盘符为 E 盘。

（3）在虚拟机 Win2012C1 中添加 SCSI 控制器，添加三块 SCSI 虚拟硬盘，其每块硬盘的大小为 3GB，将三块硬盘配置为 RAID5 卷，对应磁盘盘符为 E 盘。

（4）在虚拟机 Win2012C1 中创建 4 个 OU，创建 8 个用户，具体内容见表 5-1。

表 5-1　巩固练习 1

部门	组	隶属用户
财务部	CAIWUBU	Manager1（部门主任）、user1（员工）

续表 5-1

部门	组	隶属用户
工程部	GONGCHENGBU	Manager2（部门主任）、user2（员工）
软件部	RUANJIANBU	Manager3（部门主任）、user3（员工）
系统集成部	XITONGJICHENGBU	Manager4（部门主任）、user4（员工）

根据部门的不同，在 RAID5 分区中建立 3 个文件夹，表 5-2 列出了访问权限及磁盘限制。

表 5-2 巩固练习 2

文件夹名称	NTFS 权限	硬盘限制
CAIWUBU	其他部门可以浏览，不可以上传，财务部的员工可以有上传权限，部门主任具有完全控制权限	部门主任限制空间为 1GB，超过 800MB 报警；部门中其他人员为 500MB，超过 400MB 报警
GONGCHENGBU	其他部门可以浏览，不可以上传，工程部的员工可以有上传权限，部门主任具有完全控制权限	部门主任限制空间为 1GB，超过 800MB 报警；部门中其他人员为 500MB，超过 400MB 报警
RUANJIANBU	其他部门可以浏览，不可以上传，软件部的员工可以有上传权限，部门主任具有完全控制权限	部门主任限制空间为 1GB，超过 800MB 报警；其他员工为 500MB，超过 400MB 报警

（5）将 Win2012C1 系统的 C 盘磁盘空间划出 10GB，对应磁盘盘符为 F 盘，在 F 盘上新建 Share 文件夹，利用磁盘配额管理功能，完成对 Share 文件夹 500MB 大小的限制，限制对 Share 文件夹内不可以保存 *.xlsx 和 *.pptx 文档。

项目6　共享文件与网络访问

项目应用场景：

某学校要建立教学应用文件服务器，实现教学课件、备课资料、上机实验报告等资料的共享，并根据教师账户与学生账户的不同来设置对这些资源的不同的网络访问权限。

任务6.1　共享文件夹设置

6.1.1　任务目标

（1）会新建共享文件夹。
（2）会停止共享与更改共享文件夹的权限。
（3）会设置高级共享与隐藏共享。

6.1.2　知识准备

资源共享是网络的主要功能之一，我们可以通过共享文件夹来将文件共享给网络上的其他用户，我们可以对每个共享资源分配或拒绝权限。

实训6-1　新建共享文件夹

操作步骤

第1步：用鼠标右键单击文件夹“public”，选择“共享”，选择“特定用户”，如图6-1所示。

第2步：输入允许共享的用户名“zhangsan”，单击“添加”按钮。默认Administrator用户具有“读取/写入”权限，Administrators组具有“所有者”权限，如图6-2所示。

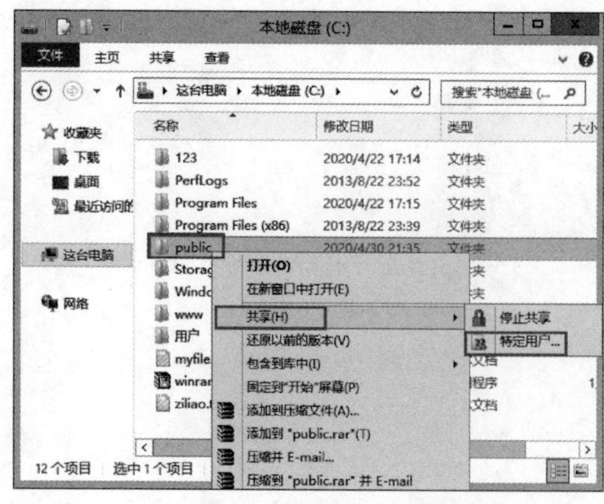

图6-1　public共享

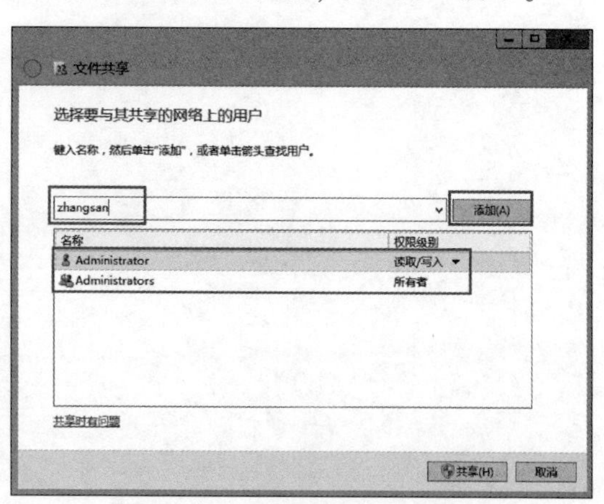

图6-2　添加用户zhangsan

第 3 步：添加的用户“zhangsan”共享权限默认为“读取”，单击右侧的三角符号，可以更改权限为“读取/写入”，如图 6-3 所示，完成后单击“共享”按钮，完成后结果如图 6-4 所示。

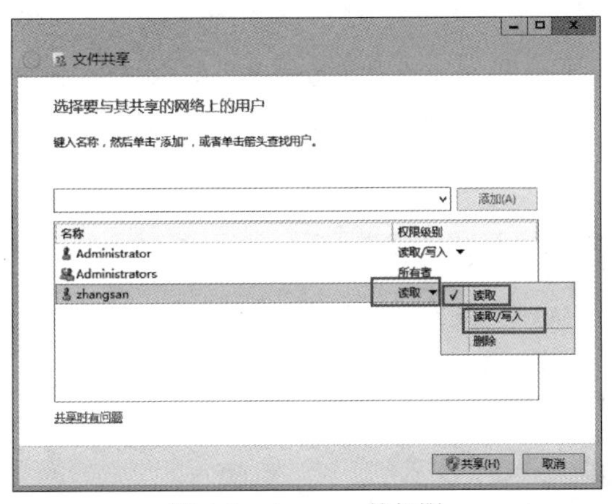

图 6-3 zhangsan 的权限

图 6-4 文件共享

实训 6-2 停止共享与更改权限

操作步骤

第 1 步：用鼠标右键单击共享文件夹“public”，选择“共享”→“停止共享”，如图 6-5 所示。

第 2 步：如图 6-6 所示，如果想停止共享，请直接选择“停止共享”，如果要更改共享权限，请选择“更改共享权限”，再次打开图 6-3“文件共享”对话框，按实训 6-1 里的步骤设置用户权限。

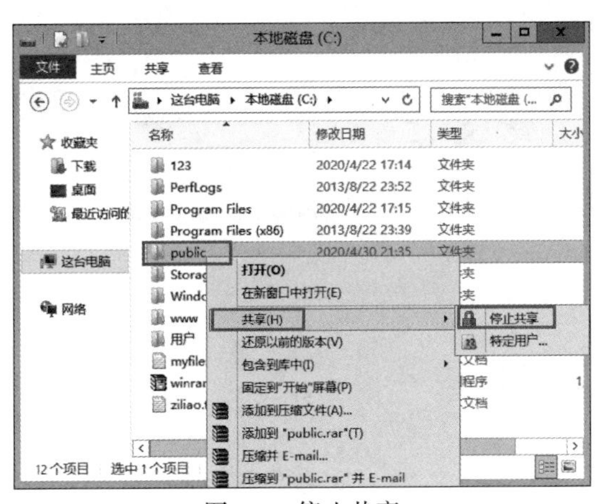

图 6-5 停止共享

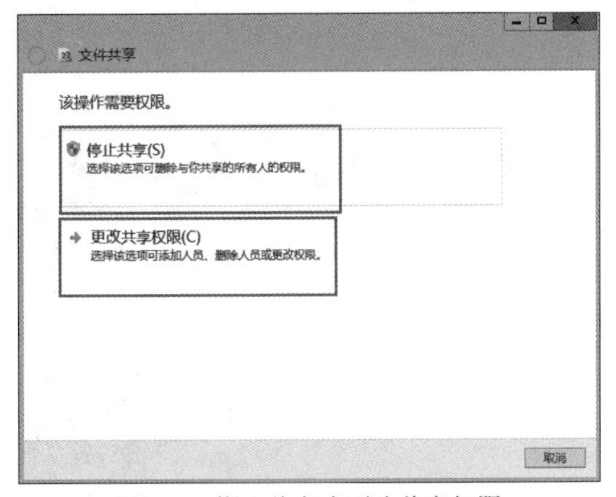

图 6-6 停止共享或更改共享权限

实训 6-3 设置高级共享

操作步骤

第 1 步：用鼠标右键单击文件夹“public”，选择“属性”，打开“public 属性”对话框框，选择“共享”选项卡，单击“高级共享”按钮，如图 6-7 所示。

第 2 步： 打开“高级共享”对话框，单击“添加”按钮，可以添加文件夹的共享名为“pub”，也可以设置用户数量限制为“10”，如图 6-8 所示。

第 3 步： 单击图 6-8 中的“权限”按钮，可以设置添加用户以及访问共享的权限，默认 Everyone 具有“读取”权，如图 6-9 所示。下面我们添加“zhangsan”具有“读取更改”权，单击“zhangsan”，zhangsan 的权限勾选允许“更改”和“读取”，然后单击“应用”和“确定”按钮，如图 6-10 所示。

图 6-7　public 属性

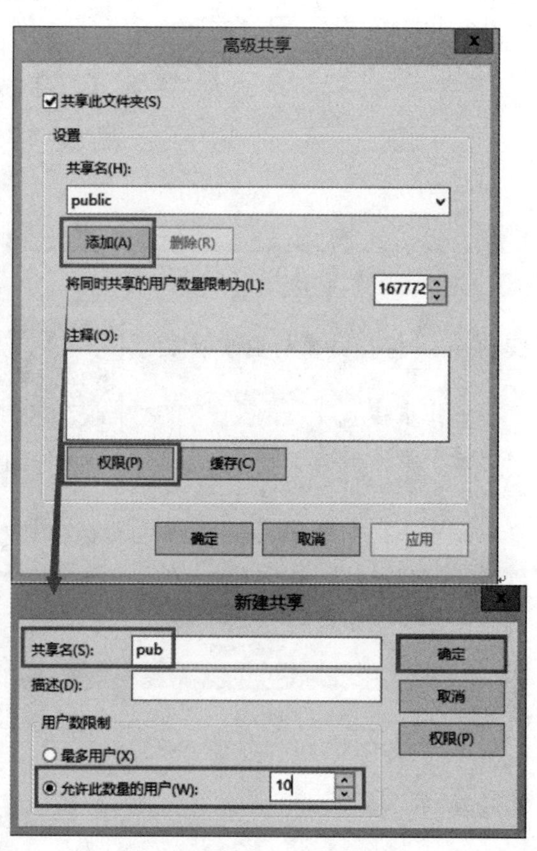

图 6-8　public 高级共享

实训 6-4　设置隐藏共享文件夹

操作步骤

第 1 步： 用鼠标右键单击文件夹“public”，选择“属性”，打开“public 属性”对话框，选择“共享”选项卡，单击“高级共享”，如图 6-7 所示。

第 2 步： 打开“高级共享”对话框，单击“添加”按钮，如图 6-8 所示，在打开的“新建共享”对话框中，在共享名称后加上“$”符号，public 就会成为隐藏共享文件夹，如图 6-11 所示。

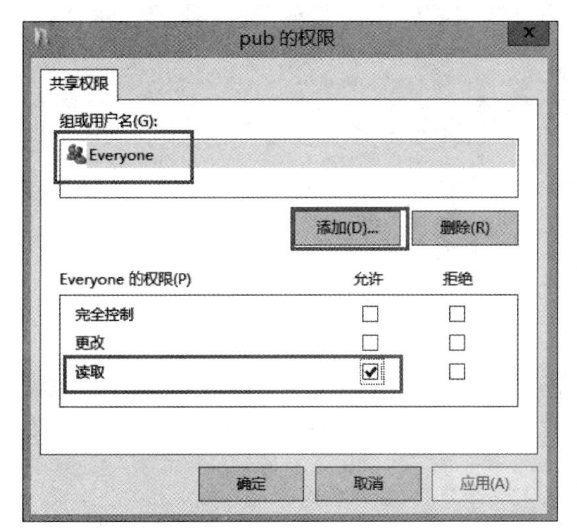

图 6-9　Everyone 的权限

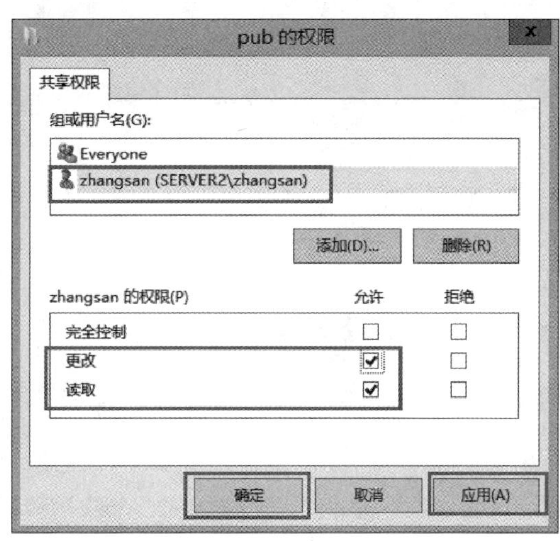

图 6-10　zhangsan 的权限

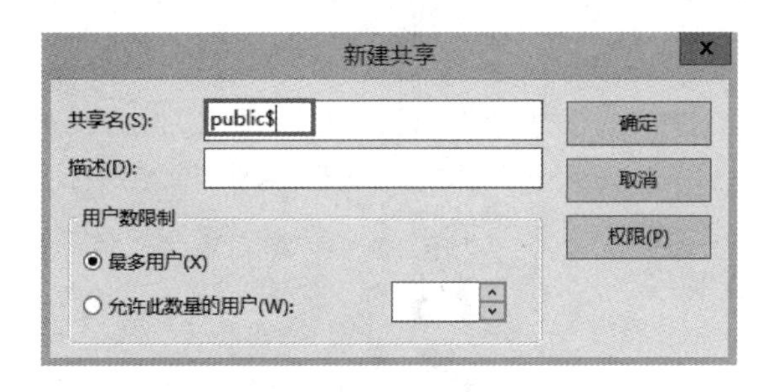

图 6-11　隐藏共享

任务 6.2　访问共享文件夹

任务目标

会使用三种方法访问共享文件夹。

实训 6-5　访问共享文件夹

访问网络上共享文件夹的前提是网络能正常通信。

方法 1：在运行框中输入共享文件夹所在的服务器地址

操作步骤

第 1 步：通过网络路径访问共享文件夹，在另一台计算机上打开运行对话框（Win+R 组合键），输入共享文件夹的服务器的 IP 地址“\\192.168.10.20”，如图 6-12 所示。

第 2 步：出现“输入网络凭据”对话框，手动输入用户名与密码，此用户具有对该共享文件夹读取的权限，这里使用“Administrator”账户，如图 6-13 所示。

第 3 步：成功访问共享文件夹，如图 6-14 所示。

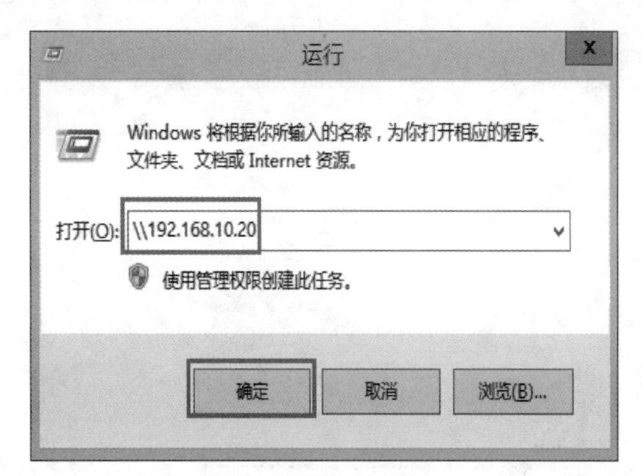

图 6-12　运行图

图 6-13　输入网络凭据安全

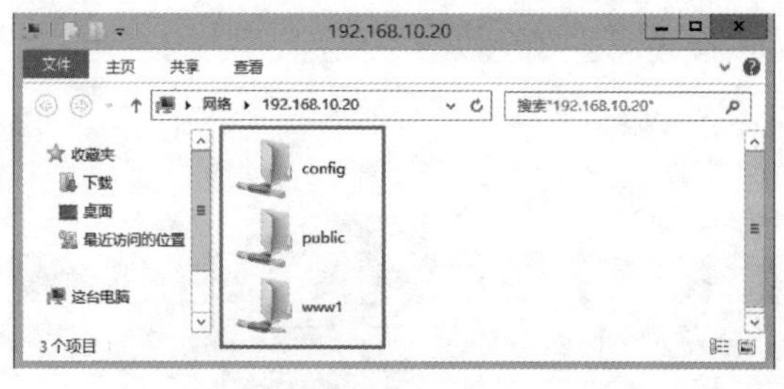

图 6-14　成功访问共享文件夹

方法 2：映射网络驱动器

操作步骤

第 1 步：打开“开始”菜单，用鼠标右键单击“这台电脑”，选择下方的“映射网络驱动器”，如图 6-15 所示，选择映射的驱动器号“Z:”，输入共享文件夹的网络路径“\\server2\public”，单击“完成”按钮，如图 6-16 所示。

图 6-15　映射网络驱动器 1

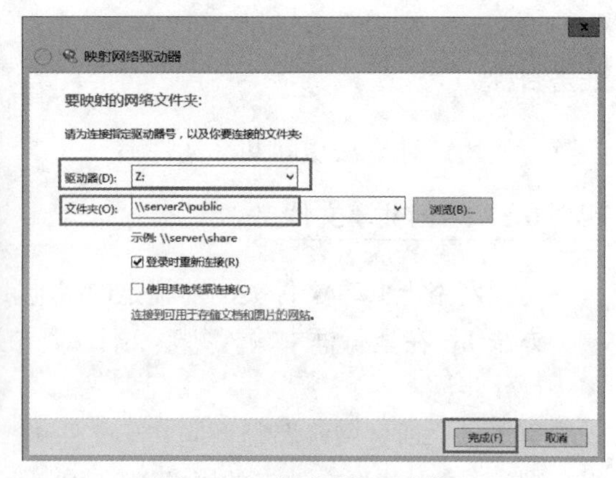

图 6-16　映射网络驱动器 2

第 2 步：打开“这台电脑”，查看设置映射网络驱动器后的效果，如图 6-17 所示，这时我们可以像访问本地磁盘驱动器一样来访问网络上的共享文件夹。

第 3 步：映射网络驱动器成功后，连接会一直存在。为了保证安全，使用完后可以断开网络驱动器，用鼠标右键单击“public 网络驱动器”选择“断开”，如图 6-18 所示。

图 6-17　映射网络驱动器成功

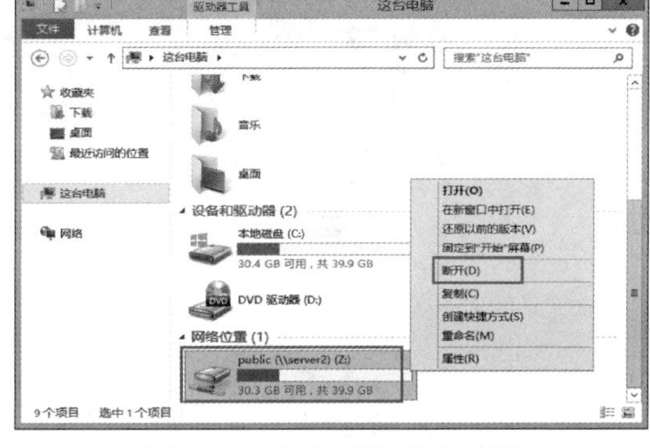

图 6-18　断开映射网络驱动器

方法 3：访问隐藏共享文件夹

操作步骤

第 1 步：隐藏的共享文件夹使用正常的方法访问时显示不出来，需要在运行对话框中网络路径共享名后面再加“$”符号，例如：访问隐藏共享文件夹 public，那么在运行框中输入“\\192. 168. 10. 20\public$”，如图 6-19 所示。

第 2 步：访问成功后可以直接进入共享文件夹 public 目录里，如图 6-20 所示。

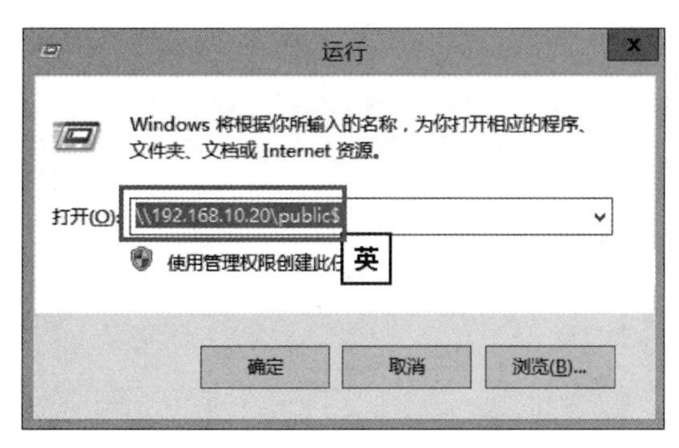

图 6-19　运行

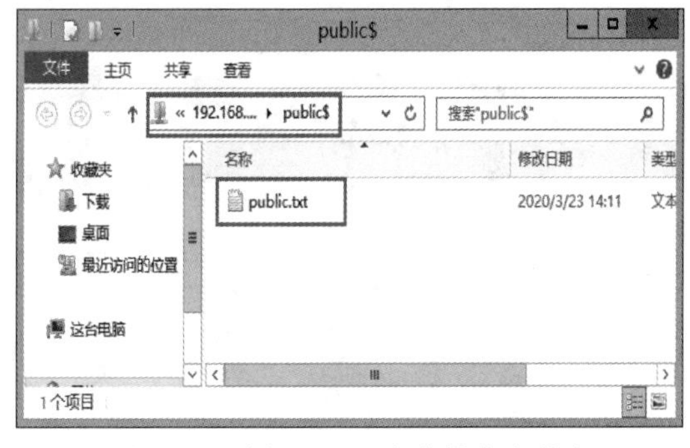

图 6-20　访问 public 隐藏共享文件夹

任务 6.3　利用“计算机管理”管理共享的文件夹

6.3.1　任务目标

（1）会修改与添加共享文件夹。

（2）会监控与管理已连接的用户。

6.3.2　知识准备

我们可以通过“计算机管理”来管理共享文件夹，打开“管理工具”→“计算机管理”，单击“共享文件夹”→“共享”，列出了现有的共享文件夹的名称（包含 C$、ADMIN$等隐藏共享文件夹）、文件夹路径、适用于哪一种客户端来访问、目前已经连接到此共享文件夹的用户数等，如图 6-21 所示。

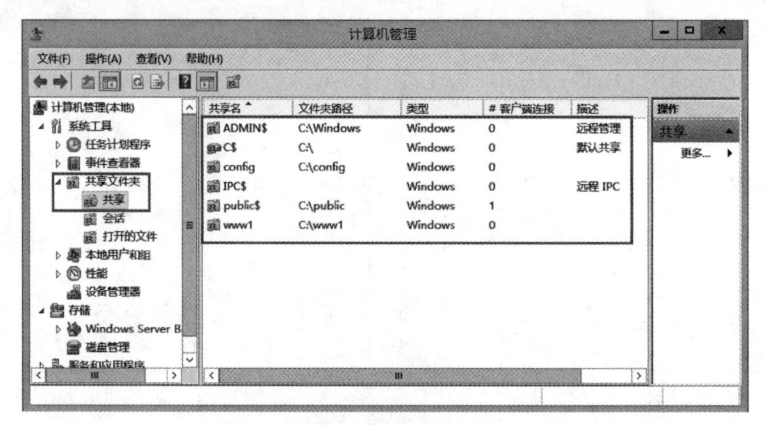

图 6-21　计算器管理

实训 6-6　修改与添加共享文件夹

操作步骤

第 1 步： 修改共享文件夹，在“计算机管理”对话框中，用鼠标右键单击要修改的共享文件夹“public$”，选择“属性”进行修改，如图 6-22 所示。在“常规”选项卡中可以修改共享名、用户限制等，在“共享权限”选项卡中可以修改用户的权限，如图6-23 所示。

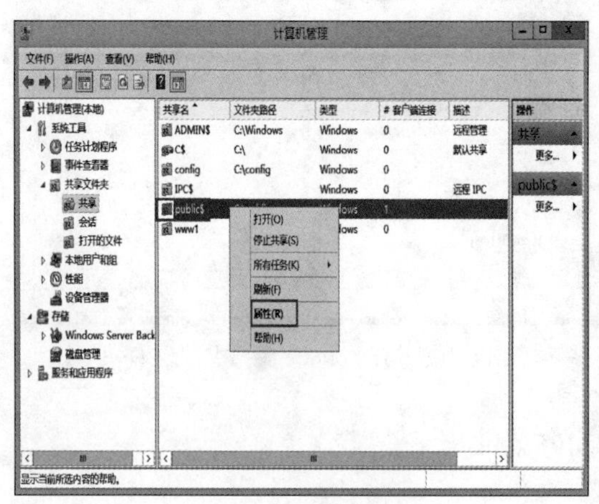

图 6-22　public$属性

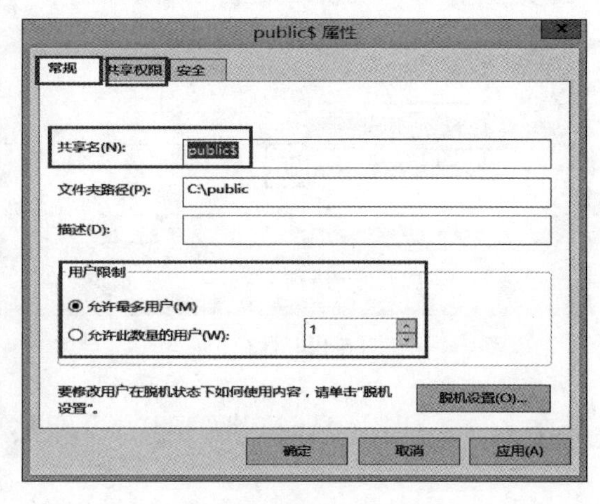

图 6-23　修改 public$属性

第 2 步： 停止文件夹共享，用鼠标右键单击要停止共享的文件夹“public$”，选择“停止共享”，如图 6-24 所示。

第 3 步： 添加共享文件夹，用鼠标右键单击“共享”，选择“新建共享”，如图 6-25 所示。打开“创建共享文件夹向导”，单击“下一步”按钮，如图 6-26 所示。输入共享文件夹的路径“C:\config”，在向导的其他步骤中直接单击“下一步”按钮，直到完成，默认的共享文件夹权限是“所有用户有只读访问权限”，如图 6-27 所示。

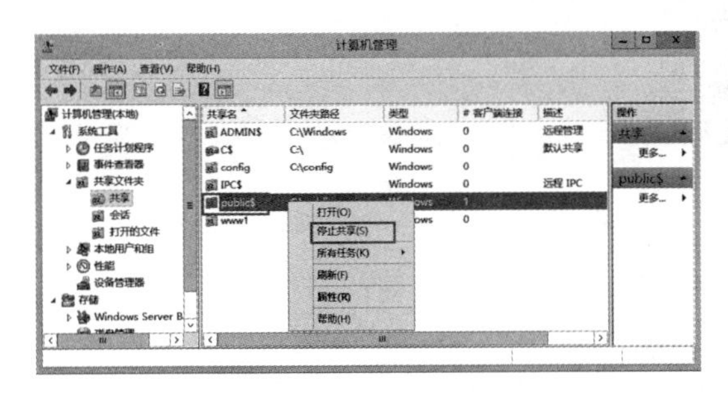

图 6-24　停止共享

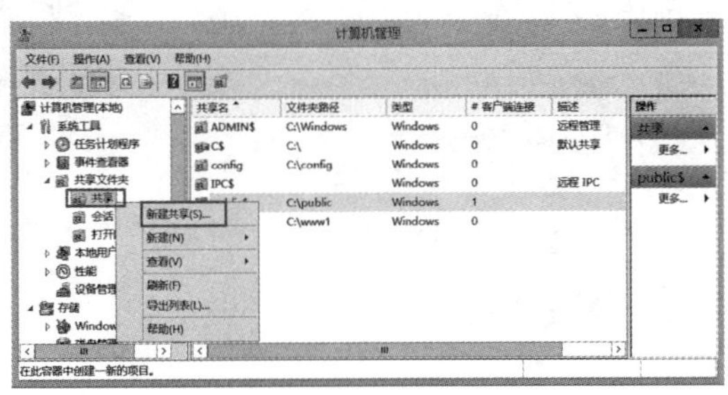

图 6-25　新建共享

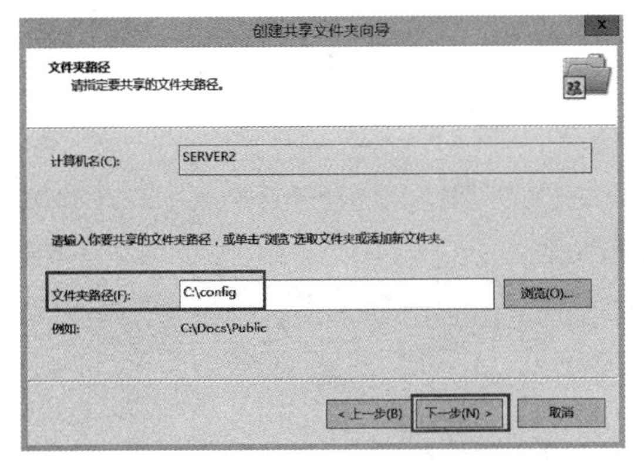

图 6-26　创建共享文件夹向导

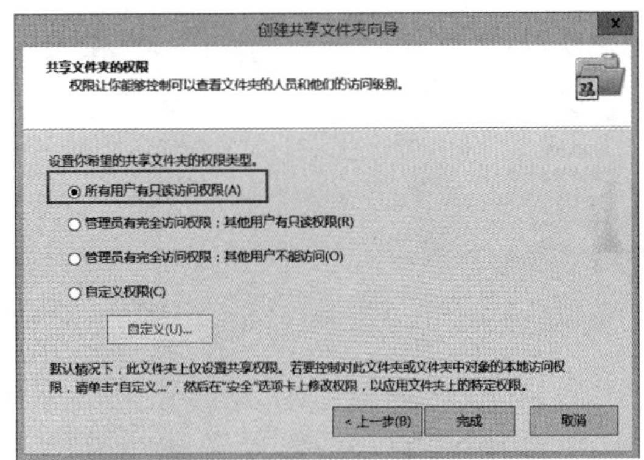

图 6-27　共享文件夹的权限

第 4 步： 监控与管理已连接的用户，单击"会话"，就可以查看与管理已经通过共享连接到此计算机的用户，如图 6-28 所示。单击"打开的文件"，就可以查看与管理已经被打开的共享文件，如图 6-29 所示。

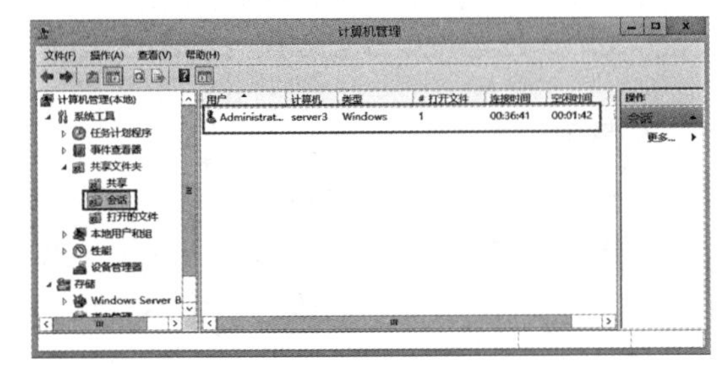

图 6-28　会话

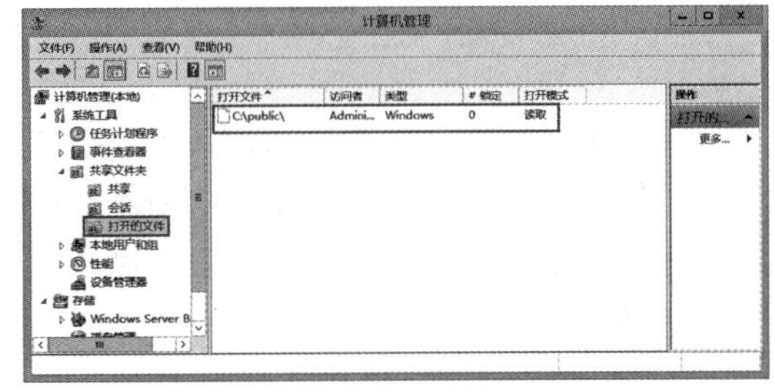

图 6-29　打开的文件

任务 6.4　设置卷影副本

6.4.1　任务目标

会设置磁盘的卷影副本。

实训 6-7　配置 C 盘的卷影副本

1. 操作步骤

第 1 步： 通过使用共享文件夹的卷影副本，用户可以查看在过去某个时刻存在的共享文件和文件夹。打开“这台电脑”，用鼠标右键单击“本地磁盘（C:）”选择“配置卷影副本”，如图 6-30 所示。

第 2 步： 选择启用卷影副本的磁盘“C:\ ”，单击“启用”按钮，如图 6-31 所示，在弹出的“启动卷影复制”对话框中单击“是”按钮，卷影副本就创建好了，结果如图 6-32 所示。

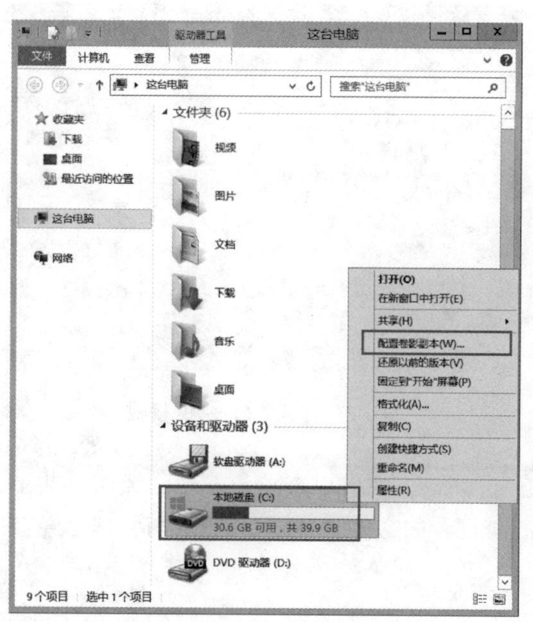

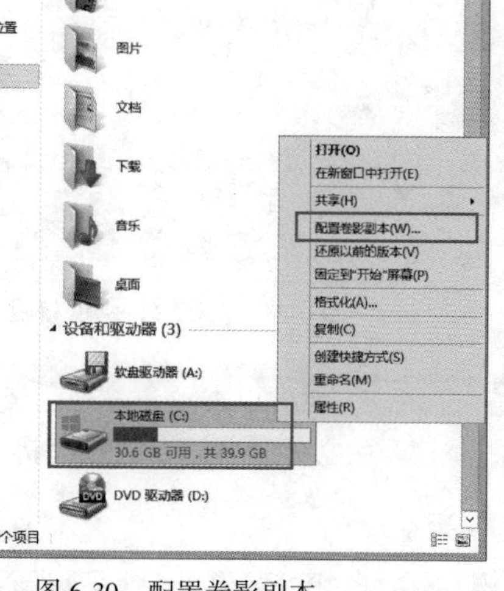

图 6-30　配置卷影副本

图 6-31　卷影副本

第 3 步： 系统默认将卷影副本存储区建立在卷影副本的磁盘内，但这不是最佳的做法，因为会增加该磁盘的负担、降低系统效率。最好是将卷影副本存储区建立到另一个未启用卷影副本的磁盘内，在启用卷影副本之前，单击图 6-31 中的“设置”按钮，弹出如图 6-33 所示的“设置”对话框，“存储区域”选择“E:\ ”。还可以修改卷影副本存储区的容量大小，通过在“最大值”这里输入使用限制。还可以通过单击“计划”按钮，修改建立卷影副本的时间点，如图 6-34 所示。

第 4 步： 可以通过单击图 6-32 中“立即创建”按钮，手动创建卷影副本，这时会形成另外一个卷影副本，如图 6-35 所示，用户在还原文件时，可以选择在不同时间点所建立的卷影副本内的旧文件进行还原。

2. 验证结果

在客户端访问“卷影副本”内的文件，我们以从客户端访问共享文件夹 public 为例，从网络访问，用鼠标右键单击“public”，选择“还原以前的版本”，如图 6-36 所示。在图 6-37 中，单击“还原”按钮，我们可以选择利用哪一个卷影副本内的旧文件来还原文件，也可以通过“打开”按钮来查看旧文件的内容，或通过“复制”按钮来复制文件。

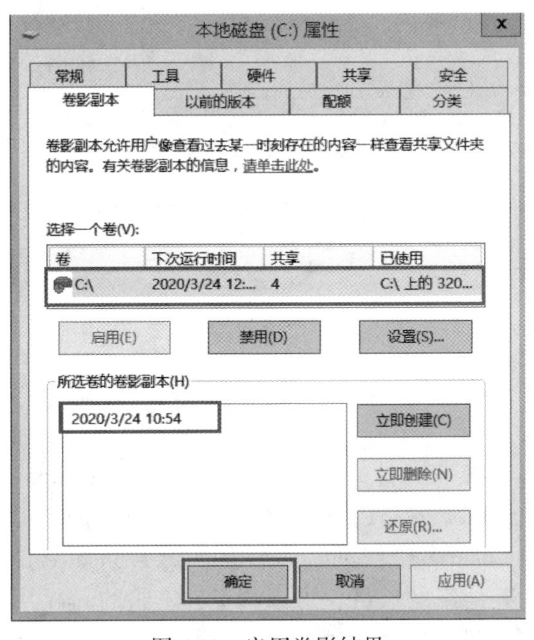

图 6-32　启用卷影结果

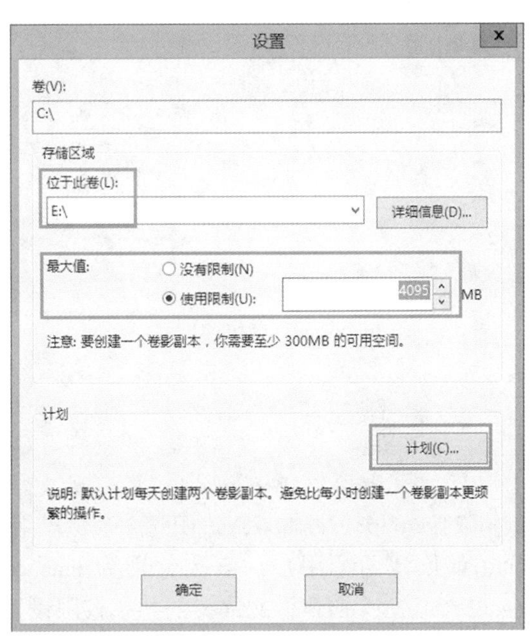

图 6-33　设置存储区域

图 6-34　计划

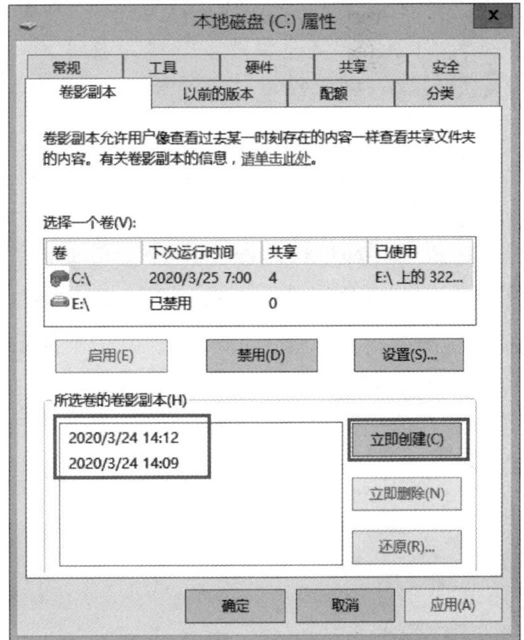

图 6-35　手动创建卷影副本

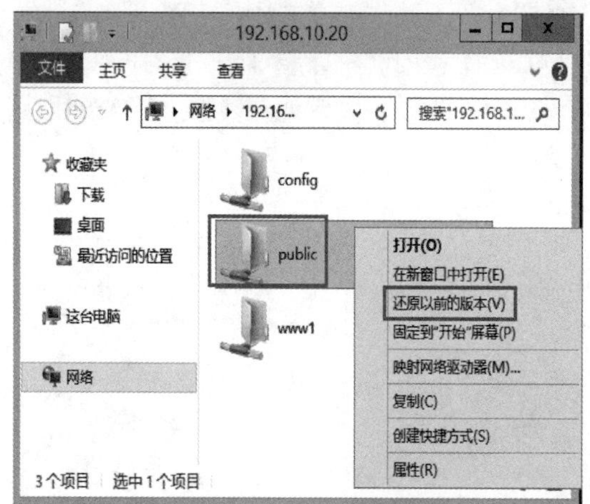

图6-36 网络访问

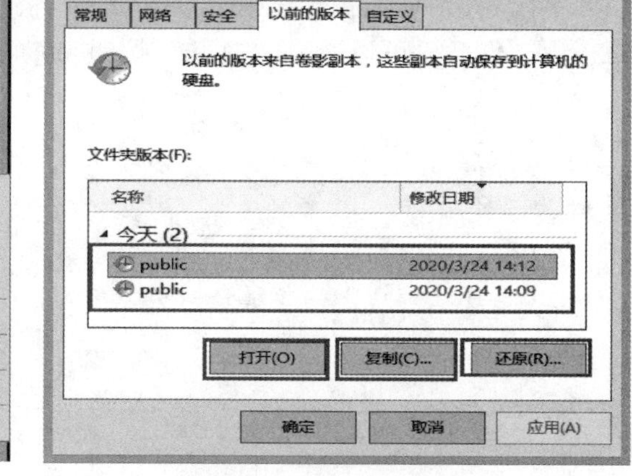

图6-37 还原以前的版本

6.4.2 巩固练习

（1）在虚拟机Win2012A1上建立4个共享文件夹，文件夹的名字分别为group1、group2、group3、group4，并创建4个全局组，分别为group1、group2、group3、group4，每个组都创建两个用户，依次分别为manager1、manager2、manager3、manager4和user1、user2、user3、user4，文件夹的共享权限设置为其他组的成员仅可以浏览，本组的user用户可以上传文件，本组的manager用户具有完全控制权。所有的manager用户的使用空间为1GB，超过800MB警告；user用户的使用空间为500MB，超过400MB警告。

（2）在虚拟机Win2012A1中添加SCSI控制器，添加三块SCSI虚拟硬盘，每块硬盘的大小为2GB。将三块硬盘配置为RAID0（带区卷），对应磁盘盘符为E:\ ；同时需要在E:\ 启用卷影副本功能，设置每周工作日的下午19：30创建卷影副本，将副本存储于C:\ 。

（3）搭建文件服务器，在D:\ 目录下创建共享文件夹“share$”，将域用户的配置文件夹数据统一保存在share$中。

（4）在域控制器中发布一个共享文件夹，其名字为“共享”，设置访问该文件夹的权限为：管理员能下载、上传、删除共享文件夹中的资源，所有manager组成员既能读取、修改资源的内容又能上传资源，但是不能删除资源，其他用户只能下载资源。

（5）在域控制器中，禁止默认C$共享。在该服务器上创建共享名为public的共享文件夹，存放内网的公共资料，希望域中所有用户均能访问该共享，并且要求只赋予只读权限。

项目 7　组策略与安全设置

项目应用场景：

某公司基于 Windows Server 2012 R2 活动目录管理用户和计算机，公司存在多个 OU（组织单位），管理员希望通过 AD DS 的组策略，提高域环境的可用性，实现域用户和计算机的高效管理。

使用组策略可以集中管理公司网络中的用户和计算机，提高管理网络的效率。组策略包含计算机配置与用户配置两部分。计算机配置仅对计算机环境产生影响，而用户配置只对用户环境有影响。可以通过“本地计算机策略”和“域的组策略”两个方法来设置组策略。

（1）本地计算机组策略：可以用来设置单一计算机的策略，这个策略内的计算机配置只会被应用到这台计算机，而用户设置会被应用到在此计算机登录的所有用户。

（2）域的组策略：在域内可以针对站点、域或组织单位来设置组策略，其中域组策略内的设置会被应用到域内的所有计算机与用户，而组织单位的组策略会被应用到该组织单位内的所有计算机与用户。

对添加到域的计算机来说，如果本地计算机策略的设置与域或组织单位的组策略设置发生冲突，则以域或组织单位的组策略设置优先，也就是此时本地计算机策略的设置值无效。

如果针对某个组织单位或域创建了多个组策略对象（Group Policy Object，GPO），此时这些 GPO 中的设置会合并起来应用到组织单位中的所有用户和计算机。如果这些 GPO 内的设置发生冲突，则以排列在前面的优先。

任务 7.1　创建并编辑组策略

任务目标

（1）会设置本地计算机组策略。

（2）会设置域的组策略。

实训 7-1　设置本地计算机组策略

操作步骤

使用 Win+R 组合键打开“运行”窗口，输入“gpedit. msc”，打开“本地组策略编辑器”，如图 7-1 所示。打开“计算机配置”或“用户配置”，可以设置本地计算机策略。

实训 7-2　设置域的组策略

操作步骤

第 1 步：域的组策略在域控制器上设置，在域控制器上利用系统管理员身份登录。打开“管理工具”，选择“组策略管理”，如图 7-2 所示。

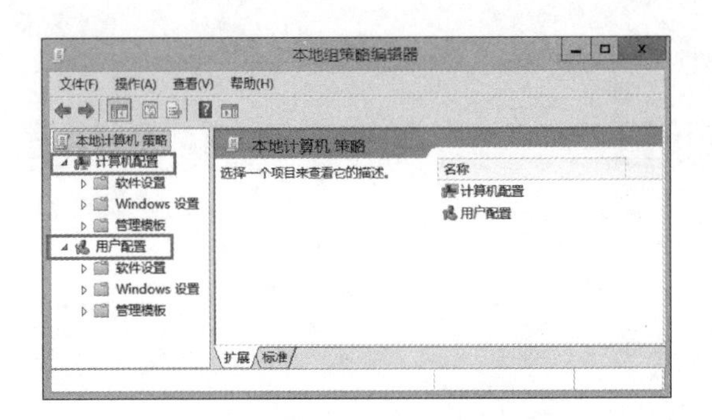

图 7-1　本地计算机组策略编辑器

第 2 步： 创建 GPO 链接，用鼠标右键单击域“zbgyxx. com”，选择“在这个域中创建 GPO 并在此处链接”，如图 7-3 所示。

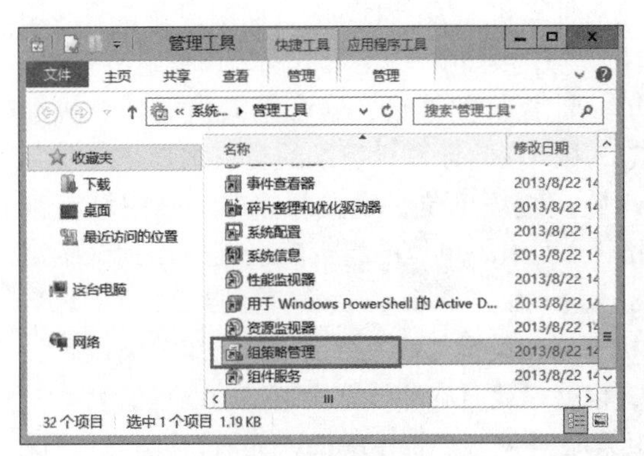

图 7-2　组策略管理

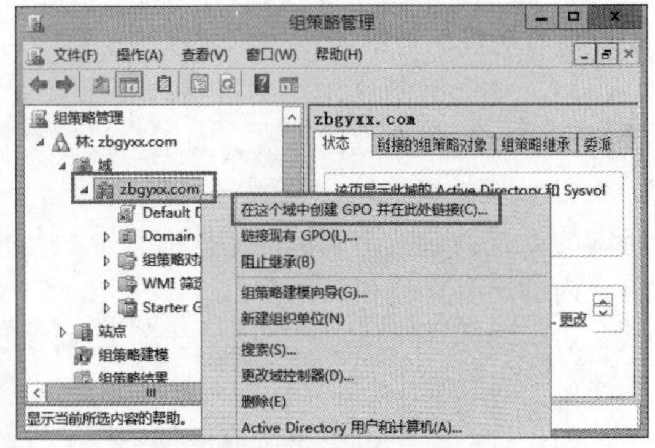

图 7-3　在域中创建 GPO

第 3 步： 输入新的 GPO 名称“new gpo”，如图 7-4 所示。

第 4 步： 用鼠标右键单击“new gpo”，选择“编辑”，如图 7-5 所示，打开“组策略管理编辑器”进行编辑组策略，如图 7-6 所示。

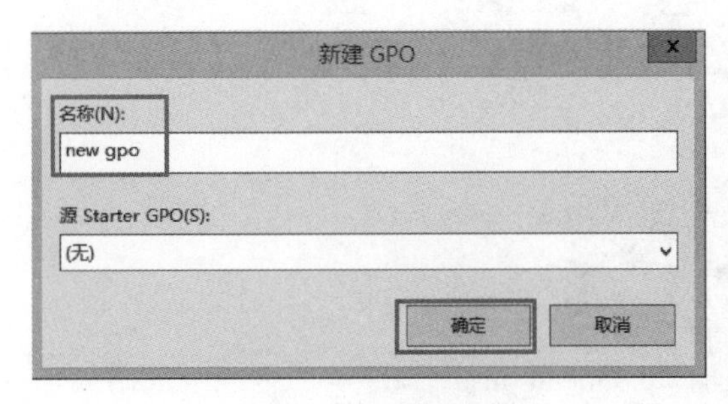

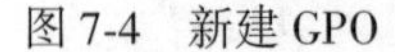

图 7-4　新建 GPO

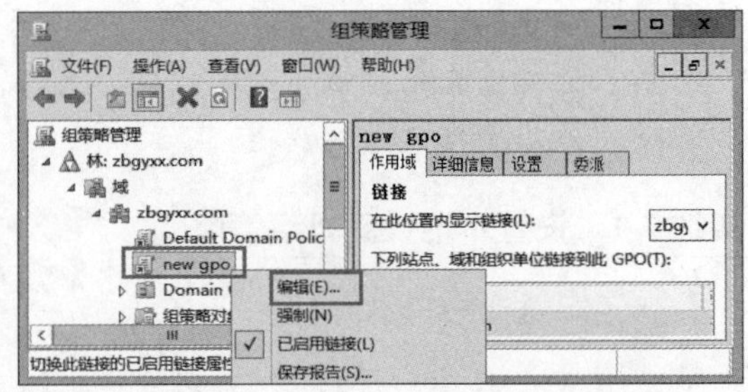

图 7-5　编辑

第 5 步： 组策略是通过 GPO 进行设置的，当将 GPO 链接到域或组织单位后，这些 GPO 设置值就会被应用到该域或组织单位内所有用户与计算机。系统已经内置两个 GPO，如图 7-7 所示，分别如下所述。

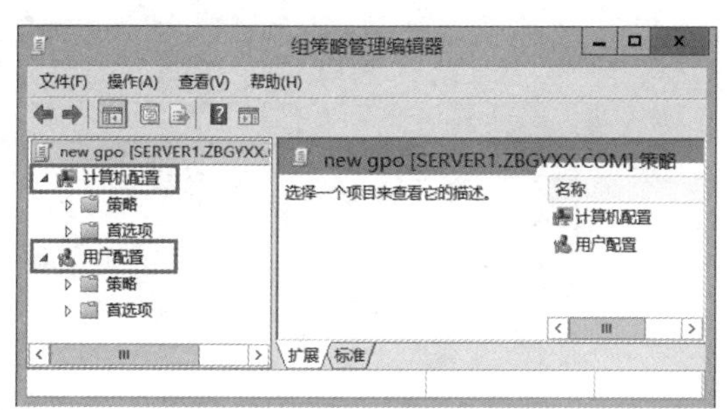

图 7-6　组策略管理编辑器

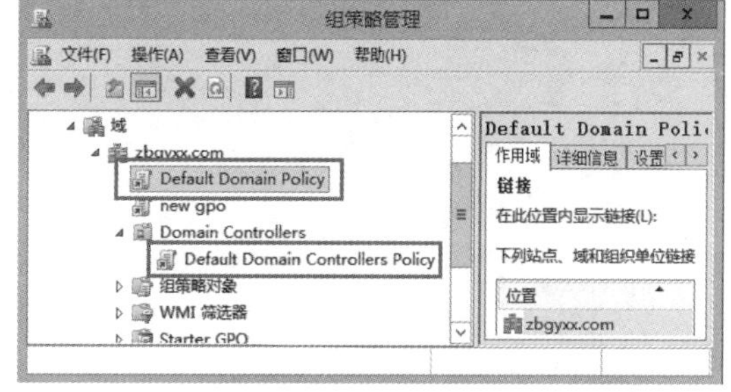

图 7-7　系统内置组策略

Default Domain Policy：此 GPO 已经被链接到域 zbgyxx. com，因此这个 GPO 内的设置值会被应用到域 zbgyxx. com 内的所有用户与计算机。

Default Domain Controllers Policy：此 GPO 已经被链接到组织单位 Domain Controllers，因此这个 GPO 内的设置值会被应用到 Domain Controllers 内的所有用户与计算机。Domain Controllers 内默认只有扮演域控制器角色的计算机。

任务 7.2　常见组策略及应用

7.2.1　任务目标

（1）了解常用组策略的设置。

（2）掌握组策略的应用。

实训 7-3　设置关闭事件跟踪程序

我们将以下面的案例说明本地组策略的操作。当我们要将 Windows Server 2012 R2 计算机关机时，系统会要求我们提供关机的理由，我们可以通过“关闭事件跟踪程序”，设置后系统就不会再要求说明关机的理由了。

操作步骤

第 1 步：使用 Win+R 组合键打开运行窗口，输入 gpedit. msc，打开“本地组策略编辑器”。

第 2 步：打开“计算机配置”→“管理模板”→“系统”，双击“显示‘关闭事件跟踪程序’”，如图 7-8 所示。

第 3 步：在显示“关闭事件跟踪程序”对话框中选择“已禁用”，单击“应用”按钮，如图 7-9 所示。

第 4 步：应用完成后，还必须等设置值被应用后才能生效，可以通过以下几种方式使设置生效：

（1）将计算机或域控制器重新启动。

（2）计算机或域控制器自动应用此新策略设置，可能需要等 5 分钟或更久。

（3）手动应用，在计算机或域控制器上执行 gpupdate 或 gpupdate/force 命令，强制更新组策略。在这里我们使用 Win+R 组合键打开运行窗口，输入 gpupdate，刷新组策略，让组策略生效。

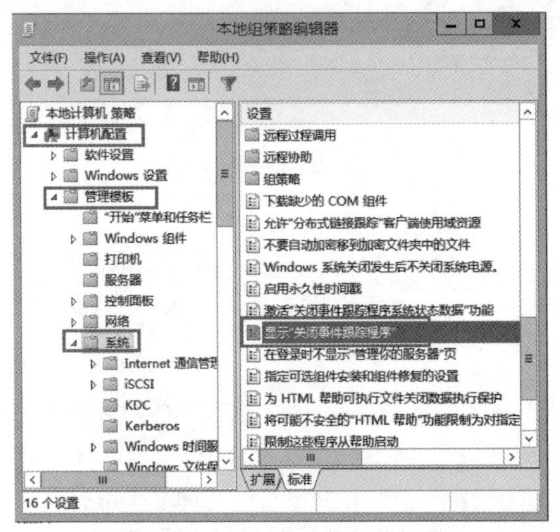

图 7-8　本地组策略管理编辑器

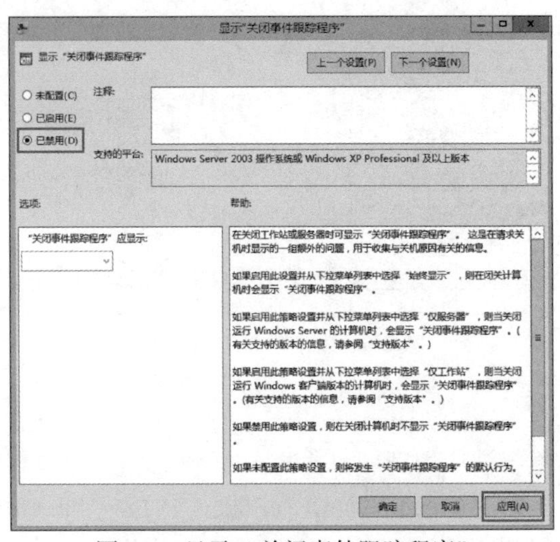

图 7-9　显示"关闭事件跟踪程序"

实训 7-4　限制用户工作环境

我们将以下面的案例来进行操作，通过本地计算机策略来限制用户工作环境，删除客户端浏览器 Internet Explorer 内的"Internet 选项的安全和连接"标签，也就是经过设置后，图 7-10 所示"安全"和"连接"标签会消失。

1. 操作步骤

第 1 步：使用 Win+R 组合键打开运行窗口，输入 gpedit. msc，打开"本地组策略编辑器"。选择"用户配置"→"管理模板"→"Windows 组件"→"Internet 控制面板"，如图 7-11 所示。

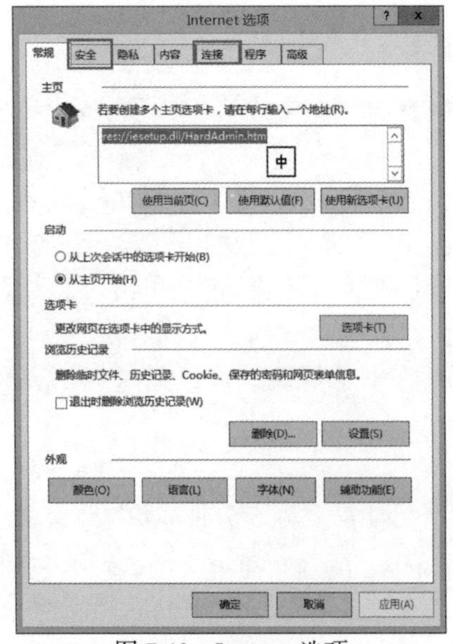

图 7-10　Internet 选项

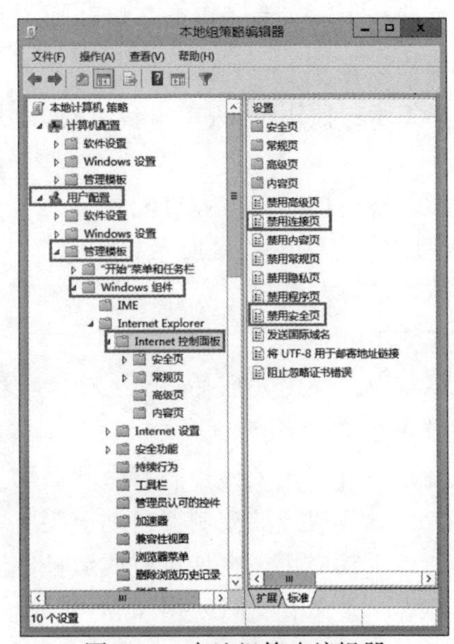

图 7-11　本地组策略编辑器

第 2 步：将“禁用连接页”和“禁用安全页”都设置为已启用，如图 7-12 和图 7-13 所示。

第 3 步：使用 Win+R 组合键打开命令运行窗口，输入“gpupdate”刷新组策略。

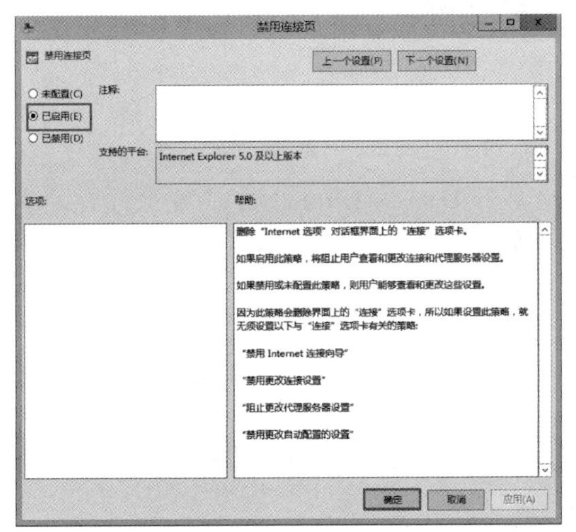

图 7-12　禁用连接页

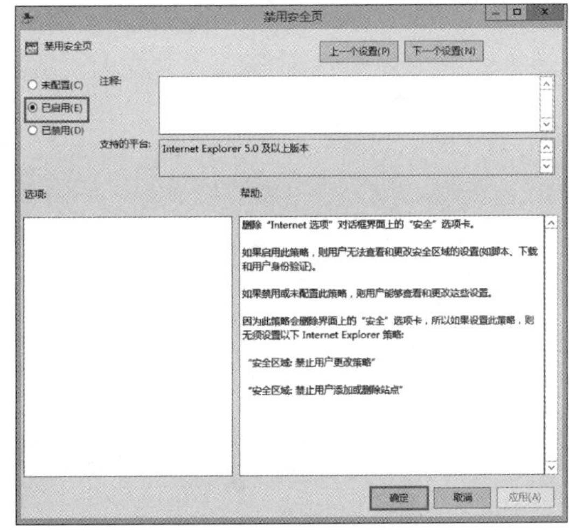

图 7-13　禁用安全页

2. 验证结果

打开浏览器 Internet Explorer 内的“Internet 选项”，发现“安全”和“连接”标签已经消失，如图 7-14 所示。

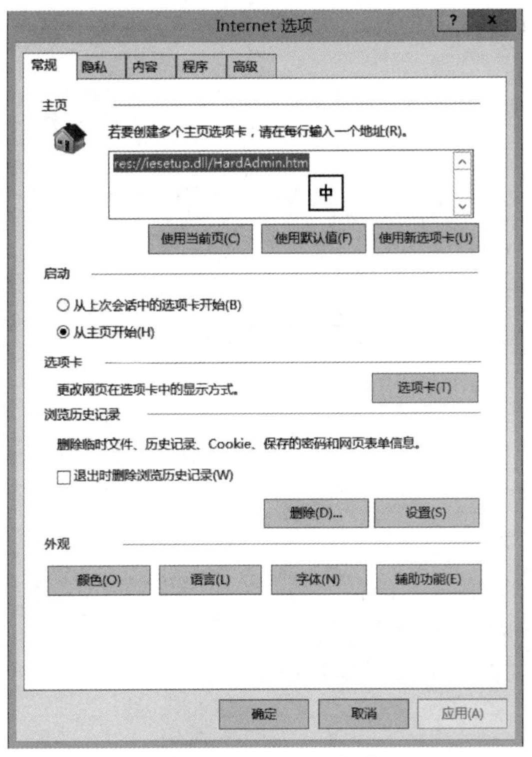

图 7-14　Internet 选项

实训 7-5　域控制器的组策略设置

我们将以下面的案例来进行操作，通过域控制器组策略设置允许 Domain users 组成员 zhangsan 从域控制器登录。

操作步骤

第 1 步：在域控制器上单击"开始"→"管理工具"→"组策略管理"→"展开林：zbgyxx. com"→"展开域 zbgyxx. com"→"展开 Domain Controllers"，用鼠标右键单击"Default Domain Controllers Policy"，选择"编辑"，如图 7-15 所示。

第 2 步：单击"计算机配置"→"Windows 设置"→"安全设置"→"本地策略"→"用户权限分配"，双击"允许本地登录"，如图 7-16 所示，在"允许本地登录属性"对话框中，单击"添加用户或组"按钮，然后将用户"zhangsan"加入列表内，如图 7-17 所示。

第 3 步：使用 Win+R 组合键打开命令运行窗口，输入"gpupdate"刷新组策略，用户 zhangsan 就可以从域控制器登录了。

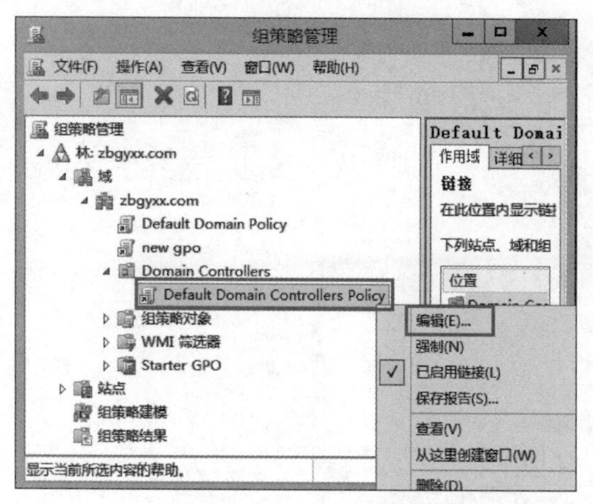

图 7-15　组策略管理

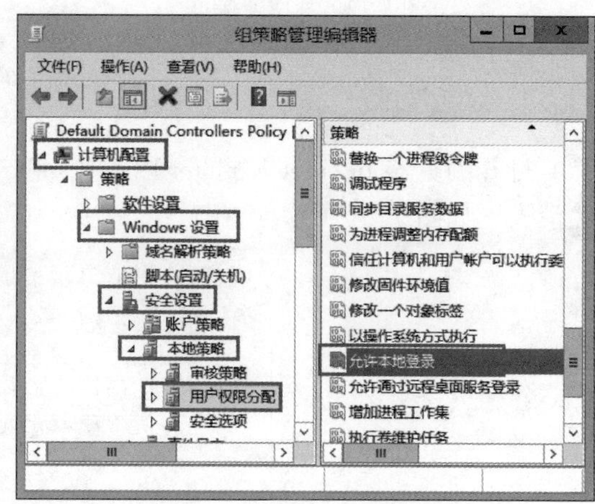

图 7-16　组策略管理编辑器

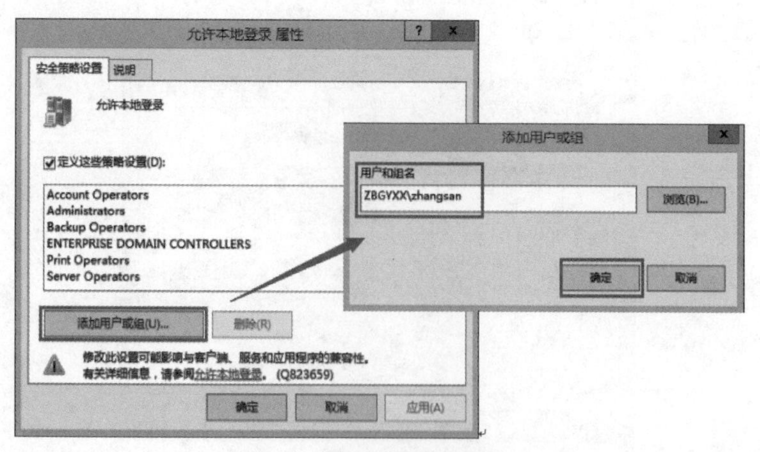

图 7-17　允许本地登录属性

实训 7-6 不运行指定的 Windows 应用程序

我们将以下面的案例说明域的组策略的操作，不运行指定的 Windows 应用程序。

操作步骤

第 1 步： 在域控制器上利用系统管理员身份登录，单击“开始”→“管理工具”→“组策略管理”→“展开林：zbgyxx. com”→“展开域 zbgyxx. com”，用鼠标右键单击“Default Domain Policy”，选择“编辑”，如图 7-18 所示。

第 2 步： 打开“用户配置”→“策略”→“管理模板”→“系统”，找到“不运行指定的 Windows 应用程序”，如图 7-19 所示。

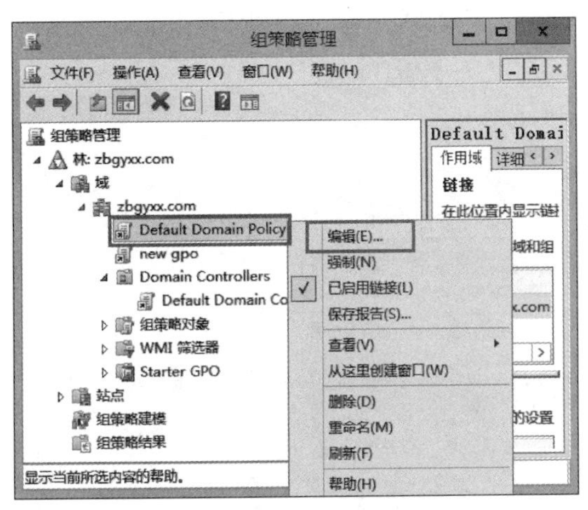

图 7-18 组策略管理

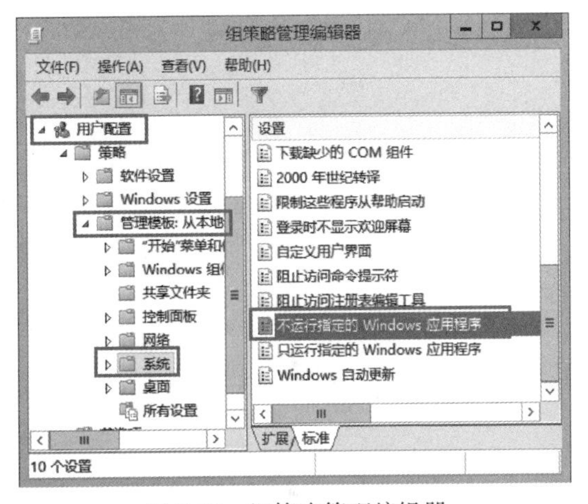

图 7-19 组策略管理编辑器

第 3 步： 在“不运行指定的 Windows 应用程序”对话框中，选择“已启用”，在“不允许的应用程序列表”中单击“显示”按钮，添加 Internet Explorer 浏览器的程序名“iexplore. exe”，如图 7-20 所示。

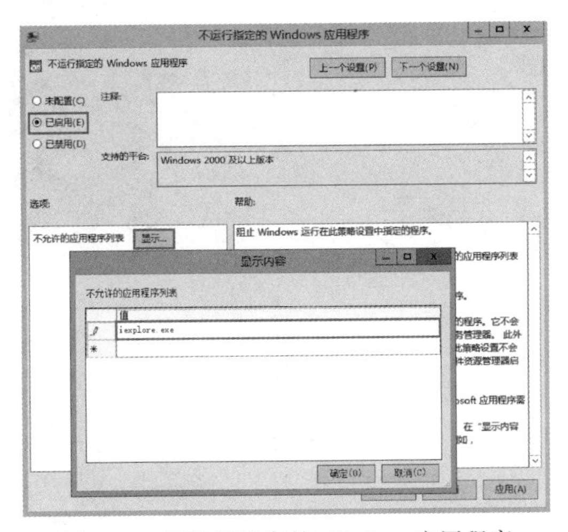

图 7-20 不运行指定的 Windows 应用程序

实训 7-7　显示用户交互登录的文本

1. 操作步骤

第 1 步： 在域控制器上利用系统管理员身份登录，打开“管理工具”，选择“组策略管理”，用鼠标右键单击域控制器“zbgyxx. com”，选择“在这个域中创建 GPO 并在此处连接”，输入新的 GPO 名称“new gpo”，用鼠标右键单击“new gpo”，选择“编辑”，进行编辑组策略。

第 2 步： 选择“计算机配置”→“策略”→“Windows 设置”→“安全设置”→“本地策略”→“安全选项”，将“交互式登录：试图登录的用户的消息标题”设置为“你好”，将“交互式登录：试图登录的用户的消息文本”设置为“欢迎大家”，如图 7-21 所示。

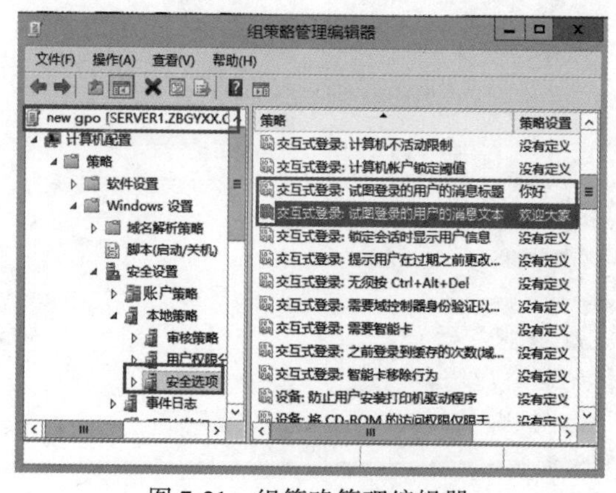

图 7-21　组策略管理编辑器

第 3 步： 使用 Win+R 组合键打开命令运行窗口，输入“gpupdate”刷新组策略。

2. 验证结果

重新登录计算机验证组策略，计算机启动后会出现欢迎消息，如图 7-22 所示。

图 7-22　验证结果

实训 7-8　密码策略

操作步骤

第 1 步： 用鼠标右键单击“new gpo”，选择“编辑”，进行编辑组策略。

第 2 步： 选择“计算机配置”→“策略”→“Windows 设置”→“安全设置”→“账户策略”→“密码策略”，如图 7-23 所示，按需求对密码策略进行设置。

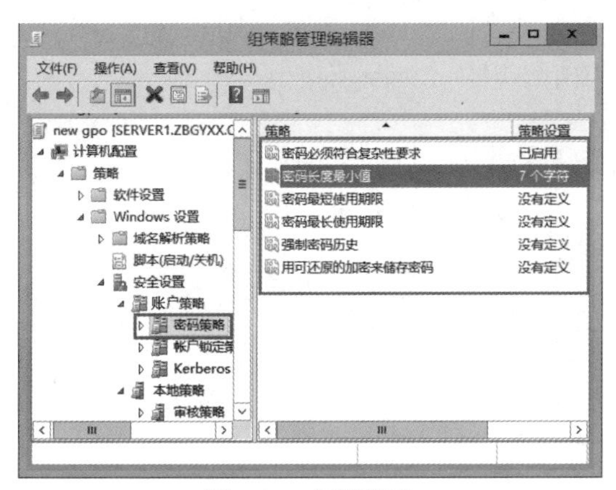

图 7-23　密码策略

第 3 步：使用 Win+R 组合键打开命令运行窗口，输入“gpupdate”刷新组策略。

实训 7-9　账户锁定策略

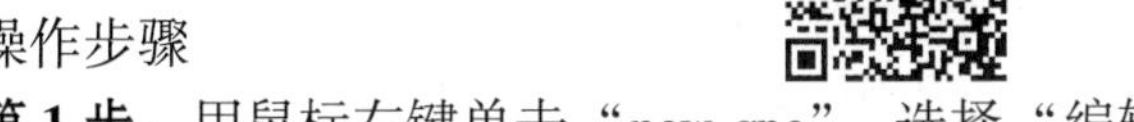

操作步骤

第 1 步：用鼠标右键单击“new gpo”，选择“编辑”，进行编辑组策略。

第 2 步：选择“计算机配置”→“策略”→“Windows 设置”→“安全设置”→“账户策略”→“账户锁定策略”，如图 7-24 所示，按需求对账户锁定策略进行设置。

实训 7-10　用户审核策略

操作步骤

第 1 步：用鼠标右键单击“new gpo”，选择“编辑”，进行编辑组策略。

第 2 步：选择“计算机配置”→“策略”→“Windows 设置”→“安全设置”→“本地策略”→“审核策略”，如图 7-25 所示，按需求对用户审核策略进行设置。

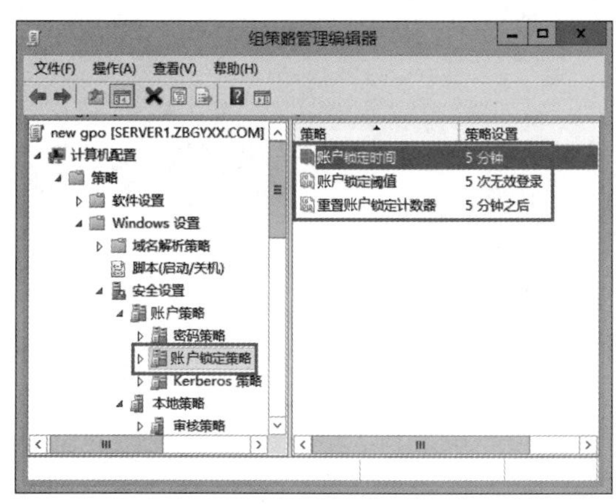

图 7-24　账户锁定策略

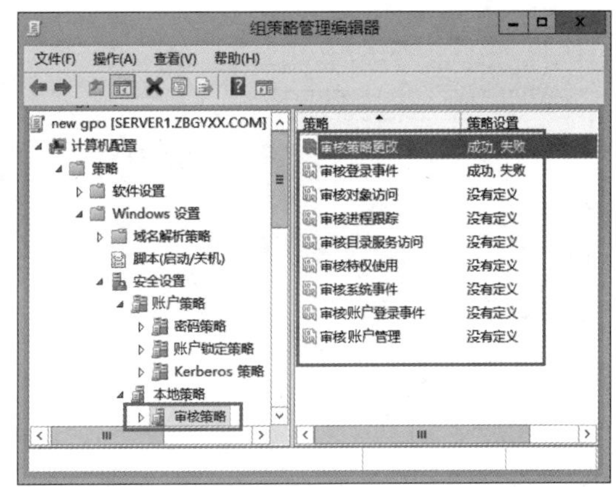

图 7-25　用户审核策略

实训 7-11　组策略的排除

前面我们建立的 new gpo 是在 zbgyxx. com 域上建立的，对整个 zbgyxx. com 域内的用户和计算机起作用，但是也可以让此 GPO 不要应用到某些特定的用户，例如：我们可以让前面设置的组策略不应用于用户“zhangsan”。

操作步骤

第 1 步：单击“new gpo”，选择“委派”选项卡，单击“高级”按钮，如图 7-26 所示。

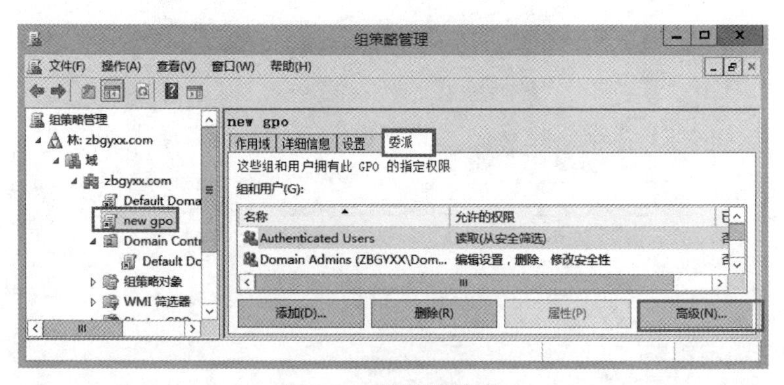

图 7-26　组策略管理

第 2 步：在“new gpo 安全设置”对话框中，单击“添加”按钮，添加用户“zhangsan”，如图 7-27 所示。

第 3 步：在“new gpo 安全设置”对话框中，将用户“zhangsan 的权限”里“拒绝”选项勾选“读取”和“应用组策略”，如图 7-28 所示。

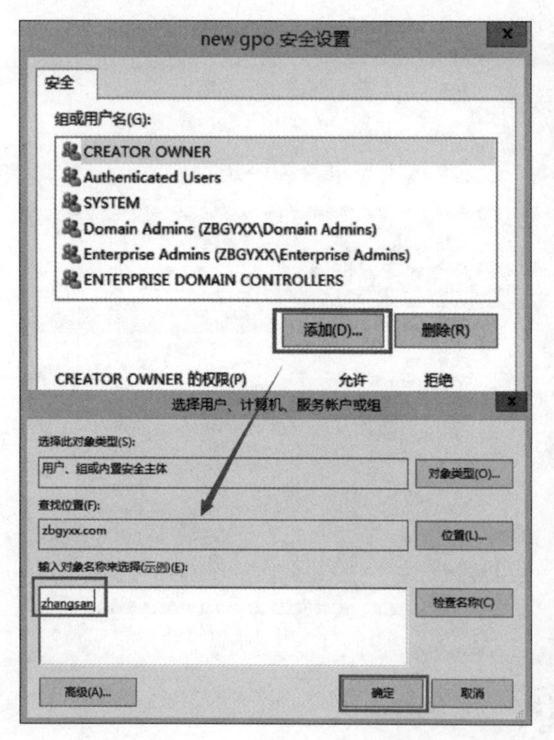

图 7-27　new gpo 安全设置 1

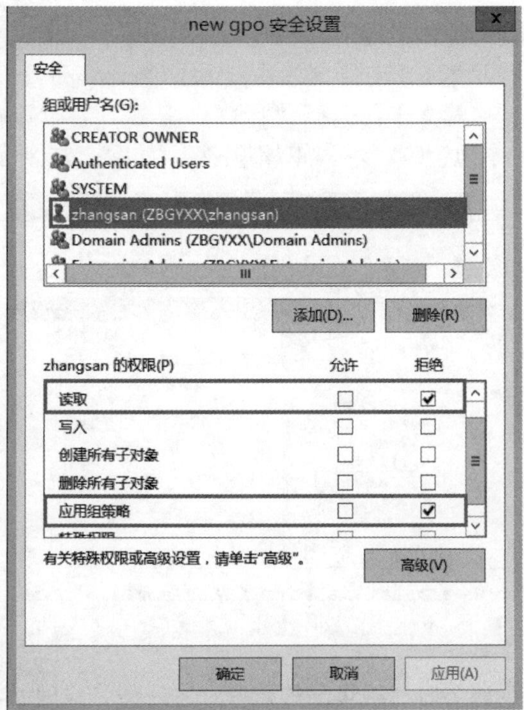

图 7-28　new gpo 安全设置 2

7.2.2　巩固练习

（1）在域控制器上建立 sales、tech、fina 三个组织单位，用户 zhangsan 属于 sales，lisi 属于 tech，wangwu 属于 fina。

1）对 sales 建立并应用组策略，禁止访问“控制面板”，在客户端使用 zhangsan 账户登录验证。

2）对 tech 建立并应用策略，使用户登录时显示信息“welcome!”，在客户端用 lisi 登录验证。

3）对 fina 建立并应用策略，将“我的文档”重定向到域控制器 c:\share 文件夹下，在客户端用 wangwu 登录验证。

（2）在域控制器上创建 4 个组织单位，创建 4 个全局组，创建 12 个用户，各用户口令都为 abc+123#，并要求各用户只能在上班时间可以登录域（每天 8：00~18：00），具体内容见表 7-1。

表 7-1　巩固练习

部门	OU	全局组	隶属用户
生产部	生产部	production	prod（经理）、Prod_1、Prod_2
销售部	销售部	sales	sale（经理）、sales_1、sales_2
行政部	行政部	administration	adm（经理）、adm_1、adm_2
经理办公室	经理办公室	manager	master（总经理）、man_1、man_2

设置组策略：

1）要求所有域内计算机“关闭自动播放”，所有用户不能使用 mediaplayer 软件，而部门经理和总经理除外。

2）设置生产部用户的组策略为：禁止访问 CMD。

3）设置行政部用户的组策略为：禁止修改网络设置。

4）设置销售部用户的组策略为：禁止光驱自动运行。

5）设置经理办公室的组策略为：IE 浏览器默认首页为 http://www.baidu.com。

项目8　DHCP服务器搭建

项目应用场景：

某企业有服务器机房、生产区、办公区、会议室、展示厅等多个区域，每个区域都有几台到几十台计算机需要联网，需要给每台计算机分配IP地址，如此大量的计算机分配地址，配置起来非常麻烦。而且在会议室展示厅等区域，经常有外来的客户自带笔记本需要上网，因此在网络中需要配置DHCP服务器来自动分配IP地址。

任务8.1　DHCP服务器的安装与测试

8.1.1　任务目标

（1）了解DHCP服务器。
（2）会搭建DHCP服务器。

8.1.2　知识准备

每一台主机的IP地址可以通过以下两种途径之一来设置。

（1）手动输入。优点：地址固定。缺点：容易输入错误，占用IP地址资源，加重系统管理员的负担。手动输入的IP地址称为静态IP地址。

（2）自动向DHCP服务器获取。优点：由DHCP服务器分配IP地址，减轻管理负担，减少手动输入错误。自动向DHCP服务器获取的IP地址称为动态IP地址。除IP地址之外，DHCP服务器还可以提供其他相关设置给客户端，例如：默认网关IP地址，DNS服务器地址，域名等。

要想使用DHCP方式来分配IP地址，整个网络内必须至少有一台启动了的DHCP服务器，而客户端也需要采用自动获取IP地址的方式，这些客户端被称为DHCP客户端。DHCP服务器只是将IP地址出租给DHCP客户端一段时间，若客户端未适时更新，则租约到期时，DHCP服务器会收回该IP地址的使用权。

DHCP客户端计算机启动时会搜索DHCP服务器，以便向它申请地址。服务器和客户端之间的通信方式，依DHCP客户端是向DHCP服务器申请一个新的IP地址、还是更新地址租约（请求继续使用原来的IP地址）而有所不同。

实训8-1　搭建DHCP服务器

1. 安装DHCP服务器的前提条件

（1）使用静态IP地址：也就是手动输入IP地址、子网掩码、DNS服务器地址等，如图8-1所示。

（2）事先规划好要出租给客户端计算机的 IP 地址范围（IP 作用域）例如：（192. 168. 10. 50～192. 168. 10. 100），拓扑规划如图 8-2 所示。

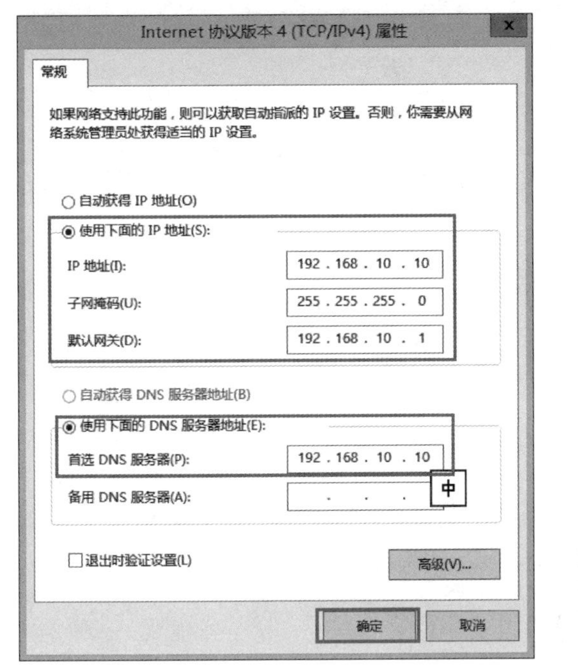

图 8-1　静态 IP 地址

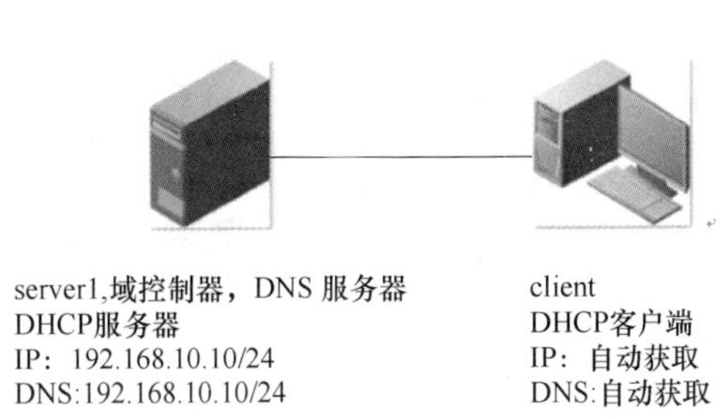

图 8-2　拓扑规划

2. 操作步骤

第 1 步： 安装 DHCP 角色，打开“服务器管理器”选择“DHCP 服务器”，其他各步全部选择默认进行安装。

第 2 步： 安装完成后，还要进行 DHCP 服务器的授权，单击“服务器管理器”上方的“通知”按钮，选择“完成 DHCP 配置”，如图 8-3 所示。在“DHCP 安装后配置向导”对话框中单击“下一步”按钮，然后输入以下用户凭据“ZBGYXX \ administrator”，单击“提交”按钮，如图 8-4 所示，直到“DHCP 安装后配置向导”完成。

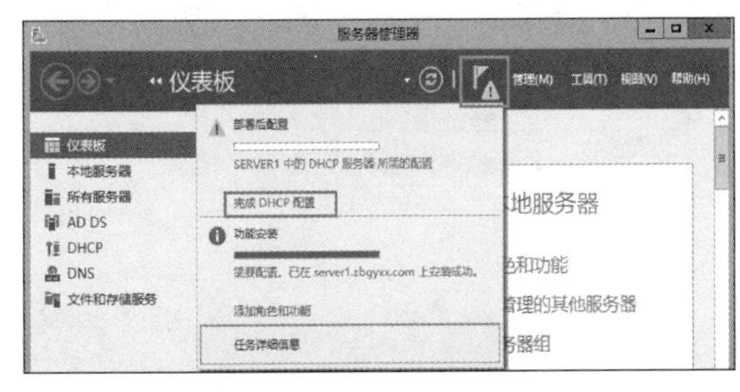

图 8-3　完成 DHCP 配置

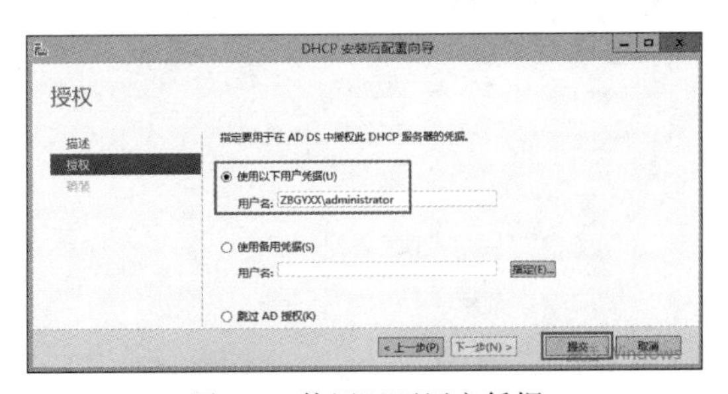

图 8-4　使用以下用户凭据

第 3 步： 打开“管理工具”→“DHCP”，打开 DHCP 控制台，如图 8-5 所示，“IPv4”和“IPv6”前面都有一个绿色的勾，表示当前 DHCP 服务器可以使用。

第 4 步：新建作用域，用鼠标右键单击“IPv4”选择“新建作用域”，如图 8-6 所示，输入作用域名称“client”，如图 8-7 所示。

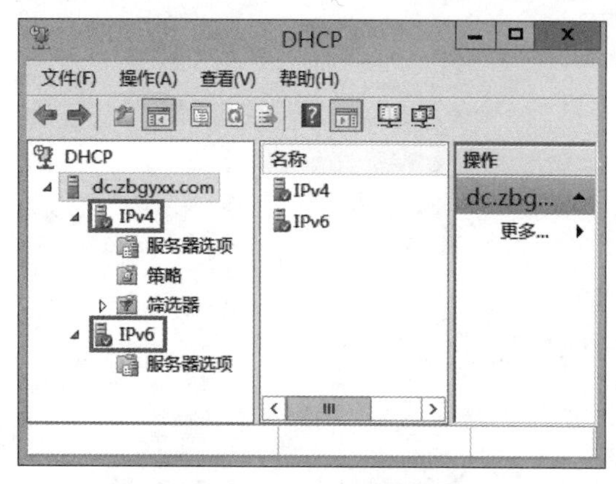

图 8-5　DHCP 服务器

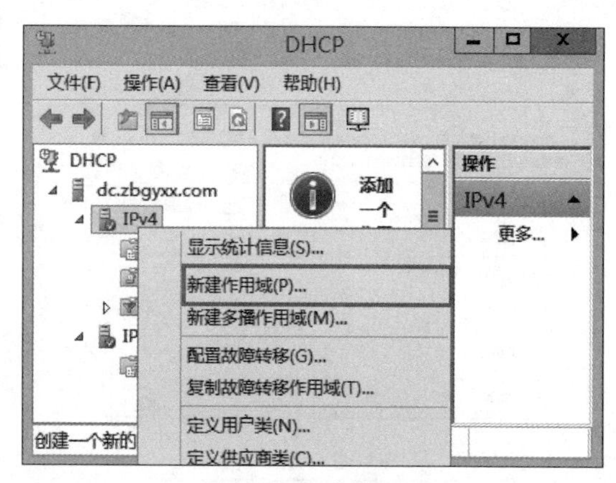

图 8-6　新建作用域

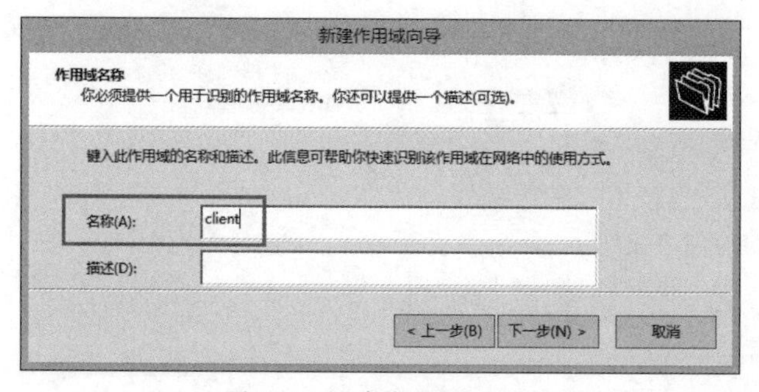

图 8-7　新建作用域 client

第 5 步：输入前面规划的 IP 地址范围 192. 168. 10. 50 ~ 192. 168. 10. 100，子网掩码“24 位”，如图 8-8 所示。排除是指服务器不分配的地址或地址范围，在这里添加排除“192. 168. 10. 88”，如果没有也可以不填，如图 8-9 所示。

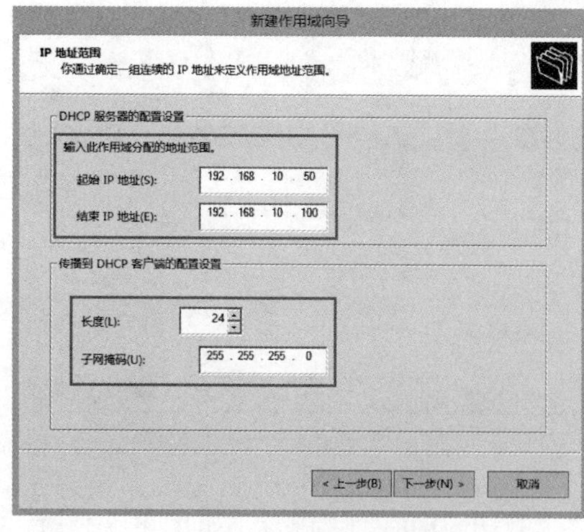

图 8-8　IP 地址范围

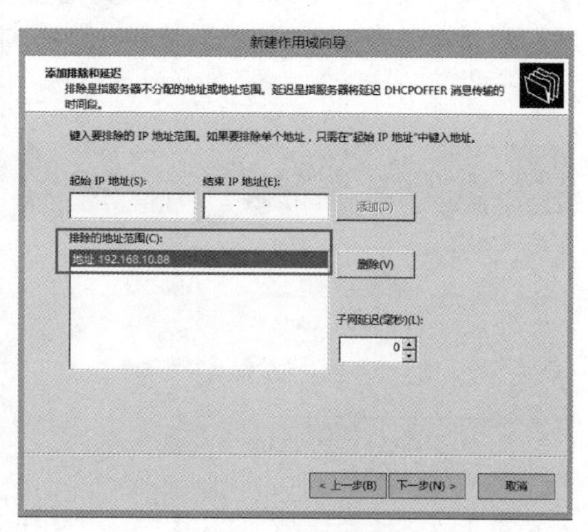

图 8-9　添加排除

第 6 步： 租用期限，默认是 8 天，可以根据需要进行修改，如图 8-10 所示。单击“下一步”按钮，在“配置 DHCP 选项”对话框中，选择默认“是，我想现在配置这些选项”，单击“下一步”按钮。

第 7 步： 在“路由器（默认网关）”对话框中，设置要分配的默认网关“192.168.10.1”，如图 8-11 所示，单击“下一步”按钮。在“域名和 DNS 服务器”对话框中设置域名“zbgyxx.com”和 DNS 服务器的地址“192.168.10.10”，单击“下一步”按钮，如图 8-12 所示。

第 8 步： 在“WINS 服务器”对话框中，设置 WINS 服务器 IP 地址，没有可以不设置，单击“下一步”按钮，在“激活作用域”对话框中，选择默认“是，我想现在激活此作用域”，完成新建作用域，完成后的作用域 client 如图 8-13 所示。

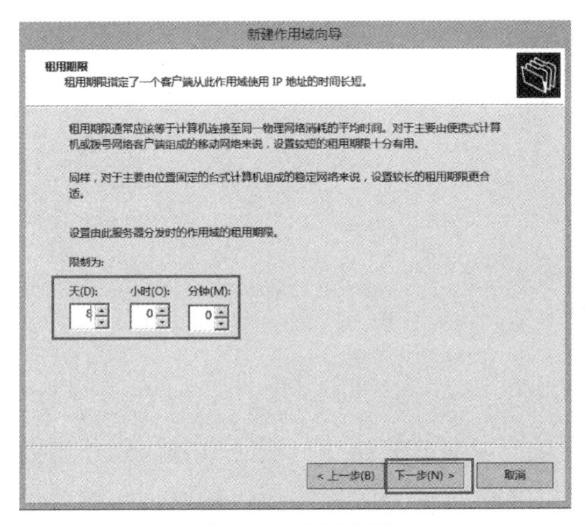

图 8-10　租用期限

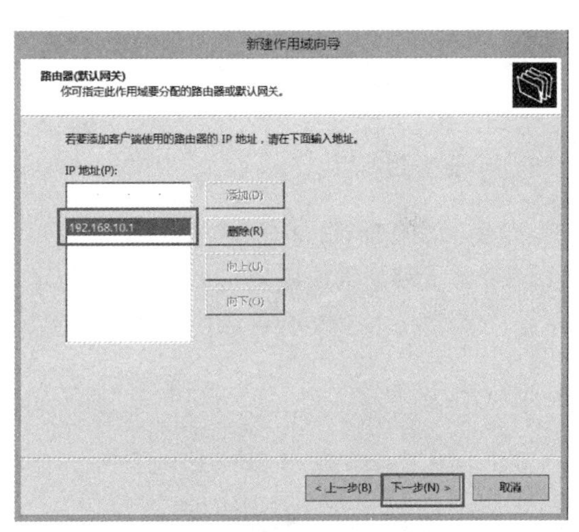

图 8-11　路由器（默认网关）

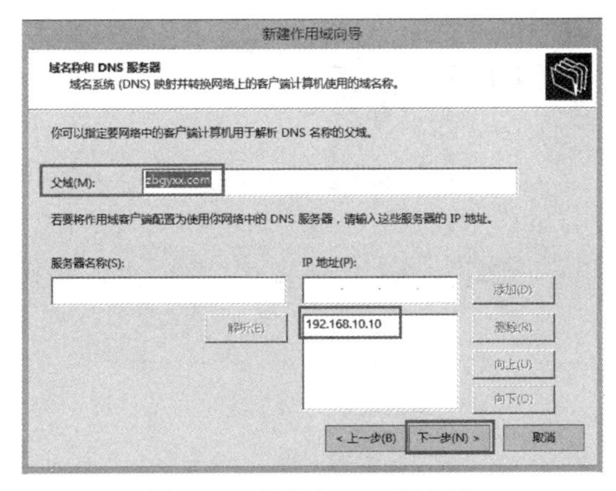

图 8-12　域名和 DNS 服务器

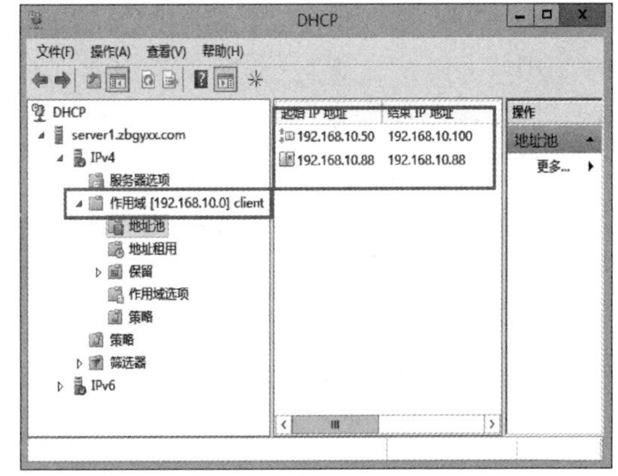

图 8-13　新建完成作用域 client

3. 验证结果

测试客户端是否获取到地址，在客户端进入命令提示符窗口，输入“ipconfig/all”命令查看计算机的 IP 地址信息。发现客户端已经成功获取 DHCP 服务器分配的 IP 地址、

DNS 服务器地址、域名和网关等，如图 8-14 所示。

图 8-14　客户端获取到 IP 地址

任务 8.2　管理 DHCP 作用域

8.2.1　任务目标

（1）掌握 DHCP 作用域的管理。

（2）了解超级作用域与多播作用域。

（3）掌握 DHCP 数据库的维护。

8.2.2　知识准备

在 DHCP 服务器内必须至少有一个 IP 作用域，以便 DHCP 客户端向 DHCP 服务器租用 IP 地址。但是在一台 DHCP 服务器内，一个子网只能有一个作用域，例如：已经有一个范围为 192. 168. 10. 50～192. 168. 10. 100（子网掩码：255. 255. 255. 0）的作用域后，就不可以再建立相同网络 ID 的作用域，例如：范围为 192. 168. 10. 150～192. 168. 10. 200 的作用域，否则会出现图 8-15 所示的警告提示。我们可以在一台 DHCP 服务器内建立多个 IP 作用域，以便对多个子网内的 DHCP 客户端提供服务。

实训 8-2　创建多个 IP 作用域

在实训 8-1 中我们已经创建了 192. 168. 10. 0/24 作用域，下面继续创建 192. 168. 20. 0/24、192. 168. 30. 0/24、192. 168. 40. 0/24 三个作用域，操作步骤参考实训 8-1 中第 4 步至第 8 步的操作，结果如图 8-16 所示。

实训 8-3　保留特定 IP 地址给客户端

1. 操作步骤

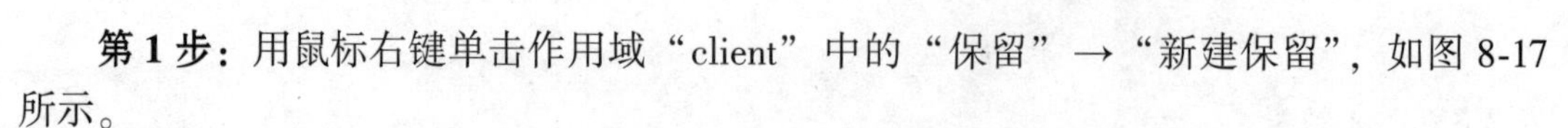

第 1 步：用鼠标右键单击作用域“client”中的“保留”→“新建保留”，如图 8-17 所示。

第 2 步：输入保留名称“server2”，绑定客户端需要的 IP 地址“192. 168. 10. 80”和客户端的 MAC 地址“00-0c-29-dc-09-ff”，如图 8-18 所示。

说明：客户端的 MAC 地址，到客户端打开命令提示符窗口，使用 ipconfig/all 命令查看，如图 8-19 所示。

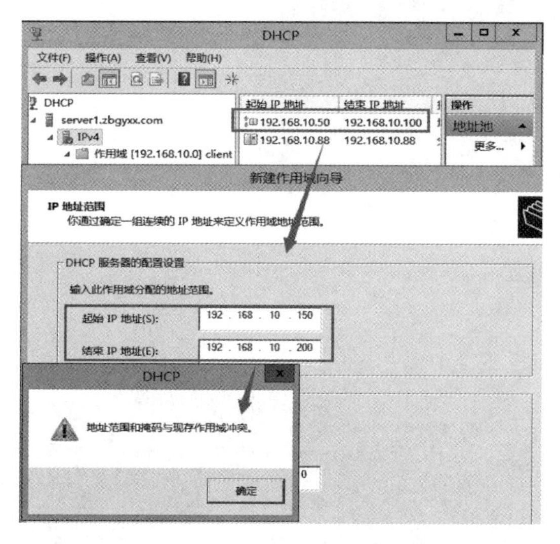

图 8-15　DHCP 服务器

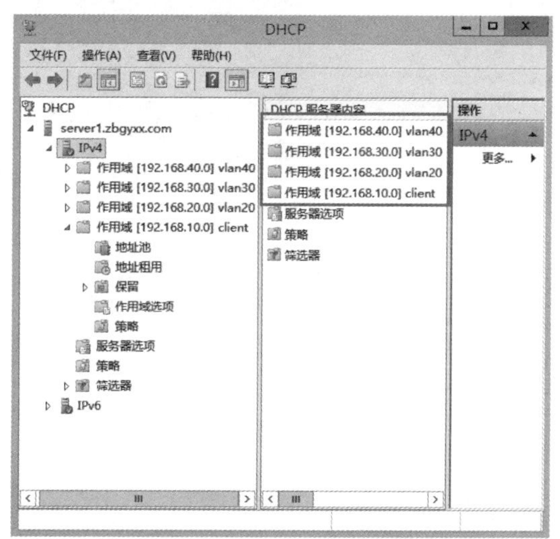

图 8-16　创建多个 IP 作用域

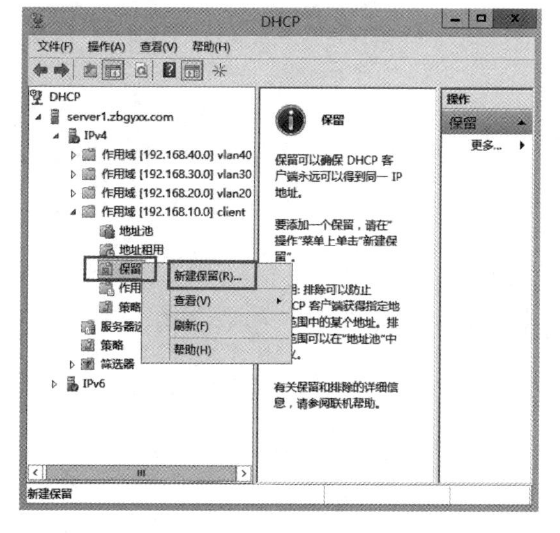

图 8-17　新建保留 1

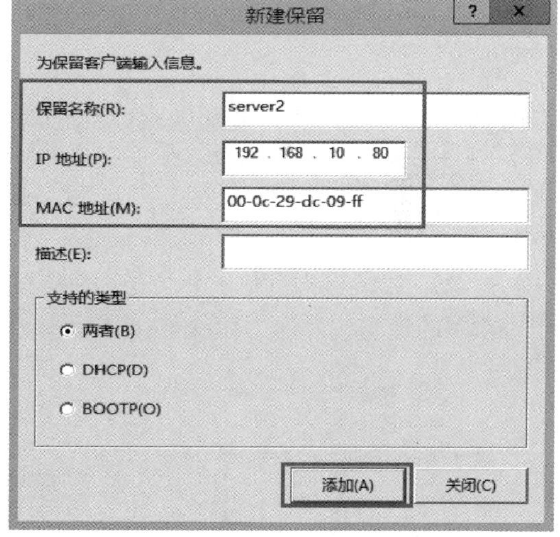

图 8-18　新建保留 2

2. 验证结果

在 DHCP 服务器上，打开 DHCP 控制台，单击“地址租用”查看 DHCP 服务器地址租用信息，如图 8-20 所示，发现“192.168.10.80”租用给了“server2.zbgyxx.com”客户端。也可以到客户端，使用 ipconfig/all 命令查看客户端获取的 IP 地址为“192.168.10.80”，如图 8-21 所示。

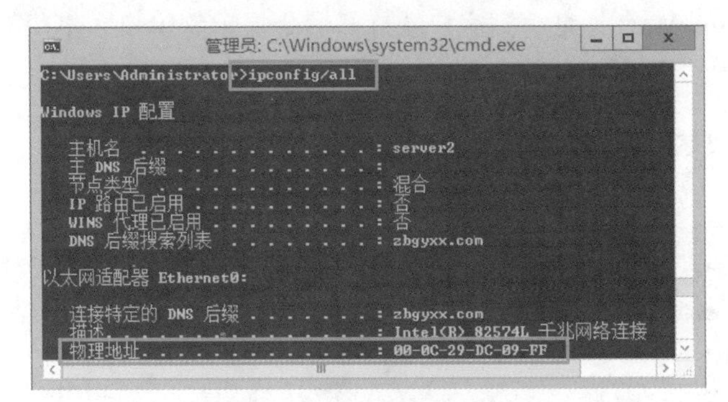

图 8-19　命令提示符窗口

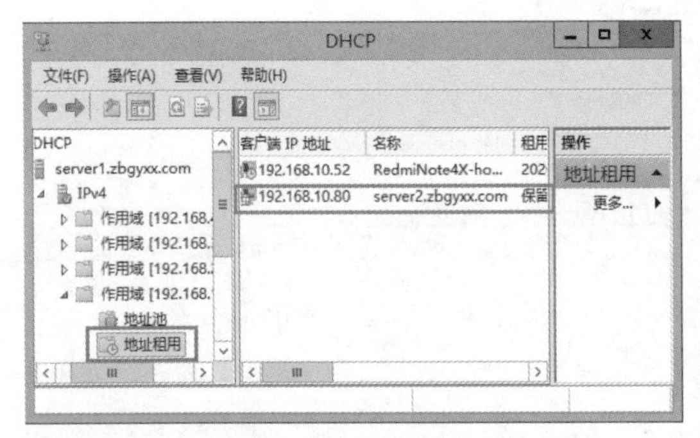

图 8-20　地址租用信息

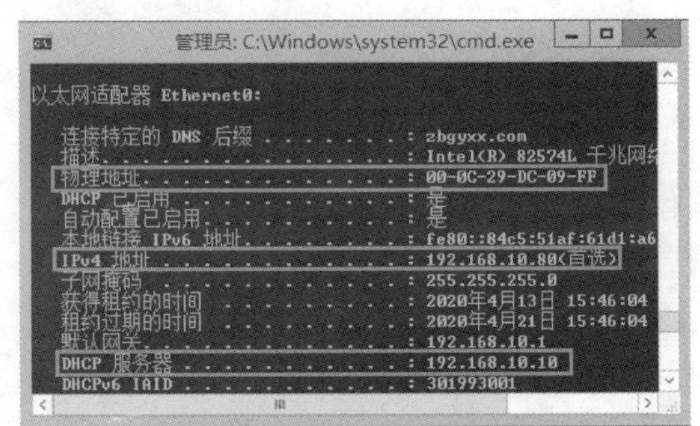

图 8-21　客户端获取的 IP 地址

实训 8-4　建立超级作用域和多播作用域

1. 知识准备

超级作用域可以解决一个 IP 作用域内的 IP 地址不够用的问题，而多播作用域则适用于一对多的数据包发送。超级作用域是由多个作用域组合成的。

2. 创建超级作用域操作步骤

第 1 步： 用鼠标右键单击“IPv4”→“新建超级作用域”，如图 8-22 所示。

第 2 步： 输入超级作用域名称“DHCPSERVER”，如图 8-23 所示。

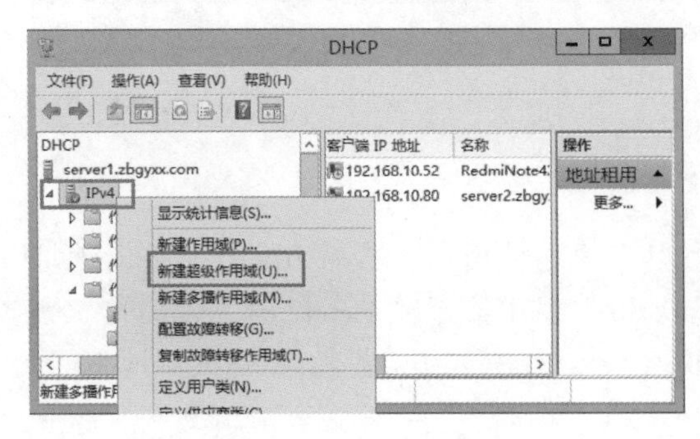

图 8-22　DHCP 服务器

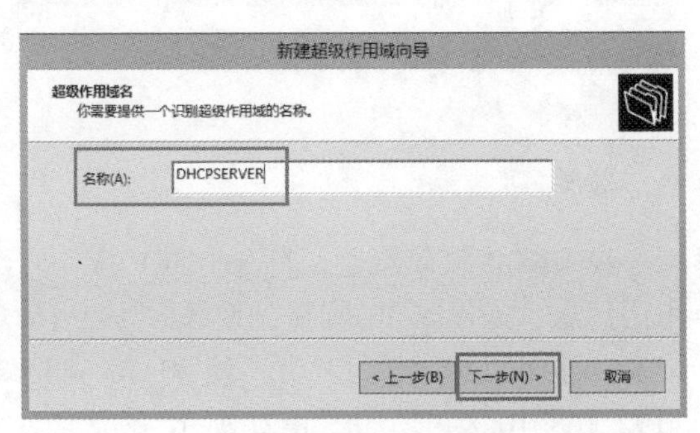

图 8-23　新建超级作用域 DHCPSERVER

第 3 步：选择要加入超级作用域的作用域，例如：client、vlan20、vlan30、vlan40，单击“下一步”按钮，如图 8-24 所示。

第 4 步：完成新建超级作用域，如图 8-25 所示。

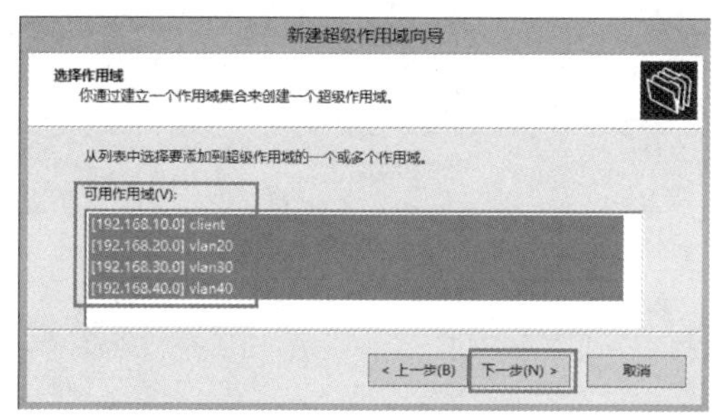

图 8-24 选择作用域

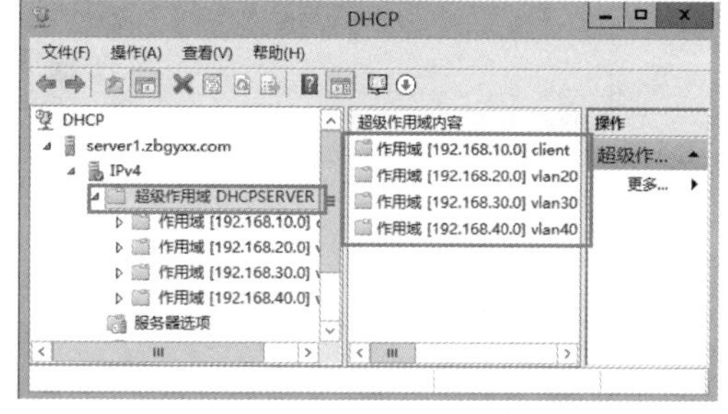

图 8-25 完成新建超级作用域

3. 新建多播作用域的操作步骤

第 1 步：多播作用域可以让 DHCP 服务器将多播地址出租给网络中的其他计算机。用鼠标右键单击“IPv4”→“新建多播作用域”，如图 8-26 所示。

第 2 步：输入多播作用域的名称“多播作用域”，如图 8-27 所示。

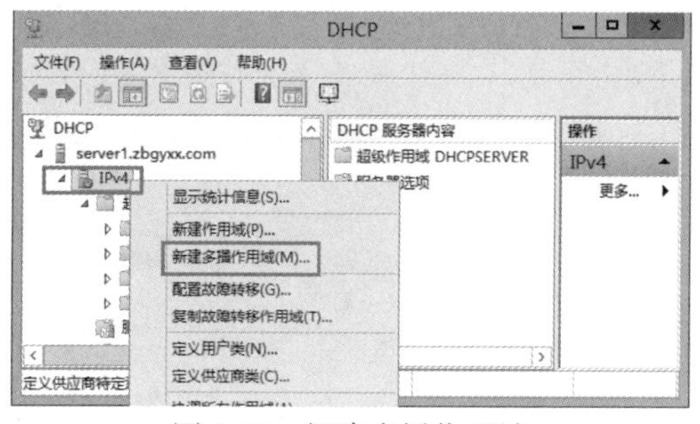

图 8-26 新建多播作用域

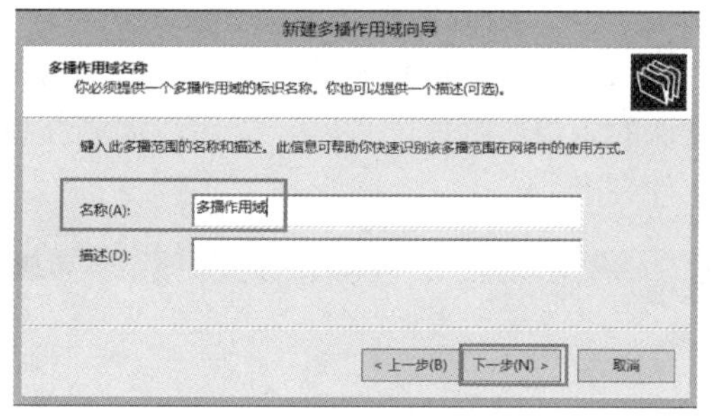

图 8-27 多播作用域名称

第 3 步：输入多播作用域的 IP 地址范围“239. 192. 0. 0 ~ 239. 192. 10. 10”。说明：多播地址建议从 239. 19. 0. 0 开始，子网掩码为 255. 252. 0. 0，可以提供 2^{18} = 2621444 个多播地址。此范围的地址适合公司内部使用，它的性质类似于专用 IP，如图 8-28 所示。

第 4 步：添加排除地址，如图 8-29 所示。

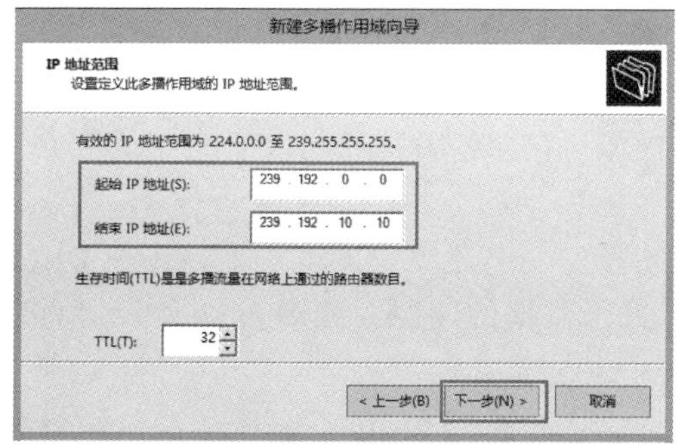

图 8-28 IP 地址范围

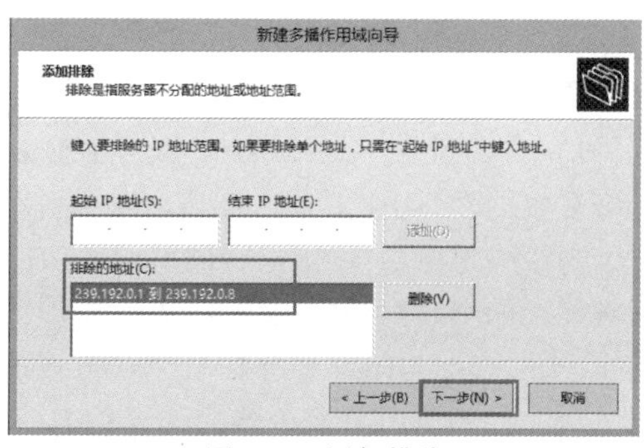

图 8-29 添加排除

第 5 步： 设置租用期限，默认是 30 天，如图 8-30 所示，单击“下一步”按钮，在“激活多播作用域”对话框中，单击“是”，完成多播作用域的创建。

第 6 步： 查看多播作用域地址池，如图 8-31 所示。

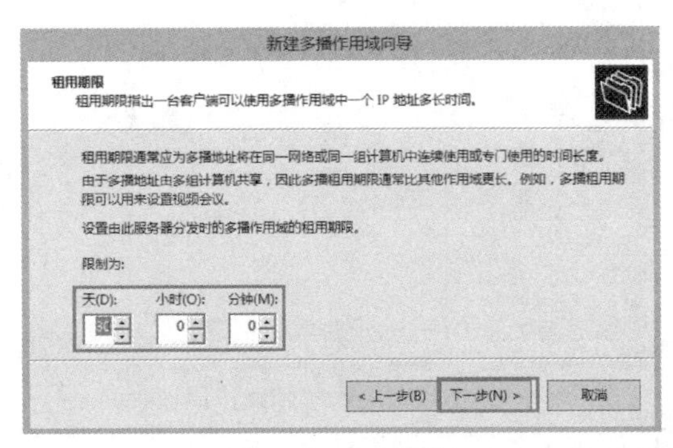

图 8-30　租用期限

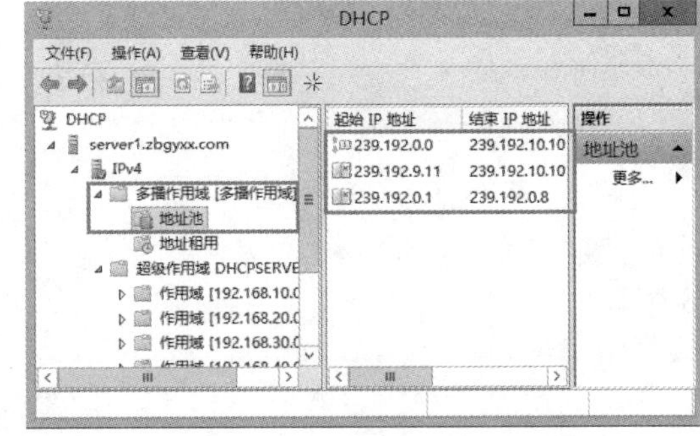

图 8-31　查看多播作用域地址池

实训 8-5　维护 DHCP 数据库

（1）DHCP 数据库的文件存放位置在 C:\Windows\system32\dhcp 文件夹中，主文件为 dhcp. mdb，如图 8-32 所示。

（2）DHCP 的备份，用鼠标右键单击“DHCP 服务器”→“备份”，如图 8-33 所示，默认的备份数据库文件路径是在数据库文件夹（C:\Windows\system32\dhcp）下的 backup 文件夹下。

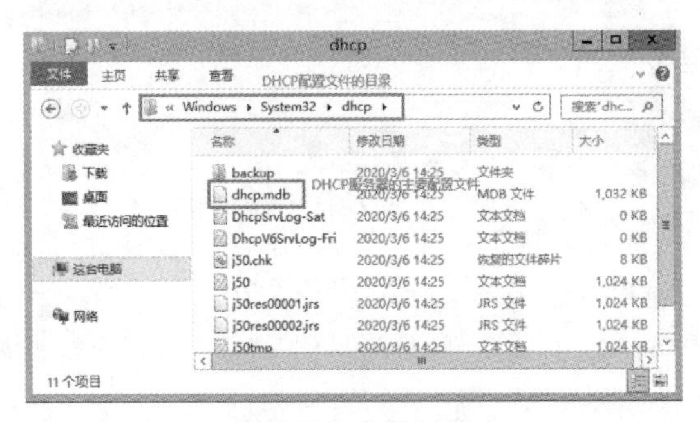

图 8-32　文件目录

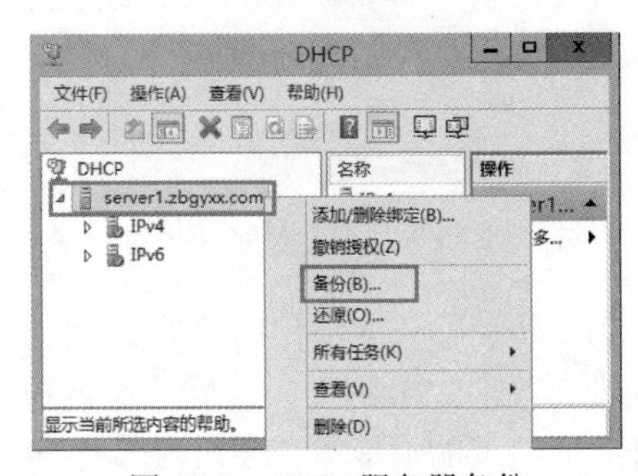

图 8-33　DHCP 服务器备份

（3）数据库的还原。

数据库的还原有两种方式：自动还原和手动还原。

1）自动还原：如果 DHCP 服务器检查到已损坏，它会利用 backup 文件夹中的数据自动修复数据库，DHCP 服务器启动时会自动检查数据库。

2）手动还原：用鼠标右键单击“DHCP 服务器”→“还原”的方法手动还原 DHCP 数据库，如图 8-34 所示，找到备份文件的路径进行数据的还原，如图 8-35 所示。重启 DHCP 服务后，DHCP 服务器已经成功还原，如图 8-36 所示。

（4）查看 DHCP 服务器的统计信息，用鼠标右键单击“IPv4”，选择“显示统计信息”，如图 8-37 所示。

说明：1）开始时间：DHCP 服务的启动时间。

2）正常运行时间：DHCP 服务已经连续运行的时间。

3）地址总计：DHCP 可分配的地址。

4）作用域总计：DHCP 服务器内现有的作用域数量。

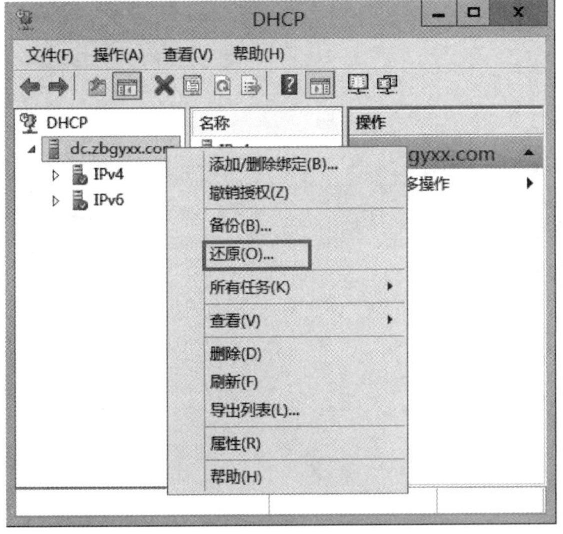

图 8-34　手动还原

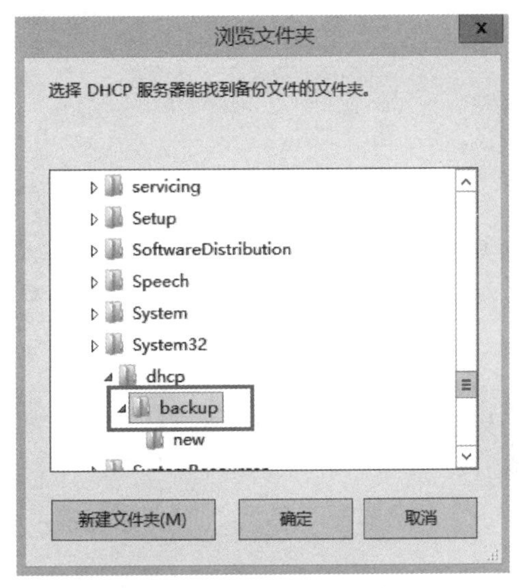

图 8-35　备份文件路径

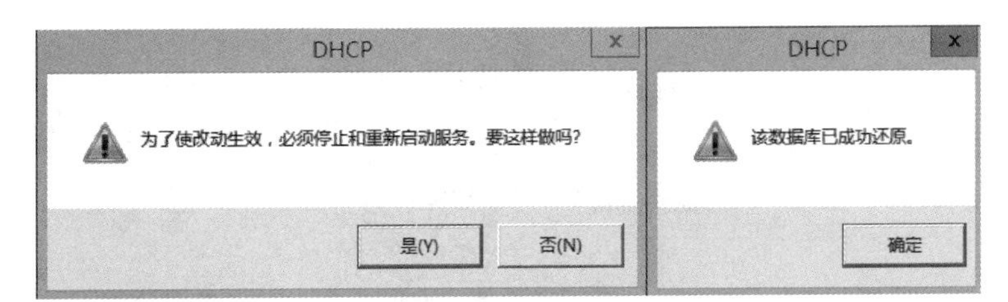

图 8-36　DHCP 成功还原

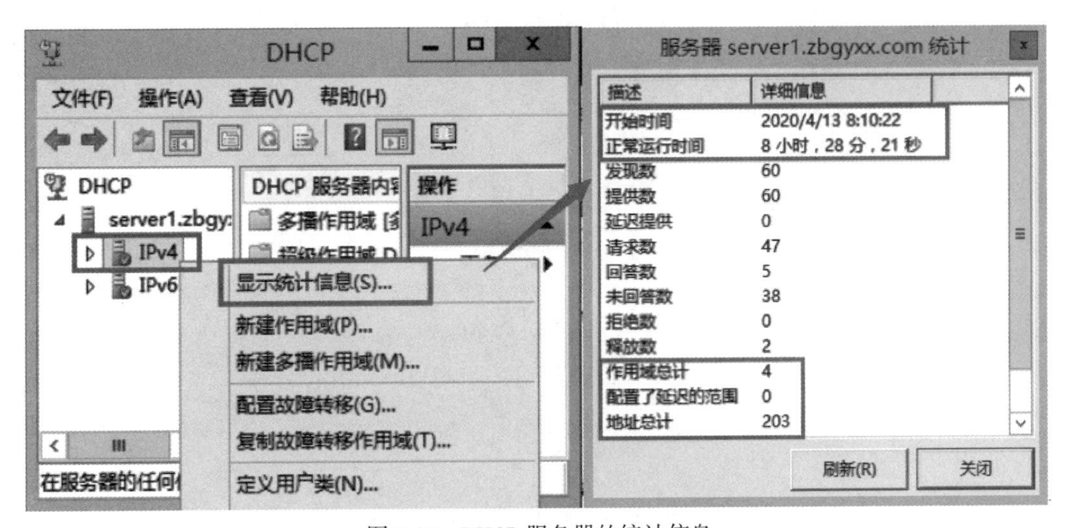

图 8-37　DHCP 服务器的统计信息

（5）DHCP 审核日志文件，它记录着与 DHCP 服务有关的事件，例如：服务器的启动与停止时间、服务器是否被授权、IP 地址的分配、更新、释放与拒绝等信息。它的路径是在数据库文件夹下（C:\Windows\system32\dhcp），名字为 DhcpSrvlog-星期几，如图 8-38所示。双击打开该文件可以查看 DHCP 服务器的审核日志文件，如图 8-39 所示。

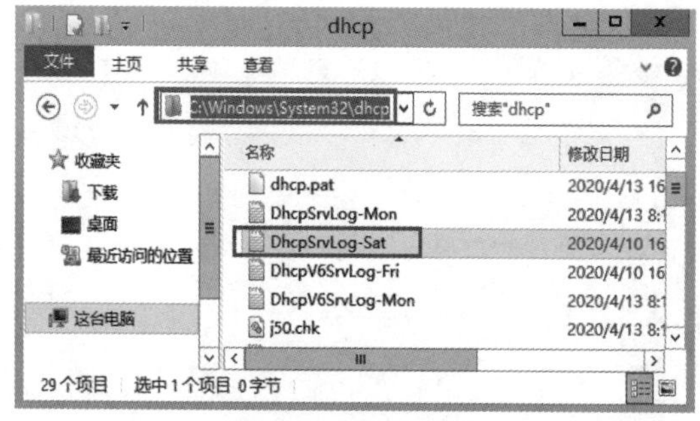

图 8-38　文件目录

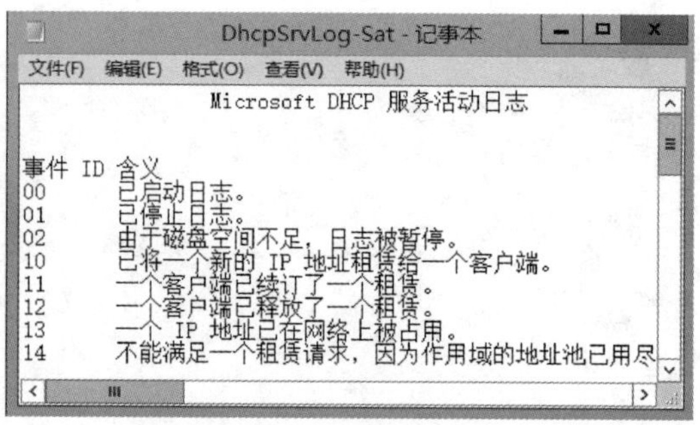

图 8-39　DhcpSrvLog-Sat 记事本

任务 8.3　DHCP 故障转移

8.3.1　任务目标

掌握 DHCP 故障转移服务器群的搭建。

8.3.2　知识准备

Windows Server 2012 R2 增加了一个称为 DHCP 故障转移的功能，它让系统管理员更容易实现 DHCP 服务器的高可用性。它最多支持两台 DHCP 服务器且仅支持 IPv4 作用域。

实训 8-6　搭建 DHCP 故障转移服务器群

1. 准备环境

需要两台 DHCP 服务器，分别添加 DHCP 角色，server1 已经配置了 4 个 DHCP 作用域，另一台没有配置 DHCP 的作用域，可以通过故障转移同步过去，还需要两台服务器调整同样的时间，拓扑图如图 8-40 所示。

图 8-40　拓扑图

2. 操作步骤

第 1 步：到 server1 上使用域管理员 Administrator 账户登录，打开 DHCP 管理控制台，用鼠标右键单击“IPv4”→“配置故障转移”，如图 8-41 所示。

第 2 步：选择作用域，将 4 个作用域全部选中，单击“下一步”按钮，如图 8-42 所示。

第 3 步：添加故障转移伙伴服务器 IP 地址 192. 168. 10. 20（server2 服务器的地址），单击“下一步”按钮，如图 8-43 所示。

第 4 步：新建故障转移关系。说明：模式有负载平衡和热备用服务器两种。负载平衡模式下，两台服务器会分担负载来同时对客户端提供服务，它们会相互将作用域信息复制给对方。热备用服务器模式下，一段时间内只有一台服务器对客户端提供服务，这台服务器被称为活动服务器或主服务器。另一台热备用服务器处于待命状态，但它会接收由活动服务器复制来的作用域信息。当活动服务器故障时，热备用服务器就会继续对客户端提供服务，如图 8-44 所示，选择模式为“负载平衡”，负载平衡百分比各占 50%，输入共享密钥，单击“下一步”按钮。

图 8-41　配置故障转移

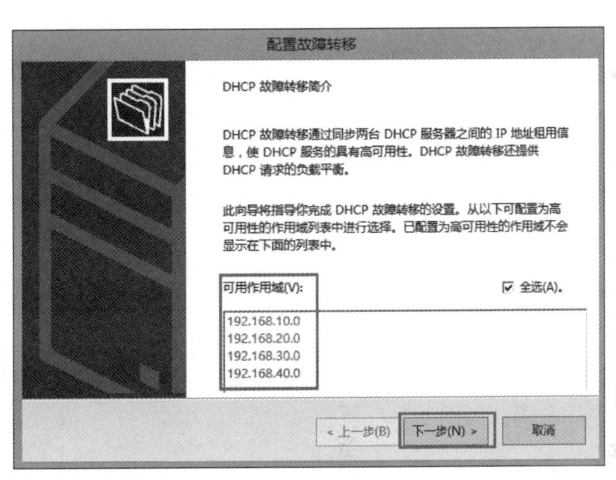

图 8-42　选择作用域

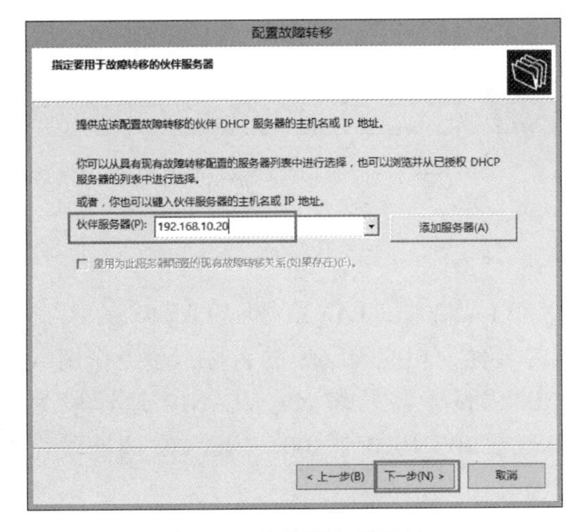

图 8-43　伙伴服务器地址

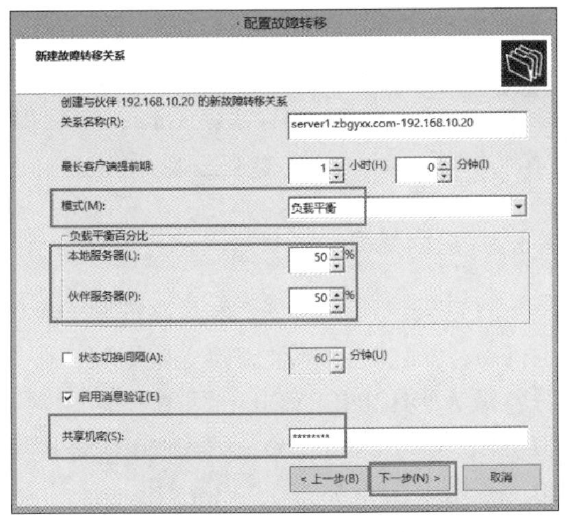

图 8-44　新建故障转移关系

第 5 步：出现前面设置的故障转移信息，如图 8-45 所示，单击“完成”按钮，完成创建故障转移服务器群的搭建。

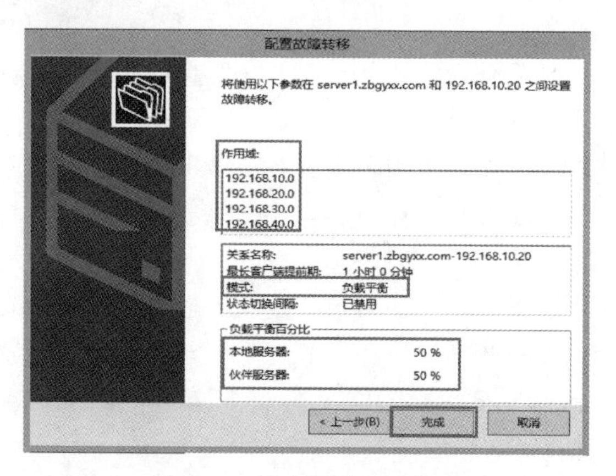

图 8-45　故障转移相关信息

3. 验证结果

第 1 步：验证故障转移，到 server2 服务器，打开 DHCP 管理控制台，可以发现 server1 上的四个作用域全部被复制过来了，如图 8-46 所示。

第 2 步：将 server1 服务器停止，然后让客户端自动获取 IP 地址，查看 server2 的地址租用，发现 server2 已经出租了一个地址 192. 168. 10. 75 给客户端，如图 8-47 所示。

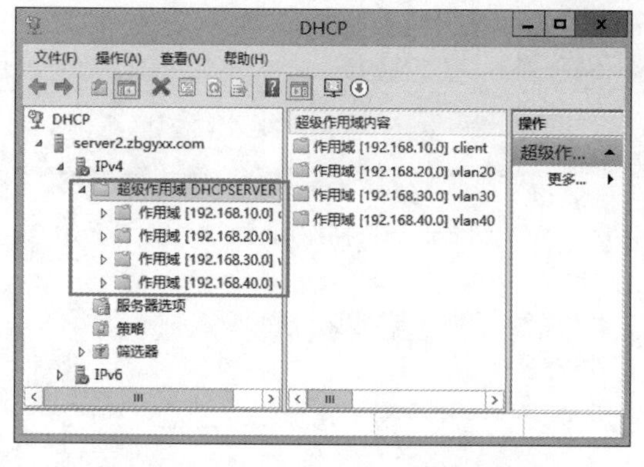

图 8-46　server2 服务器上复制的作用域

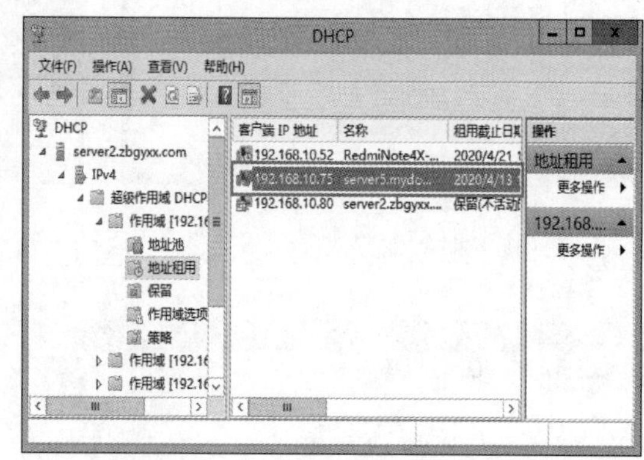

图 8-47　server2 服务器的地址租用

8. 3. 3　巩固练习

（1）安装 DHCP 服务，为内网 VLAN10、VLAN20、VLAN30 和 VLAN40 的用户主机动态分配 IPv4 地址，建立作用域，作用域的名称为相应 VLAN 的名称，超级作用域的名称为 DHCPSERVER，为用户分配网关、DNS 服务器及域名；VLAN10 地址段为 10. 0. 1. 10~10. 0. 1. 200，VLAN20 地址段为 10. 0. 2. 10 ~ 10. 0. 2. 200，VLAN30 地址段为 10. 0. 3. 10~10. 0. 3. 200，VLAN40 地址段为 10. 0. 4. 10~10. 0. 4. 200。

（2）为财务部的 VLAN110 用户分配 IP 地址，IP 作用域范围为 192. 168. 10. 100 ~ 192. 168. 10. 150，DNS 为 10. 10. 10. 10，网关为 192. 168. 10. 254，租约期限为 30 天。将

财务部VLAN的第一个可用IP与MAC地址：00-00-3c-12-23-24绑定，将财务部VLAN的第二个可用IP与MAC地址：00-00-3c-12-23-25绑定。

（3）安装DHCP服务，为行政部、营销部、财务和法务、技术部的用户主机动态分配IPv4地址，建立作用域，作用域的名称采用对应部门名称的全拼，地址池为每个网段的195~199。超级作用域的名称为DHCPSERVER，DNS服务器为10.100.100.186/24，域名为chinaskills.com。

巩固练习见表8-1。

表8-1 巩固练习

名 称	IP地址	部 门
VLAN10	10.10.10.254/24	行政部
VLAN20	10.10.20.254/24	营销部
VLAN30	10.10.30.254/24	财务和法务
VLAN40	10.10.40.254/24	技术部

项目9　搭建 DNS 服务器

项目应用场景：

对于访问 Internet 的用户而言，记忆 DNS 域名远比记忆 IP 地址方便得多，尤其是使用最多的 Web 网站。为了让更多的用户了解网站信息，更需要方便易记的名称，这就需要搭建 DNS 服务器来实现。

任务 9.1　安装 DNS 服务器

9.1.1　任务目标

（1）了解 DNS 服务器的基本概念。
（2）掌握 DNS 服务器的安装。
（3）掌握 DNS 服务器的配置与管理。
（4）掌握 DNS 客户端的配置。

9.1.2　知识准备

（1）DNS 服务器概述。当 DNS 客户端要与某台主机通信时，例如要访问网站 www. chinaskills. com 时，该客户端会向 DNS 服务器查询网站 www. chinaskills. com 的 IP 地址，DNS 收到请求后，会负责帮客户端查找 www. chinaskills. com 的 IP 地址。在 DNS 系统内，提出请求查询的 DNS 客户端称为 resolver，而提供查询服务的 DNS 服务器被称为 name server（名称服务器）。当 DNS 客户端向 DNS 服务器提出查询 IP 地址的请求后，DNS 服务器会先从自己的 DNS 数据库内来查找，若数据库内没有所需数据，DNS 服务器必须求助其他 DNS 服务器。

（2）授权服务器。DNS 服务器内存储着域名空间的部分区域记录。一台 DNS 服务器可以存储一个或多个区域内的记录，也就是说此服务器所负责管辖的范围可以涵盖域名空间的一个或多个区域，此时这台服务器被称为这些区域的授权服务器。

（3）主服务器。当我们在一台 DNS 服务器上建立一个区域后，若可以直接在此区域内添加、删除与修改记录，这台服务器就被称为此区域的主服务器，这台服务器内存储着此区域的主副本。

（4）辅助服务器。当你在一台 DNS 服务器内建立一个区域后，若这个区域内的所有记录都是从另外一台 DNS 服务器复制过来的，也就是说它存储的是这个区域内的副本记录，这些记录是无法修改的，此时这台服务器被称为该区域的辅助服务器。

（5）区域传送。辅助服务器的记录是从另外一台 DNS 服务器复制过来的，将区域内的资源记录从主服务器复制到辅助服务器的操作被称为区域传送。

实训 9-1　创建 DNS 正向查找区域

操作步骤

第 1 步：添加 DNS 服务器管理角色，打开“服务器管理器”，单击“添加角色和功能”勾选“DNS 服务器”，其他采用默认，安装“DNS 服务器”角色。

第 2 步：单击“开始”菜单，选择“管理工具”→“DNS”打开“DNS 管理器”，如图 9-1 所示。

第 3 步：建立正向 DNS 查找区域，用鼠标右键单击“正向查找区域”，选择“新建区域”，如图 9-2 所示。

图 9-1　管理工具→DNS

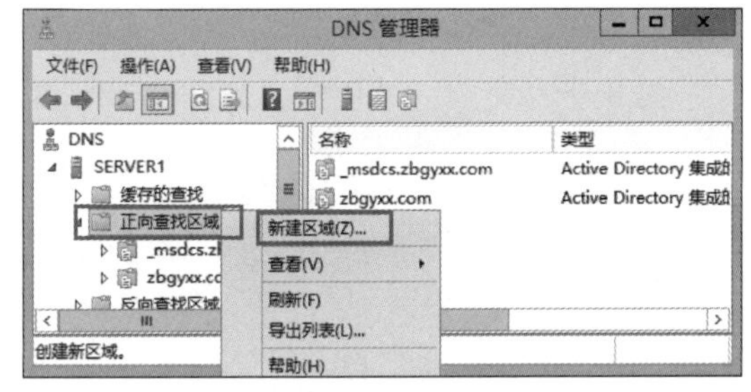

图 9-2　新建区域

第 4 步：选择区域的类型，这里是第一个 DNS 服务器，因此选择“主要区域”。说明：区域记录会被存储到区域文件内，但若 DNS 服务器本身是域控制器，则默认会勾选“在 Active Directory 中存储区域（只有 DNS 服务器是可写域控制器时才可用）”，此时区域记录会被存储到 Active Directory 数据库，也就是说它是一个 Active Directory 集成区域，如图 9-3 所示。

第 5 步：选择“至此域中域控制器上运行的所有 DNS 服务器”。允许将本 DNS 区域复制到其他 DNS 服务器上，如图 9-4 所示。

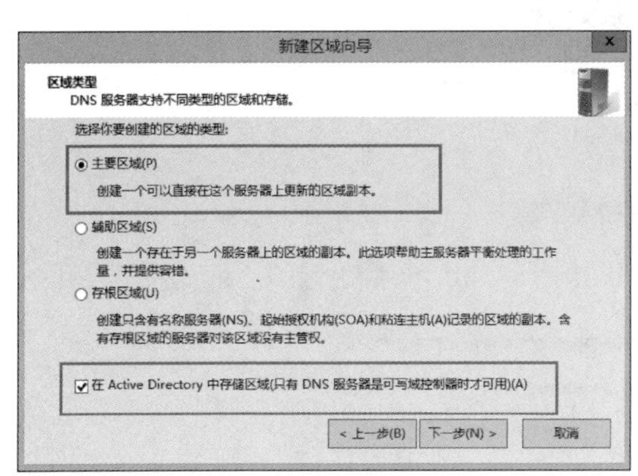

图 9-3　新建主要区域

图 9-4　区域传送作用域

第 6 步：输入区域名称，例如：chinaskills. com，单击“下一步”按钮，如图 9-5 所示。

第 7 步：动态更新选择“只允许安全的动态更新（适合 Active Directory 域使用）”，如图 9-6 所示。

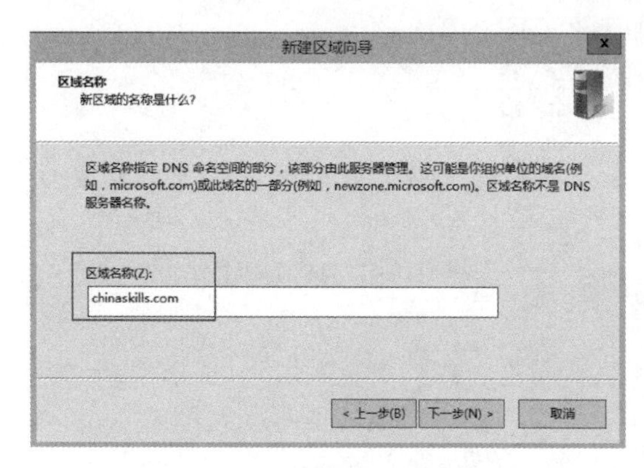

图 9-5　区域名称

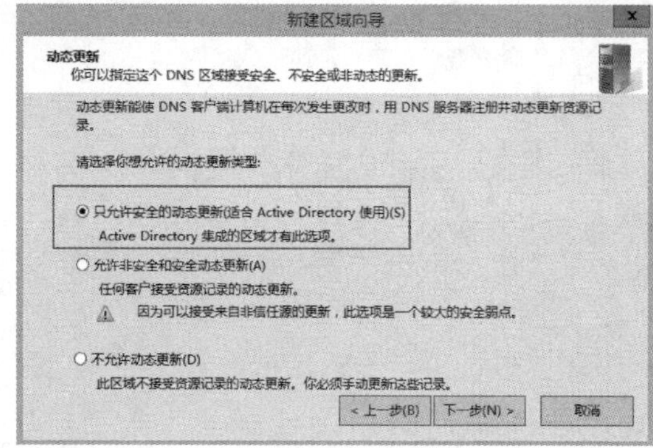

图 9-6　动态更新

第 8 步：完成区域创建，如图 9-7 所示。

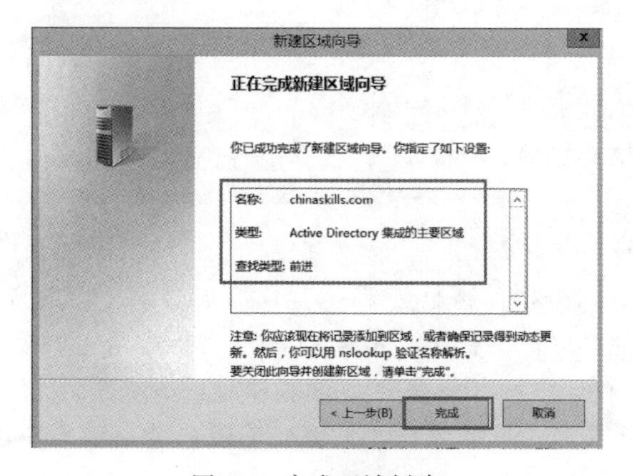

图 9-7　完成区域创建

实训 9-2　创建 DNS 反向查找区域

操作步骤

第 1 步：创建反向区域，用鼠标右键单击“反向查找区域”，选择“新建区域”，如图 9-8 所示。

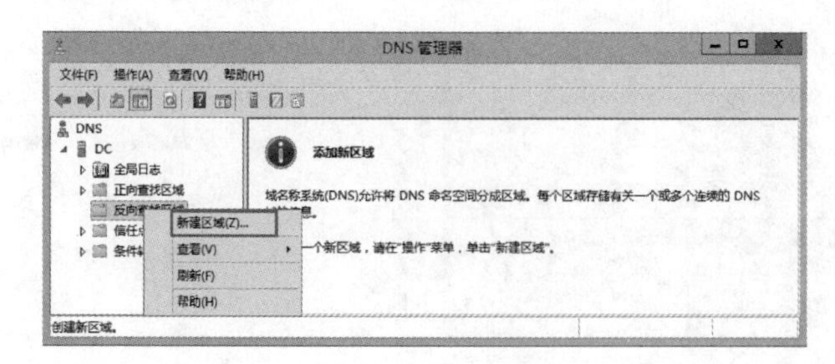

图 9-8　新建区域

第 2 步：区域类型选择“主要区域”，如图 9-9 所示。

第 3 步：允许区域传送，选择“至此域中域控制器上运行的所有 DNS 服务器”，如图 9-10所示。

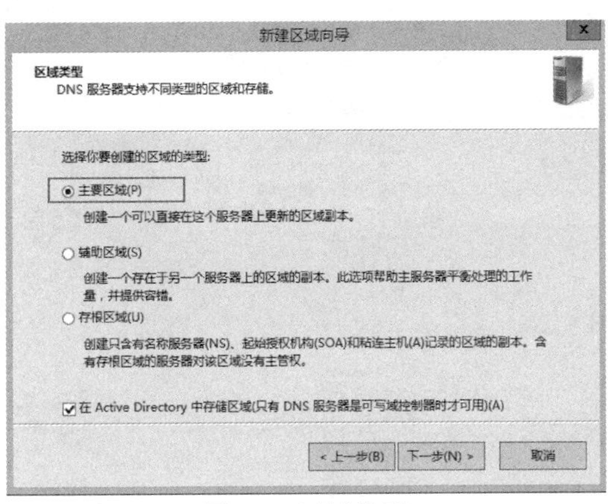

图 9-9　区域类型

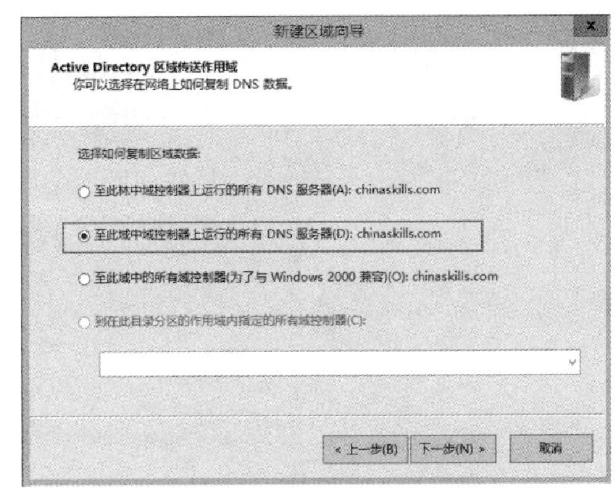

图 9-10　区域传送作用域

第 4 步：反向查找区域的类型，选择“IPv4 反向查找区域”，如图 9-11 所示。

第 5 步：输入反向查找区域的网络号“192. 168. 10”，反向查找区域的名称会自动生成，如图 9-12 所示。

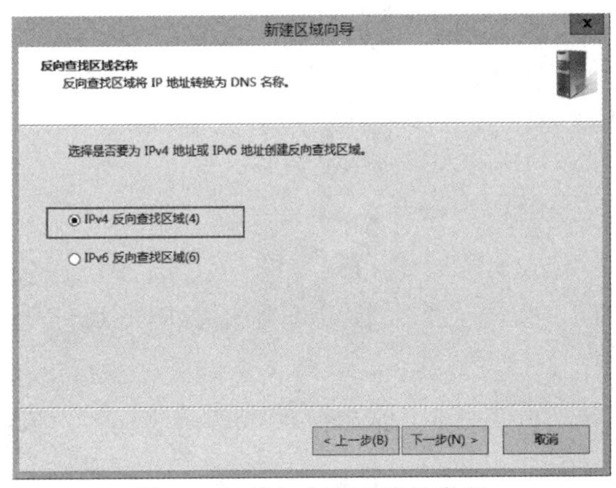

图 9-11　反向查找区域的类型

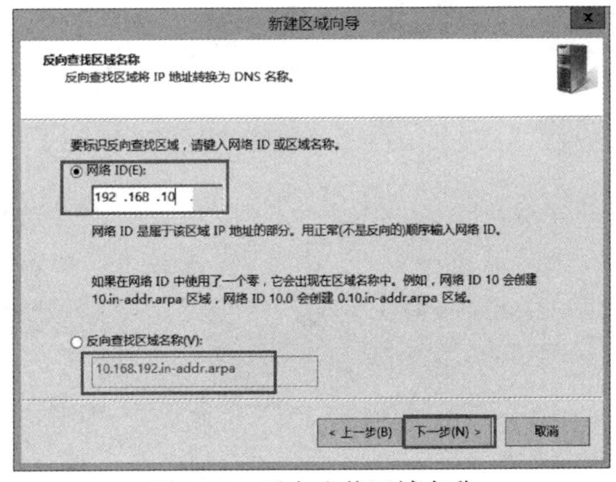

图 9-12　反向查找区域名称

第 6 步：选择动态更新的类型，例如：选择“只允许安全的动态更新（适合 Active Directory 域使用）”，如图 9-13 所示。

第 7 步：完成反向区域的创建，如图 9-14 所示。

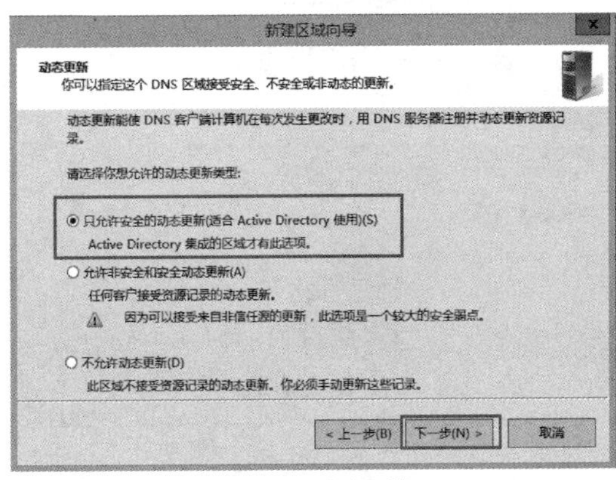

图 9-13　动态更新

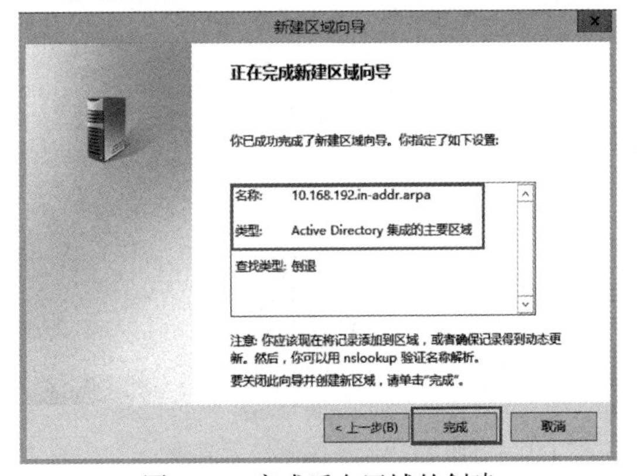

图 9-14　完成反向区域的创建

实训 9-3　创建主机记录

操作步骤

第 1 步：用鼠标右键单击区域“chinaskills. com”，选择“新建主机”，如图 9-15 所示。

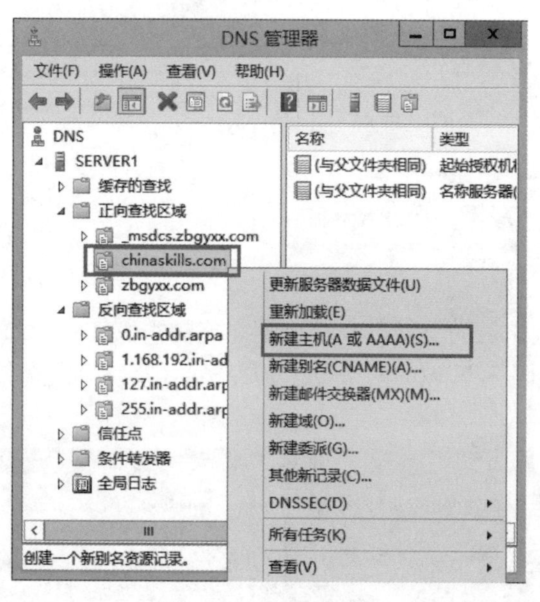

图 9-15　DNS 管理器

第 2 步：创建 DNS 服务器的 A 记录，输入名称“dns”和对应的 IP 地址“192. 168. 10. 10”，勾选“创建相关的指针（PTR）记录”，会自动创建相对应的反向记录，如图 9-16 所示。

第 3 步：创建 www 服务器的 A 记录（此步与第二步并列，都是创建 A 记录），如图 9-17所示。

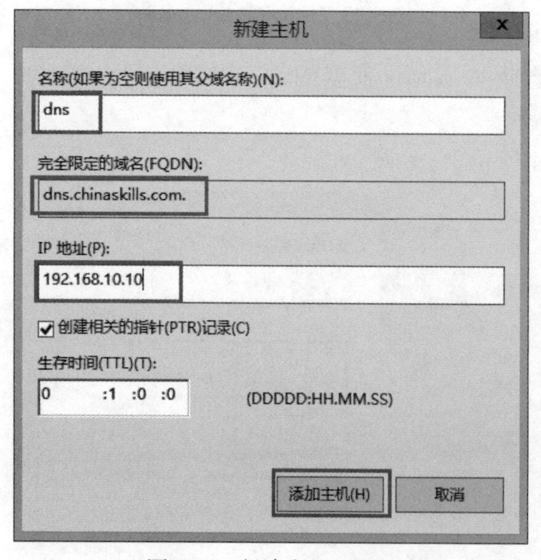

图 9-16　新建主机记录 1

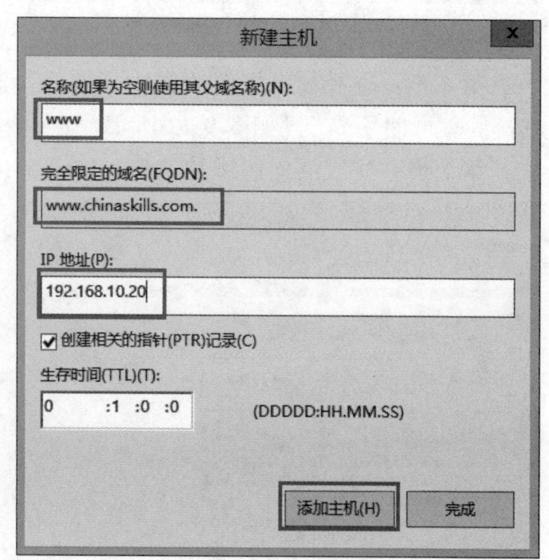

图 9-17　新建主机记录 2

第 4 步：创建好的两条主机（A）记录，如图 9-18 所示。

第 5 步：单击“反向查找区域”，发现两条指针 PTR 记录已经自动生成，如图 9-19 所示。

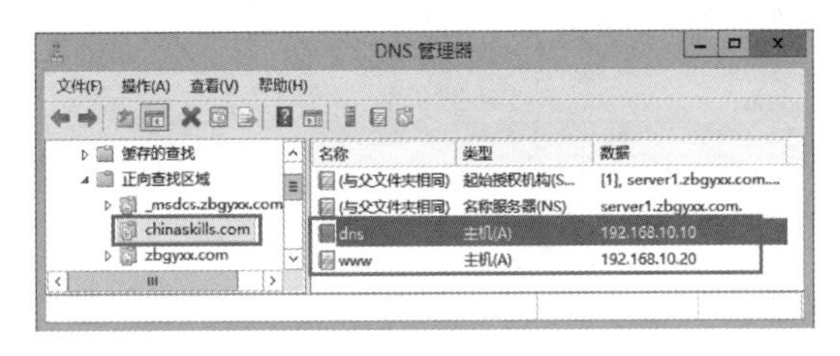

图 9-18　两条主机（A）记录

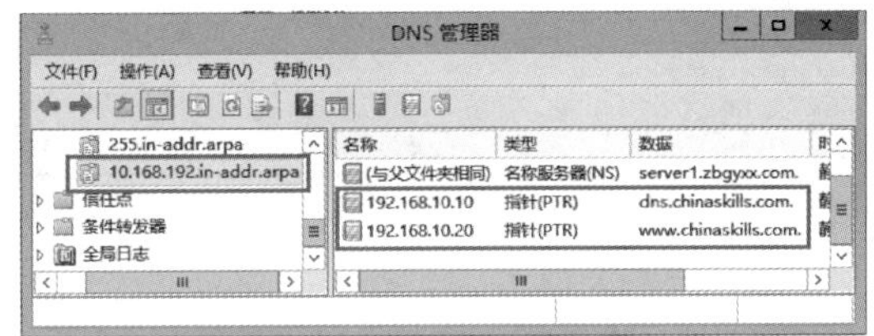

图 9-19　两条指针 PTR 记录

实训 9-4　新建主机别名记录

操作步骤

第 1 步：当我们需要为一台主机建立多个主机名时，可以使用建立主机别名记录，例如：我们的 server1 是 DNS 服务器，同时它又是 ftp 服务器，我们希望给它一个具有代表性的主机名 ftp. chinaskills. com。

第 2 步：用鼠标右键单击区域“chinaskills. com”，选择“新建别名”，如图 9-20 所示。

第 3 步：输入别名“ftp”和目标主机的完全合格的域名“dns. chinaskills. com”，单击“确定”按钮，如图 9-21 所示。

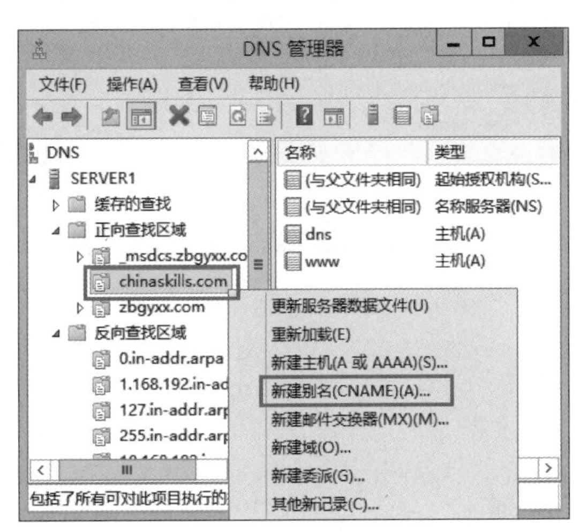

图 9-20　新建别名

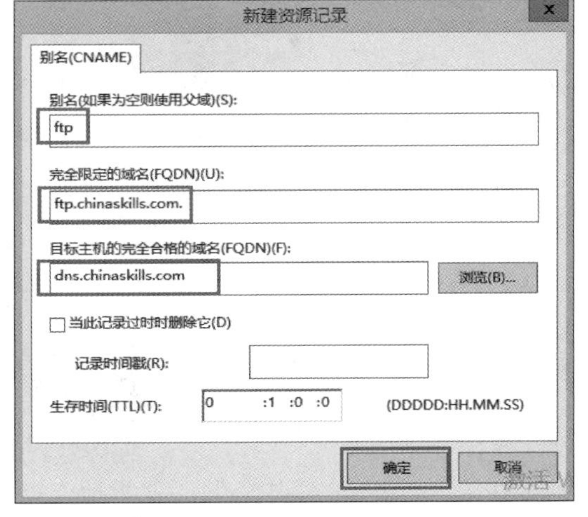

图 9-21　新建资源记录

第 4 步：完成别名记录的创建，如图 9-22 所示。

实训 9-5　新建邮件交换器

操作步骤

第 1 步：用鼠标右键单击区域“chinaskills. com”，选择“新建邮件交换器（MX）”，如图 9-23 所示。

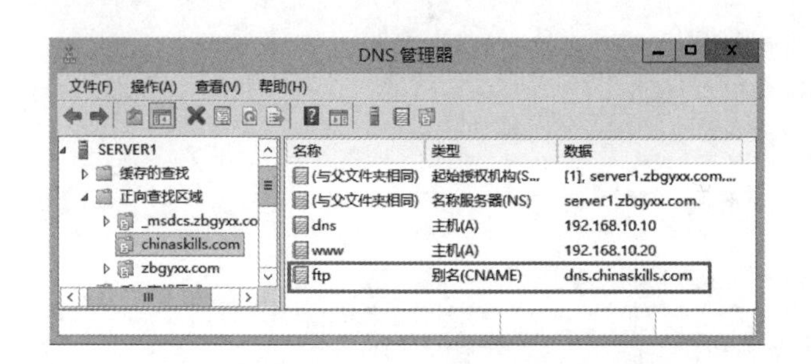

图 9-22　创建完成别名记录

第 2 步：输入邮件服务器的主机名“mail”和邮件服务器的完全限定的域名“mail. chinaskills. com”，输入邮件服务器的优先级，默认为“10”，如图 9-24 所示。单击“确定”按钮，完成邮件交换记录的创建。

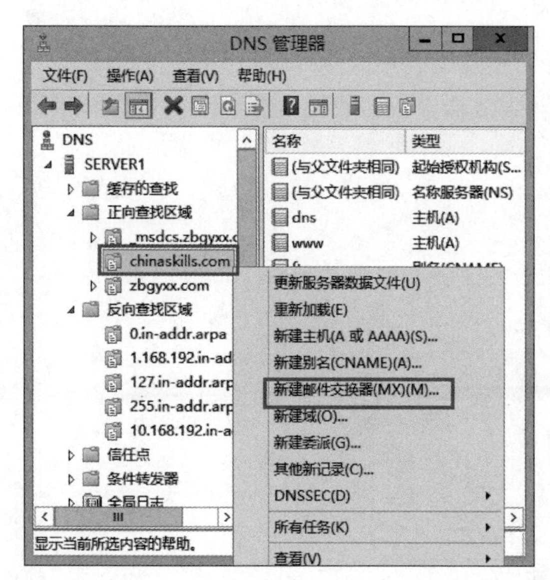

图 9-23　新建邮件交换器（MX）

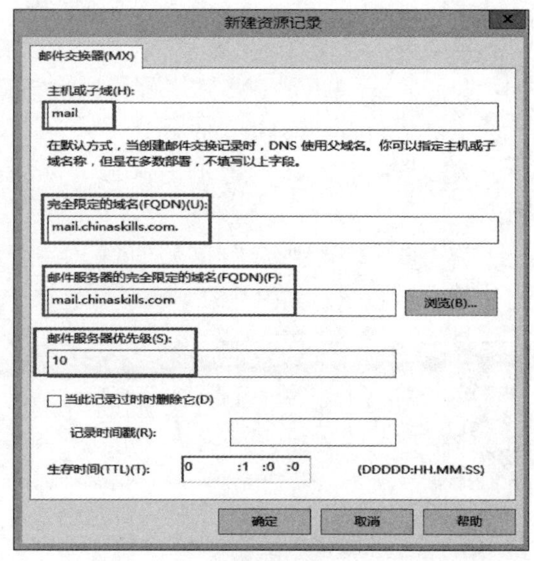

图 9-24　邮件交换器（MX）设置

实训 9-6　设置 DNS 客户端

操作步骤

打开“网络和共享中心”→“本地连接”→“属性”，打开“TCP/IPv4”属性对话框，设置“首选 DNS 服务器”，输入 DNS 服务器的地址“192. 168. 10. 10”，如图 9-25 所示。

实训 9-7　验证 DNS 的解析

方法 1：在命令提示窗口 ping 主机名称，可以看到解析到的 IP 地址，如图 9-26 所示。

方法 2：在客户端使用 nslookup 命令解析，打开命令提示窗口，输入 nslookup 命令，然后分别输入要解析的域名，如图 9-27 所示。

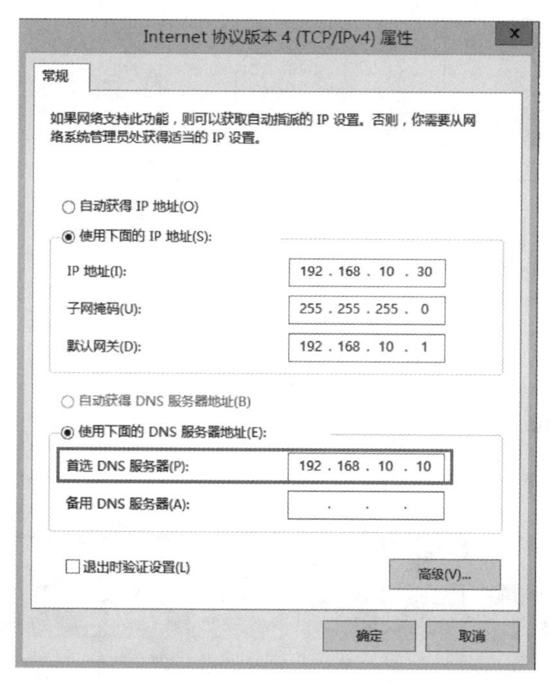

图 9-25　Internet 协议版本 4（TCP/IPv4）属性

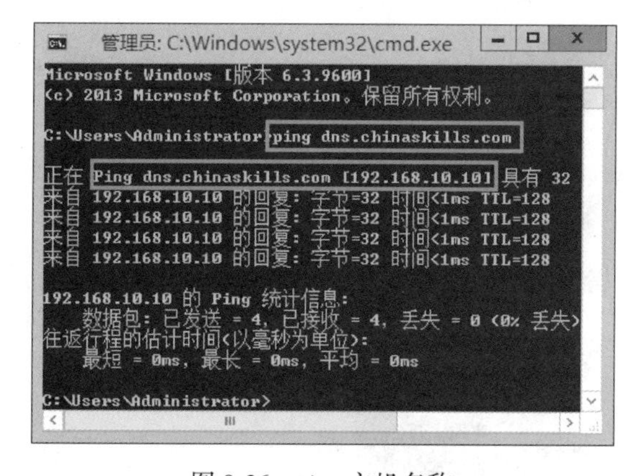

图 9-26　ping 主机名称

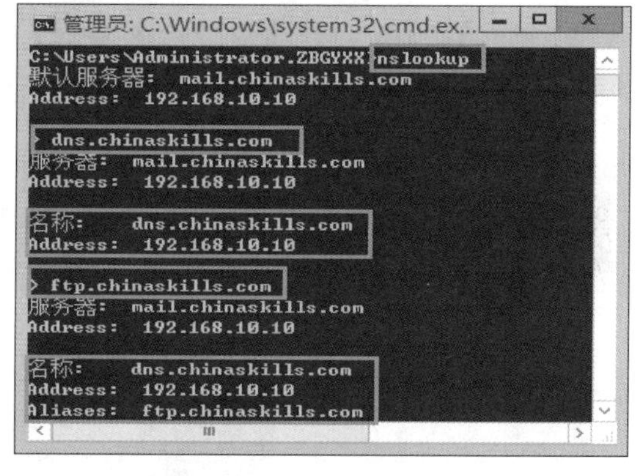

图 9-27　nslookup 命令

实训 9-8　使用 HOSTS 文件

（1）HOSTS 文件被用来存储主机名与 IP 地址的对应数据。事实上，DNS 客户端在查找主机的 IP 地址时，它会先检查自己计算机内的 HOSTS 文件，看看文件内是否有该主机的 IP 地址，若找不到数据，才会向 DNS 服务器查询。此文件存储在计算机的%Systemroot%\system32\drivers\etc 文件夹内，如图 9-28 所示。

（2）必须手动将主机名与 IP 地址的对应数据输入到此文件内，如图 9-29 所示，pc3.chinaskills.com 对应 IP 地址 192.168.10.13，pc4.chinaskills.com 对应 IP 地址 192.168.10.14，此客户端如果要查询这两台主机的 IP 地址，就可以直接从此文件获得，而不需要向 DNS 服务器查询。但若要查询不在这个文件中的记录，就必须向 DNS 服务器查询。

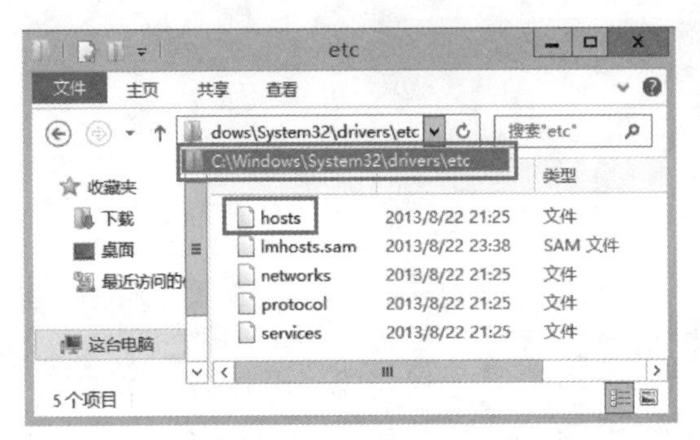

图 9-28　HOSTS 文件路径

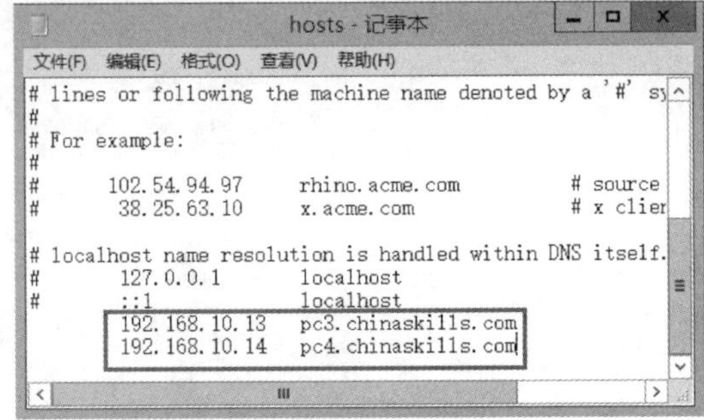

图 9-29　编辑 HOSTS 文件

（3）在客户端用 ping 命令来查询 pc3. chinaskills. com 和 pc4. chinaskills. com 的 IP 地址，可以通过 HOSTS 文件得到其 IP 地址，如图 9-30 所示。

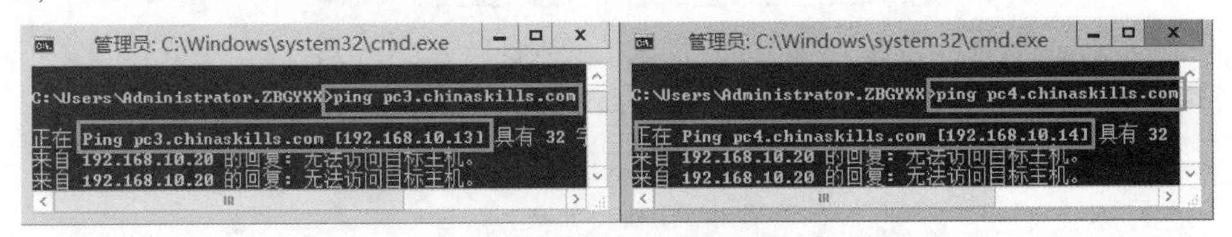

图 9-30　HOSTS 文件的解析

实训 9-9　建立 DNS 辅助区域

DNS 辅助区域是用来存储此区域内的副本记录的，这些记录是只读的，不可修改。

1. 拓扑图（如图 9-31 所示）

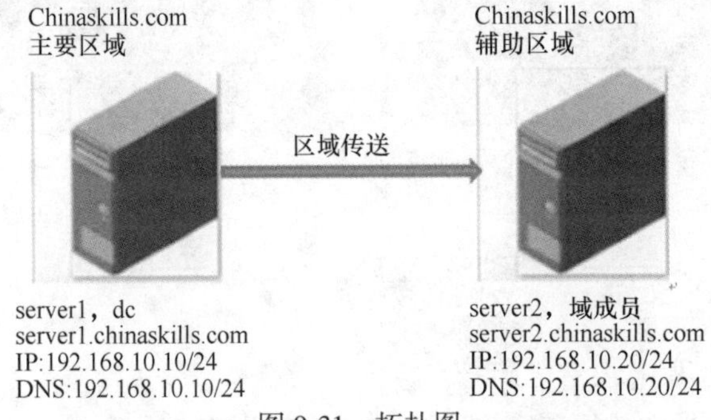

图 9-31　拓扑图

2. 环境准备

如图 9-31 所示，server1 是域控制器，已经安装 DNS 服务器，server1 是 chinaskills. com 的主要区域，server1 服务器内已经建立好两条主机记录，一条是 server1. chinaskills. com，IP 地址是 192. 168. 10. 10，另一条是 server2. chinaskills. com，IP 地址是 192. 168. 10. 20，如图 9-32所示。server2 是域成员，我们将在 server2 上建立 chinaskills. com 区域的辅助区域，server2 已经安装 DNS 服务角色，没有建立任何区域，如图 9-33所示。

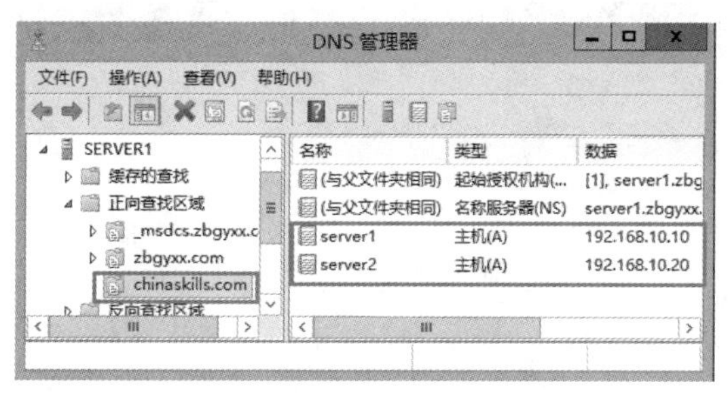

图 9-32　server1 的 DNS 管理器

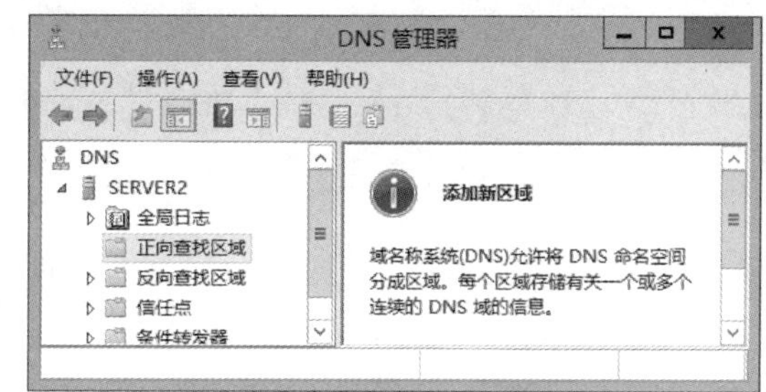

图 9-33　server2 的 DNS 管理器

3. 设置主 DNS 允许区域传送

第 1 步：到 server1 服务器上登录 DNS 管理器，用鼠标右键单击“chinaskills. com”，选择“属性”，如图 9-34 所示。

第 2 步：选择“区域传送”标签，勾选“允许区域传送”，选择“只允许到下列服务器”，单击“编辑”按钮，如图 9-35 所示。

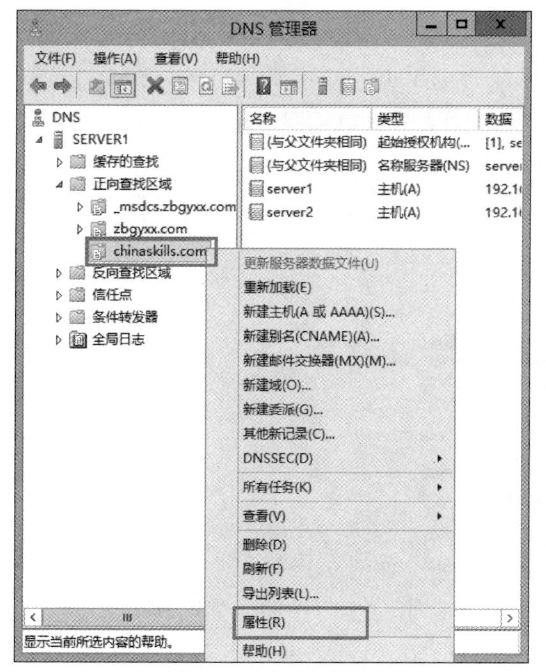

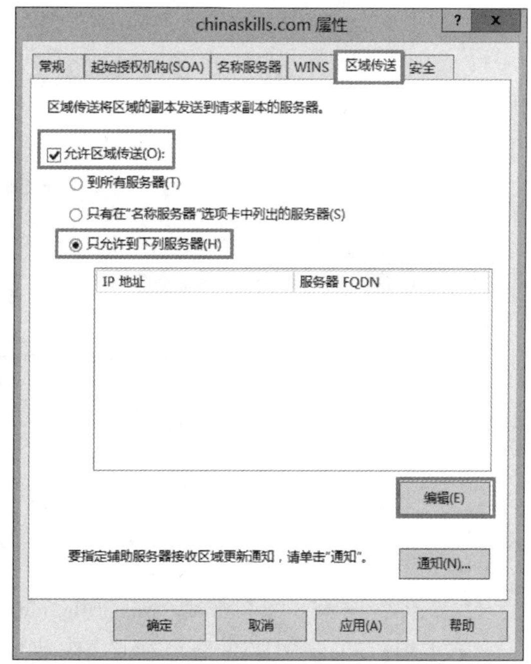

图 9-34　区域属性　　图 9-35　chinaskills. com 属性

第 3 步：在“允许区域传送”对话框中，添加 server2 的 IP 地址“192. 168. 10. 20”，单击“确定”按钮，如图 9-36 所示。

第 4 步：添加完成，单击“确定”按钮，如图 9-37 所示。

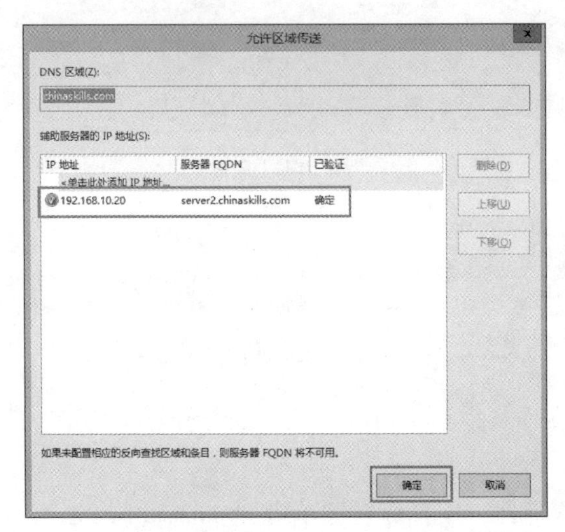

图 9-36　添加 server2 的 IP 地址

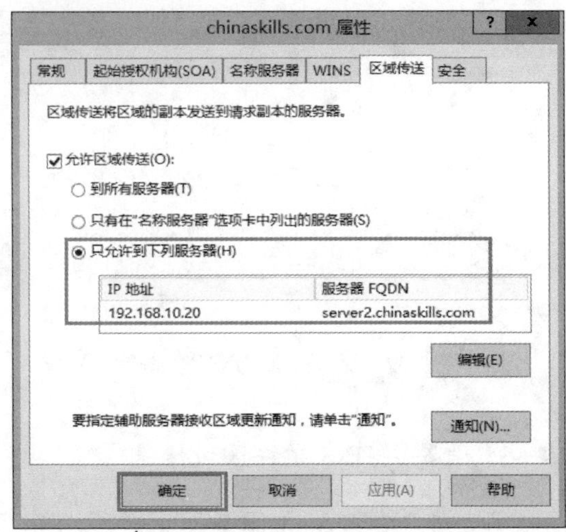

图 9-37　添加完成

4. 新建辅助区域

我们到 server2 服务器上新建辅助区域，并设置让此区域从 server1 复制区域。

第 1 步：到 server2 打开 DNS 管理器，用鼠标右键单击“正向查找区域”，选择“新建区域”，如图 9-38 所示。

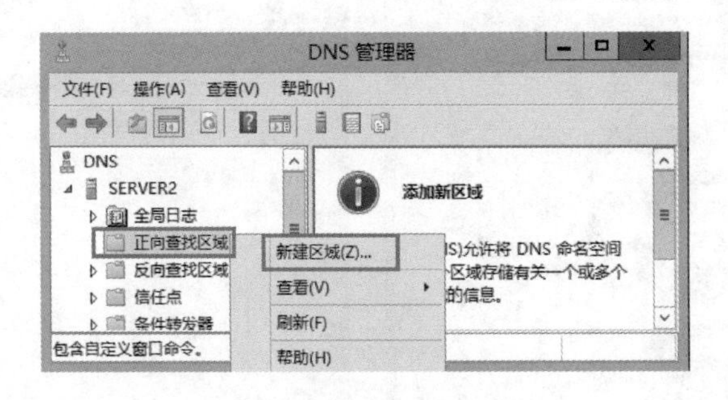

图 9-38　新建区域

第 2 步：选择“辅助区域”，单击“下一步”按钮，如图 9-39 所示。

第 3 步：输入区域名称“chinaskills. com”，单击“下一步”按钮，如图 9-40 所示。

第 4 步：输入主 DNS 服务器的 IP 地址 192. 168. 10. 10，单击“下一步”按钮，如图9-41 所示。

第 5 步：新建辅助区域完成，如图 9-42 所示。

5. 验证结果

让我们打开 server2 的 DNS 管理器，发现原来 server1 上的主机记录都被复制过来了，如图 9-43 所示。

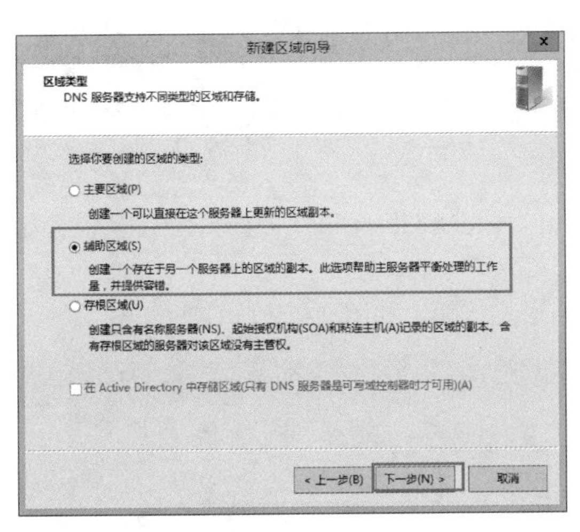

图 9-39　区域类型

图 9-40　输入区域名称

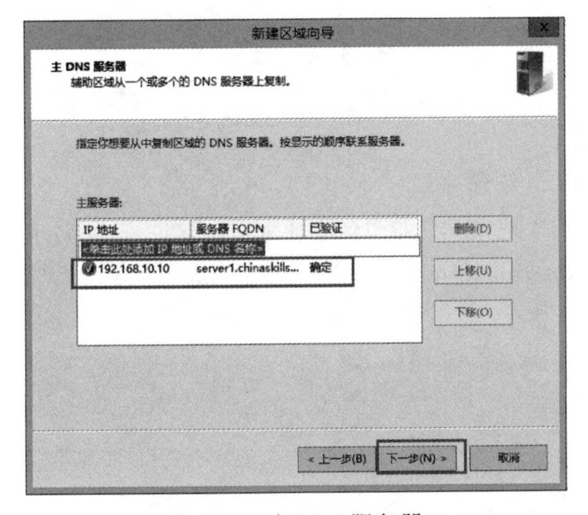

图 9-41　主 DNS 服务器

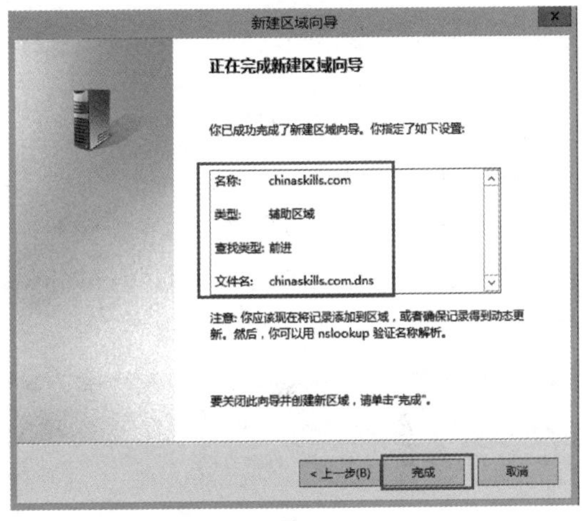

图 9-42　新建辅助区域完成

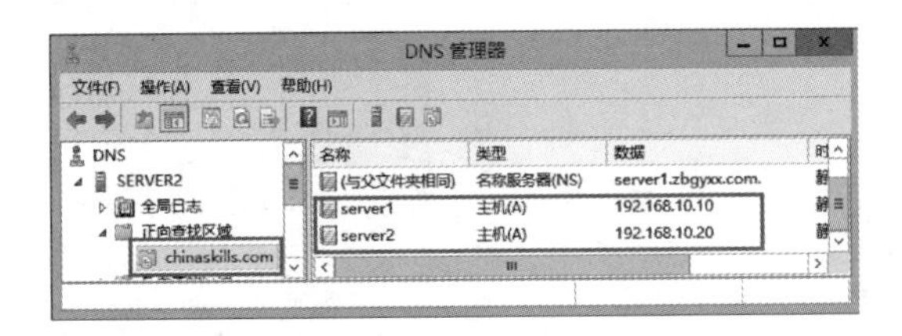

图 9-43　server2 的 DNS 管理器

实训 9-10　子域与委派域

如果 DNS 服务器所管辖的区域为 chinaskills. com，而且此区域还有数个子域，例如：bj. chinaskills. com、sh. chinaskills. com，我们可以通过以下两种方法将隶属于这些子域的记录建立到 DNS 服务器内。

第一种方法：直接在 chinaskills. com 区域之下建立子域，然后将记录输入到此子域内，这些记录还是存储在这台 DNS 服务器内。

第二种方法：将子域内的记录委派给其他 DNS 服务器来管理，也就是此子域内的记录存储在被委派的 DNS 服务器内。

1. 第 1 种方法：新建子域

第 1 步：打开 DNS 管理器，用鼠标右键单击“chinaskills. com”，选择“新建域”，如图 9-44 所示。

第 2 步：输入子域的名称“bj”，单击“确定”按钮，如图 9-45 所示。

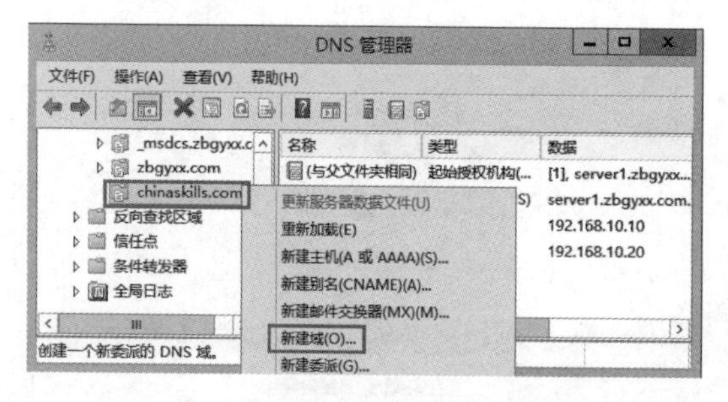

图 9-44　新建域

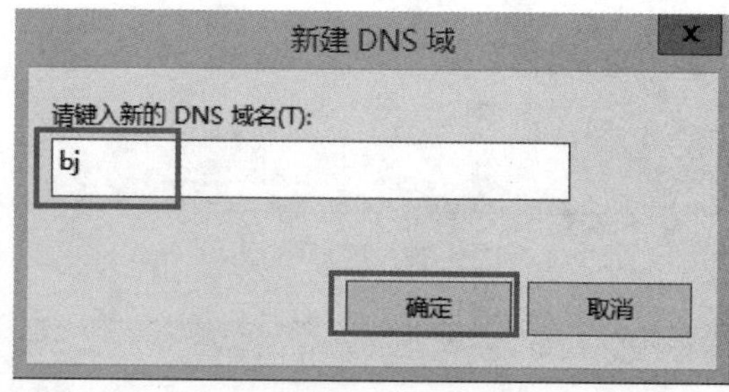

图 9-45　键入 DNS 域名

第 3 步：用鼠标右键单击子域“bj”，选择“新建主机”，如图 9-46 所示。

第 4 步：输入主机名称“pc1”和对应的 IP 地址“192. 168. 10. 11”，这时会自动出现这条主机记录完全限定的域名“pc1. bj. chinaskills. com”。单击“添加主机”按钮，如图 9-47 所示。

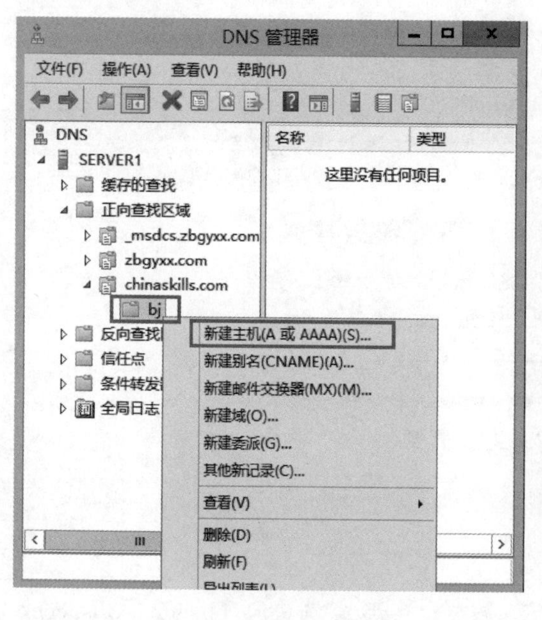

图 9-46　新建主机记录

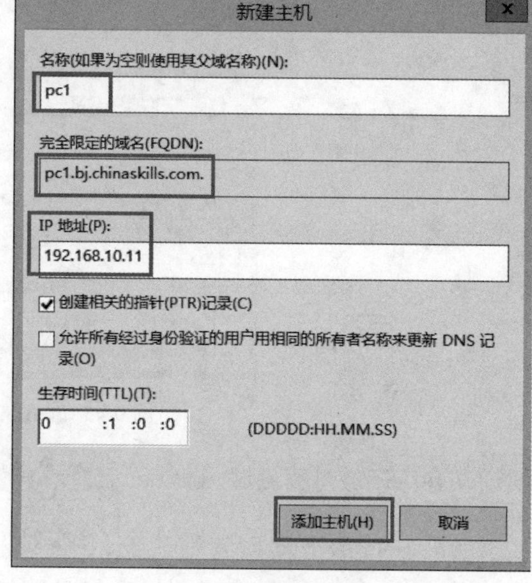

图 9-47　新建主机记录

第 5 步：添加了 pc1. bj. chinaskills. com 主机记录的结果如图 9-48 所示，添加其他记录的方法相同。

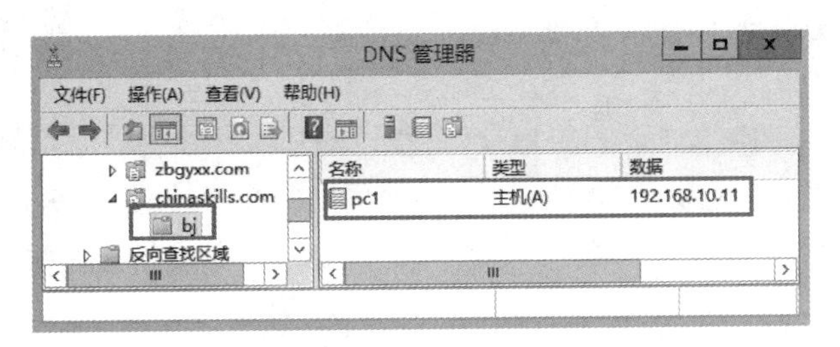

图 9-48　添加主机记录结果

2. 第 2 种方法：委派域

下面我们把子域 sh. chinaskills. com 委派给 server2 服务器来管理，也就是此子域 sh. chinaskills. com 内的记录是存储在被委派的服务器 server2 内的，拓扑结构如图 9-49 所示。

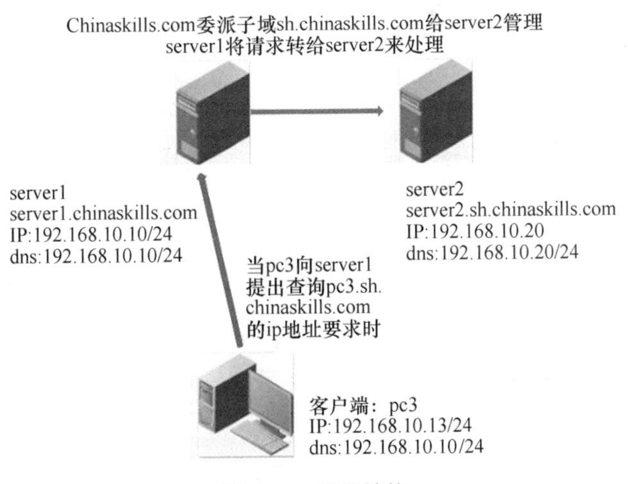

图 9-49　拓扑结构

（1）操作步骤。

第 1 步： 在 server2 服务器登录，安装 DNS 角色，建立正向查找域 sh. chinaskills. com，同时建立几条用来测试的记录，其中包含 server2 自己的主机记录 server2. sh. chinaskills. com，如图 9-50 所示。

第 2 步： 在 server1 服务器登录，用鼠标右键单击“chinaskills. com”选择“新建委派”，如图 9-51 所示。

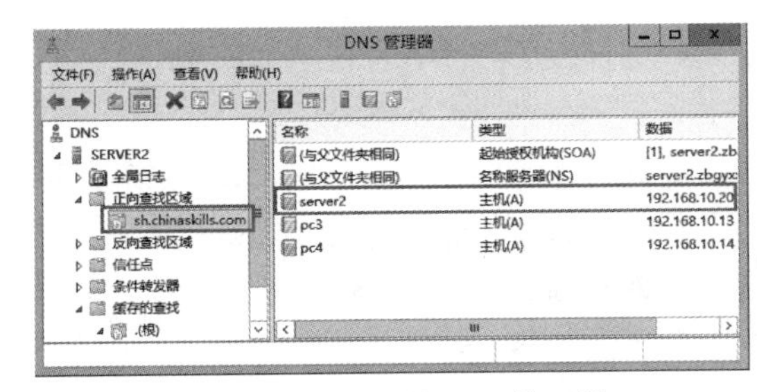

图 9-50　server2 的 DNS 管理器

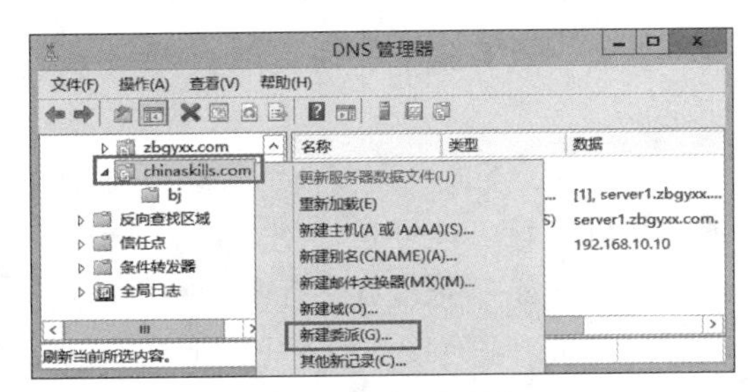

图 9-51　新建委派

第 3 步：在“欢迎使用新建委派向导”对话框，单击“下一步”按钮，在“受委派的域名”对话框中输入“sh”，如图 9-52 所示。

第 4 步：在“新建名称服务器记录”对话框中输入 server2 服务器的域名“server2. sh. chinaskills. com”及 IP 地址“192. 168. 10. 20”，如图 9-53 所示，名称服务器记录添加完成后如图 9-54 所示，单击“下一步”按钮，完成新建委派。

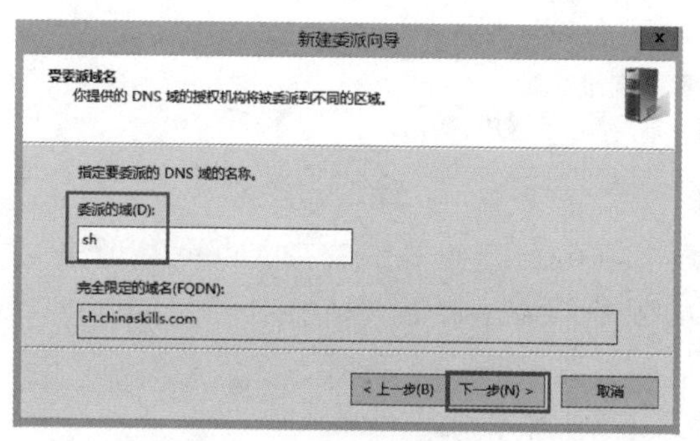

图 9-52 受委派的域名

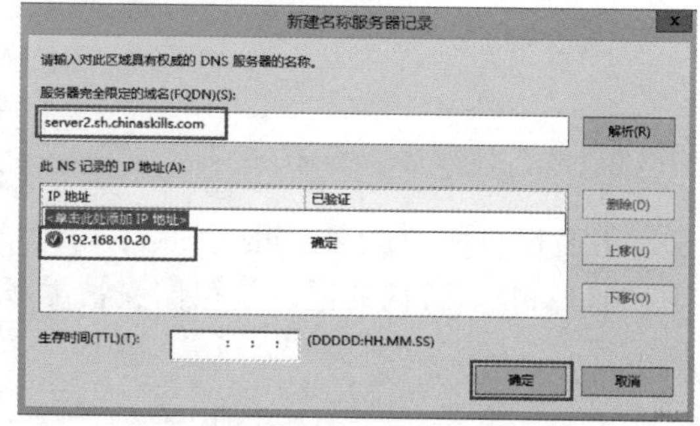

图 9-53 新建名称服务器记录

第 5 步：在 server1 的 DNS 管理器界面中显示的 sh 就是建立的委派，此时它只有一条名称服务器的记录，它说明 sh. chinaskills. com 的授权服务器是 server2. sh. chinaskills. com，如图 9-55 所示。

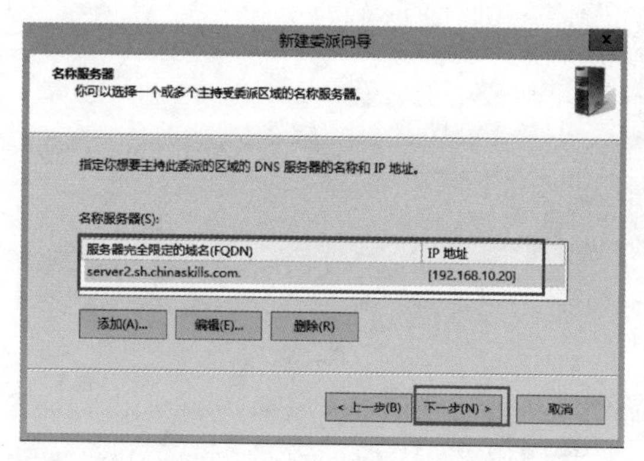

图 9-54 名称服务器记录完成

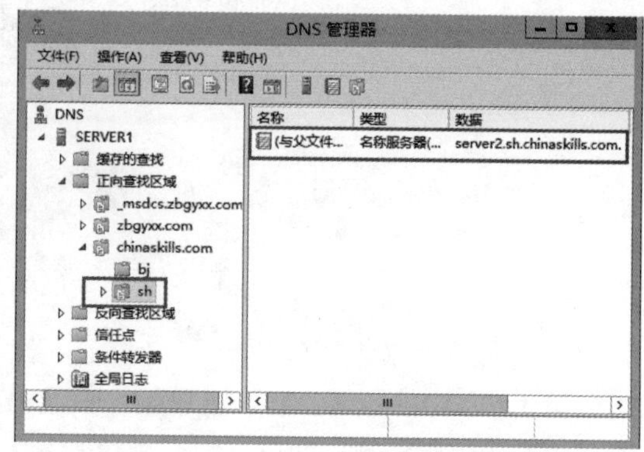

图 9-55 新建委派完成

（2）客户端验证。

第 1 步：客户端 pc3 的 IP 地址、DNS 设置如图 9-56 所示，使用 nslookup 命令查询，此时，客户端 pc3 向 server1 服务器查询，server1 会转向 server2 查询，如图 9-57 所示。

第 2 步：下面我们登录到 server1 服务器，打开 DNS 管理器，单击“查看”菜单，单击“高级”让它前面的小对勾显示出来，如图 9-58 所示。单击“缓存的查找”，这时 server1 内的 sh 区域缓存中存有刚刚我们查询过的记录“pc3”。以后客户端再查询这条记录时，server1 就直接从缓存中读取这条记录给出解析，如图 9-59 所示。

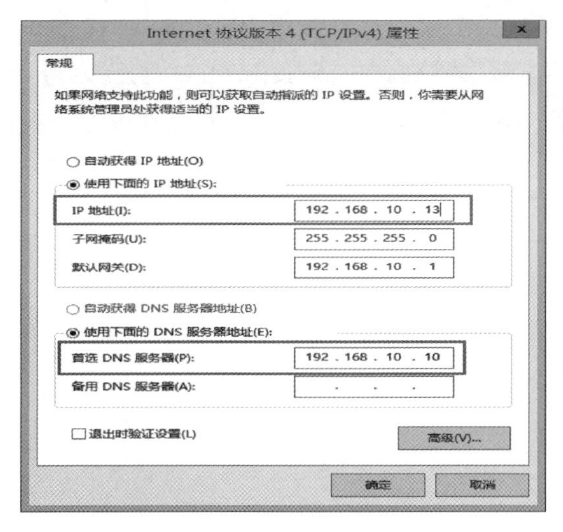

图 9-56　客户端 DNS 设置

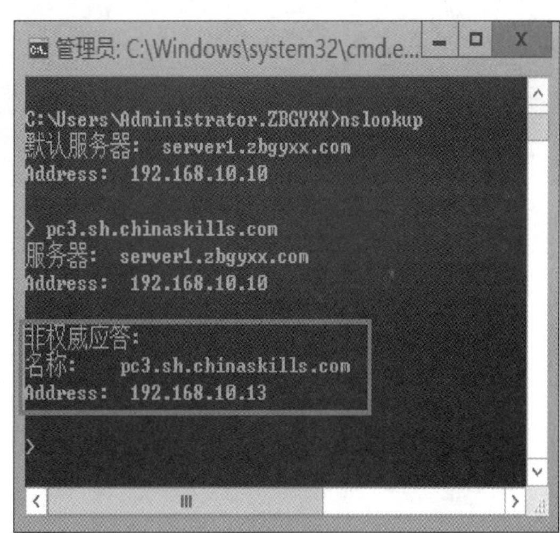

图 9-57　客户端 DNS 查询结果

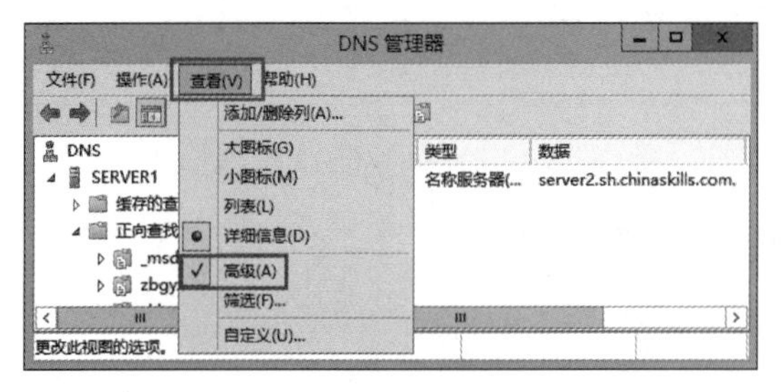

图 9-58　查看高级

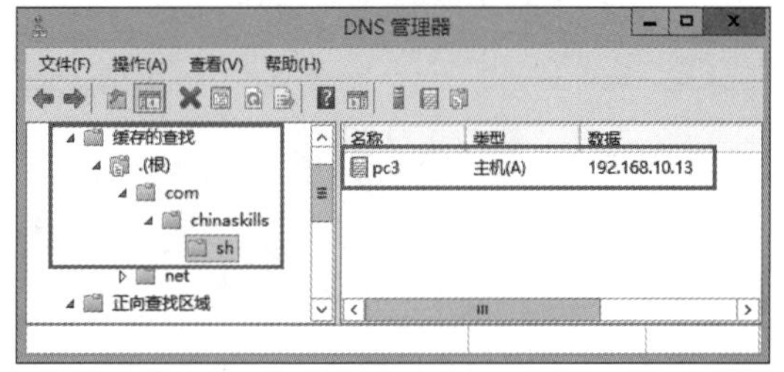

图 9-59　缓存的查找

任务 9.2　DNS 区域的高级设置

9.2.1　任务目标

（1）了解 DNS 区域的类型与区域文件名。

（2）会设置名称服务器。

（3）会设置区域传送。

9.2.2　知识准备

我们可以通过用鼠标右键单击 DNS 区域“chinaskills. com”，选择“属性”来更改该区域的高级设置，如图 9-60 所示。

1. 区域类型与区域文件名

单击“属性”对话框中“常规”选项卡，单击“类型”后面的“更改”按钮，如图 9-61所示，在“更改区域类型”对话框中，我们可以选择“主要区域、辅助区域或存根区域”，如果是域控制器，还可以勾选“在 Active Directory 中存储区域”，如图 9-62 所示。区域文件名可以通过单击图 9-61 中的“区域文件名”直接修改，但是对于 Active Directory 集成的区域，数据存储在 Active Directory 上，区域文件名无法修改。

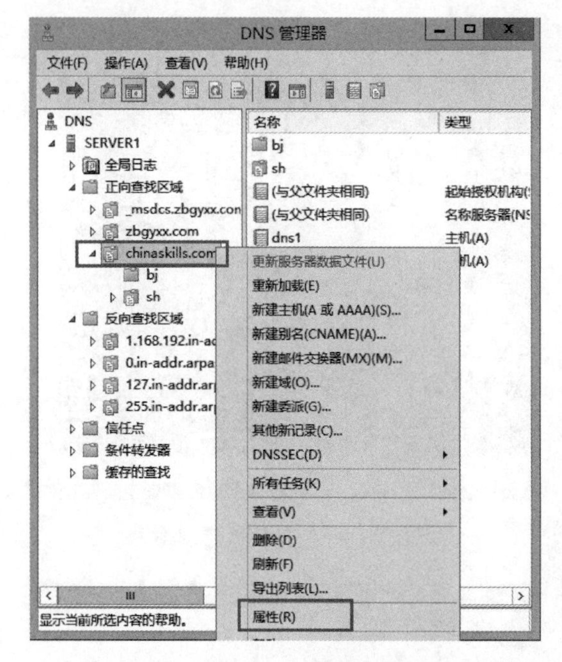

图 9-60　DNS 属性

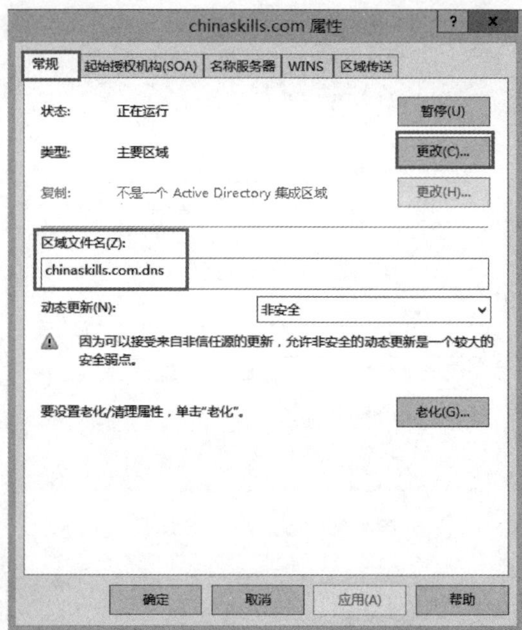

图 9-61　chinaskills. com 属性

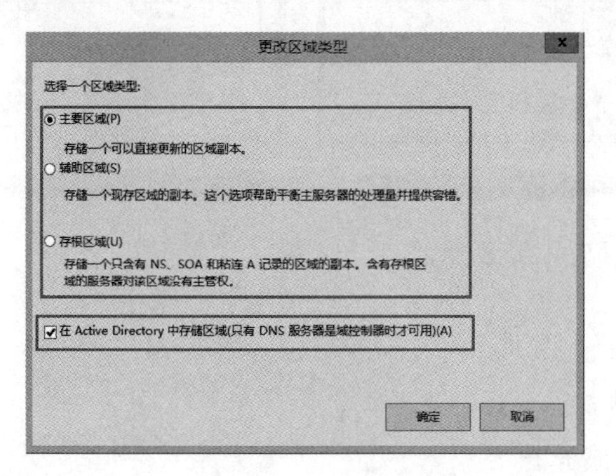

图 9-62　区域类型

2. SOA 与区域传送

辅助区域内的记录是利用区域传送的方式从主服务器复制过来的，可是多久执行一次区域传送呢？这些相关的设置值是存储在 SOA 资源记录内的。

（1）操作步骤。

用鼠标右键单击 DNS 区域，选择“属性”，单击“属性”对话框中“起始授权机构（SOA）”选项卡，如图 9-63 所示。

（2）参数说明。

1）序列号：主要区域内的记录有变动时，序列号就会增加，因此辅助服务器与主服务器可以根据双方的序列号来判断主服务器内是否有新记录，以便通过区域传送将新记录复制到辅助服务器。

图 9-63　起始授权机构（SOA）

2）主服务器：此区域的主服务器的 FQDN。

3）负责人：此区域负责人的电子邮件地址。由于@ 符号在区域数据文件中已有其他用途，因此用句点来代替@，也就是用 hostmster. zbgyxx. com 来代替 hostmster@ zbgyxx. com。

4）刷新间隔：辅助服务器每隔此时间后，就会向主服务器询问是否有新记录，若有，就会请求区域传送。

5）重试间隔：若区域传送失败，则在此间隔时间后再重试。

6）过期时间：若辅助服务器在这段时间到达时，仍然无法通过区域传送来更新辅助区域记录，就不再对 DNS 客户端提供此区域的查询服务。

7）最小（默认）TTL：当 DNS 服务器 A 向 DNS 服务器 B 询问到 DNS 客户端所需要的记录后，它除了会将此记录提供给客户端外，还会将其存储到其缓存区（cache），以便下次能快速地由缓存取得这个记录，但是这份记录只会在缓存区保留一段时间，这段时间称为 TTL（Time To Live），时间过后，DNS 服务器 A 就会将它从缓存内清除。

8）此记录的 TTL：用来设置这条 SOA 记录的生存时间（TTL）。

实训 9-11　设置名称服务器

（1）我们可以通过“chinaskills. com 属性”对话框中的“名称服务器”选项卡来添加、编辑或删除此区域的 DNS 名称服务器，如图 9-64 所示。

（2）我们也可以通过图 9-65 来看到这台名称服务器的 NS 资源记录，这条 NS 记录的意思是“chinaskills. com 区域”的名称服务器是“server1. zbgyxx. com”。

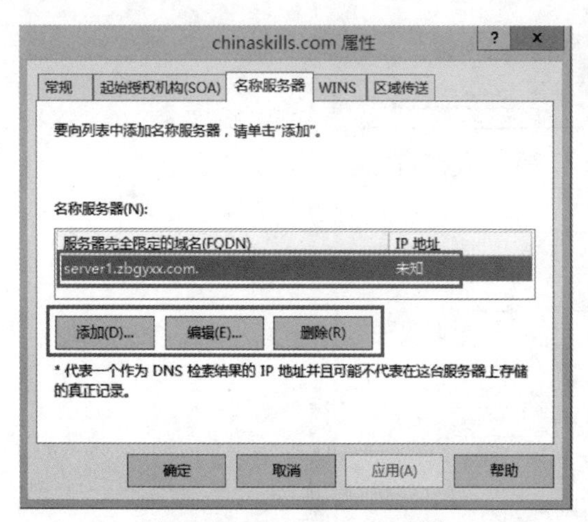

图 9-64　chinaskills. com 属性

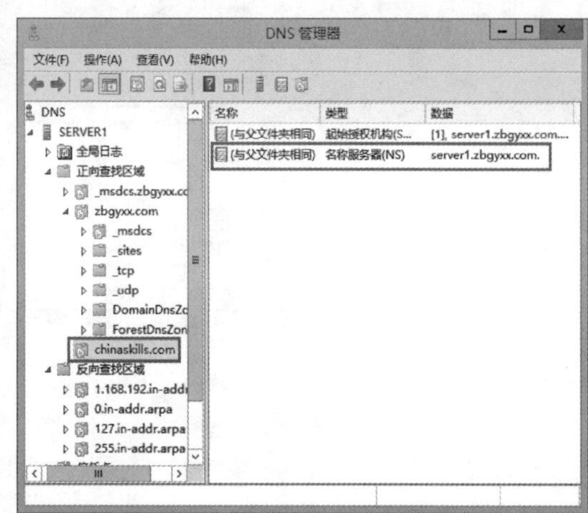

图 9-65　chinaskills. com 的名称服务器

实训 9-12　区域传送的相关设置

(1) 我们可以通过主DNS属性对话框中的“区域传送”选项卡来设置区域传送，主服务器只会将区域内的记录传送到指定的辅助服务器，其他未被指定的辅助服务器的区域传送请求会被拒绝，我们可以通过图9-66来指定辅助服务器。说明：“只有在‘名称服务器’选项卡中列出的服务器”表示只接受名称服务器选项卡内的辅助服务器所提出的区域传送请求。

(2) 主服务器的区域内记录发生变化时，也可以自动通知辅助服务器，而辅助服务器在收到通知后，就可以提出区域传送请求，单击图9-66中的“通知”按钮，打开“通知”对话框，勾选“自动通知”，选择“在‘名称服务器’选项卡上列出的服务器”，如图9-67所示。

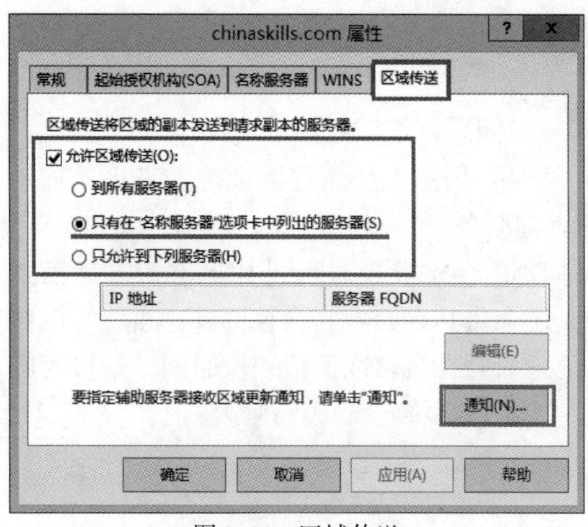

图 9-66　区域传送

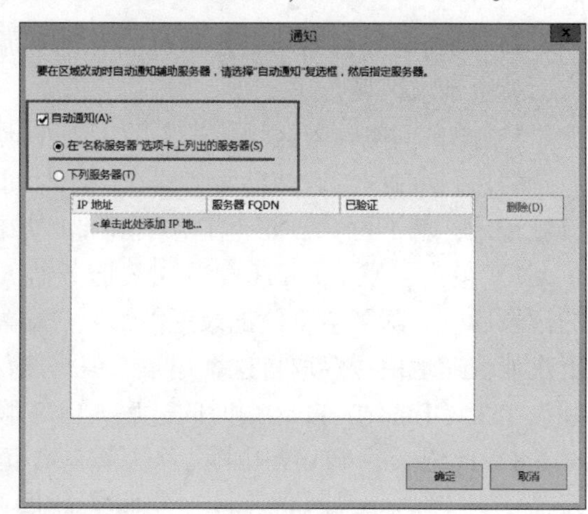

图 9-67　通知

任务 9.3　动态更新

9.3.1　任务目标

(1) 会启用DNS服务器的动态更新功能。

（2）会设置 DNS 客户端的动态更新。

（3）会设置 DHCP 服务器的 DNS 动态更新。

9.3.2　知识准备

Windows Server 2012 R2 DNS 服务器具备动态更新功能，也就是说若 DNS 客户端的主机名、IP 地址有变动，当这些变动的数据传送到 DNS 服务器后，DNS 服务器便会自动更新 DNS 区域内的相关记录。DNS 客户端必须支持动态更新功能，才会主动将更新数据传送到 DNS 服务器。

实训 9-13　启用 DNS 服务器的动态更新功能

操作步骤

说明： 本实训我们使用域的集成区域“zbgyxx. com”为例进行操作。

我们必须针对 DNS 区域来启用动态更新功能。用鼠标右键单击区域“zbgyxx. com”，选择“属性”，动态更新可以选择“安全”或者是“非安全”，如图 9-68 所示。其中“安全”仅 Active Directory 集成区域支持，它表示只有域成员计算机有权来动态更新，也只有被授权的用户可以变更区域的记录。

图 9-68　动态更新

实训 9-14　DNS 客户端的动态更新设置

1. 知识准备

DNS 客户端会在以下几种情况下向 DNS 服务器提出动态更新请求：

（1）客户端的 IP 地址更改、添加或删除时。

（2）DHCP 客户端在更新租约时。

（3）在客户端执行 ipconfig/registerdns 命令时。

（4）成员服务器升级为域控制器时。

2. 操作步骤

登录客户端 server2，打开“网络和共享中心”→“更改适配器设置”，用鼠标右键单击“本地连接”→“属性”→“Internet 协议版本 4（TCP/IPv4）”，单击“高级”，选择“DNS”选项卡，勾选“在 DNS 中注册此连接的地址”，如图 9-69 所示。

说明： DNS 客户端会将其主机名与 IP 地址数据，同时注册到 DNS 服务器的正向与反向查找区域内，也就是会登记 A 与 PTR 记录。

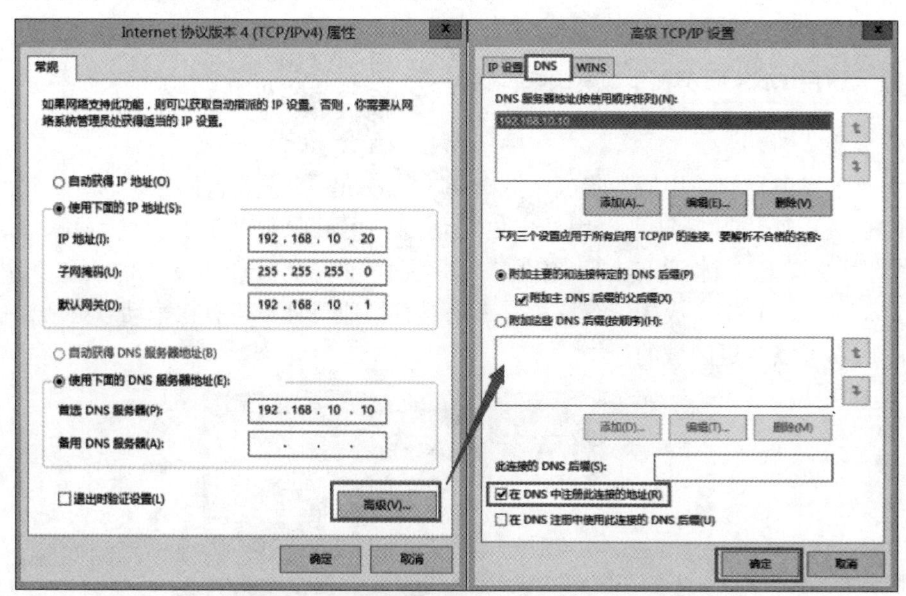

图 9-69　Internet 协议版本 4（TCP/IPv4）属性

3. 验证结果

到客户端 server2 将其 IP 地址由原来的 192. 168. 10. 20 更改为 192. 168. 10. 200 后，我们到 DNS 服务器的区域中看到，记录 server2. zbgyxx. com 的对应的 IP 地址已经更改，图 9-70是客户端 server2 更改前的，图 9-71 是客户端 server2 更改后的。

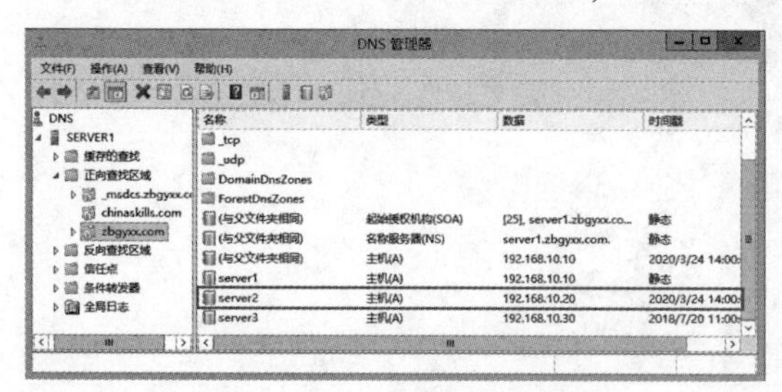

图 9-70　DNS 客户端更新之前

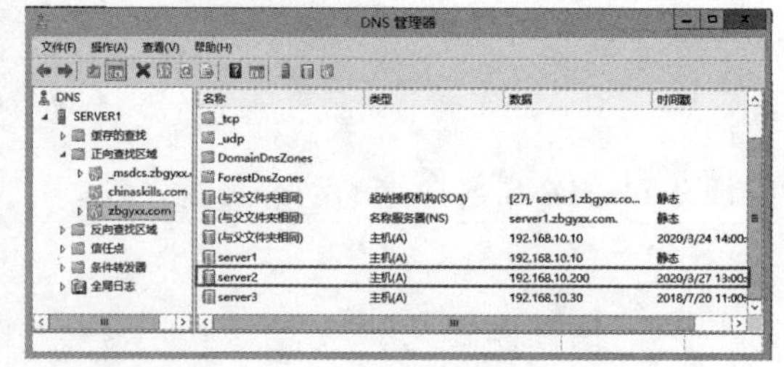

图 9-71　DNS 客户端更新之后

实训 9-15　DHCP 服务器的 DNS 动态更新

1. 知识准备

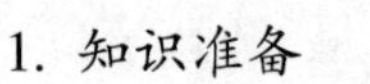

若 DNS 客户端本身也是 DHCP 客户端，则可以通过 DHCP 服务器来代替客户端向

DNS 服务器注册。当 DHCP 客户端向 DHCP 服务器租用 IP 地址时，DHCP 服务器会通过 Client FQDN 选项来告知客户端它会代替客户端动态更新 A 或 PTR 记录，而客户端也会通过此选项来将客户端的 FQDN 传给 DHCP 服务器，以便让 DHCP 服务器代替客户端动态更新此名称的 A 或 PTR 记录。

2. 操作步骤

登录 DHCP 服务器，用鼠标右键单击作用域 "vlan10"，选择 "属性"，打开 "DNS 选项卡"，勾选 "根据下面的设置启用 DNS 动态更新"，如图 9-72 所示，勾选此选项后，DHCP 服务器才会代替 DHCP 客户端动态更新。"在租用被删除时丢弃 A 和 PTR 记录" 若勾选此选项，表示当 DHCP 客户端租用的 IP 地址租约到期时，DHCP 服务器会请求 DNS 服务器将 DHCP 客户端的 A 和 PTR 资源记录都删除。

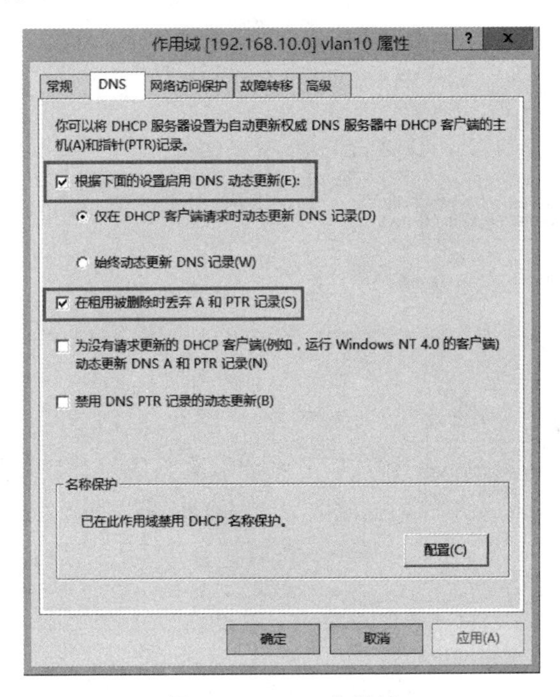

图 9-72 vlan10 作用域

任务 9.4 设置转发器

9.4.1 任务目标

(1) 了解 DNS 转发器。
(2) 会设置 DNS 转发器。

9.4.2 知识准备

当 DNS 服务器收到 DNS 客户端的查询请求后，若欲查询的记录不在其所辖区域内，也不在缓存区内，我们可以通过把 DNS 请求委托给另一台 DNS 服务器来负责，这台 DNS

服务器就是其他 DNS 服务器的转发器。

实训 9-16　设置转发器

操作步骤

第 1 步：打开 DNS 管理器，用鼠标右键单击服务器“server1”，选择“属性”。

第 2 步：在“server1 属性”对话框中，选择“转发器”标签，单击“编辑”按钮，如图 9-73 所示。

第 3 步：输入转发器的地址，例如：10. 10. 10. 10，单击“确定”按钮完成转发器的设置，如图 9-74 所示。

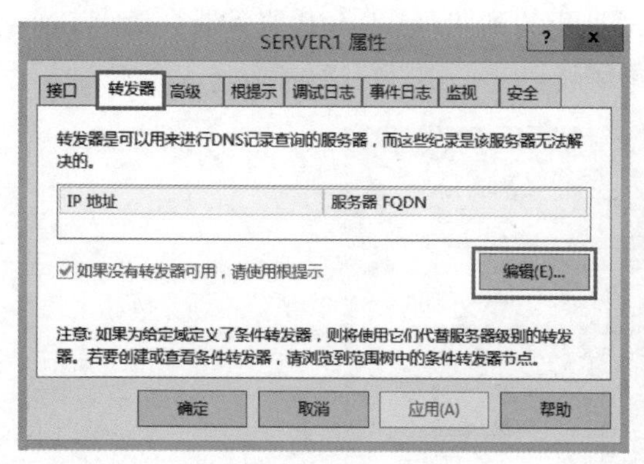

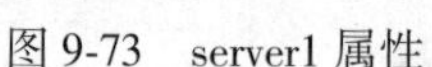

图 9-73　server1 属性

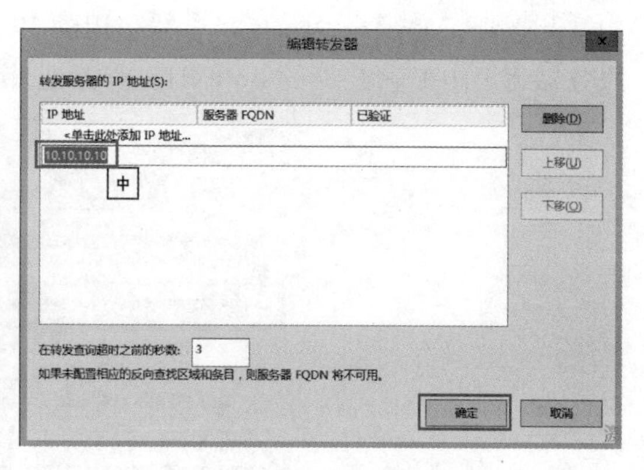

图 9-74　转发器

9. 4. 3　巩固练习

（1）在虚拟机 Windows Server 2012A 上添加域名系统（DNS）网络服务，配置 DNS 服务，使其区域名为 test. com。并配置此服务器的 FQDN 为 dns. test. com，为 DNS 服务器正确配置 SOA、NS，并为表 9-1 的一些域名配置正确的 A 记录和 PTR 记录。

表 9-1　巩固练习 1

dns. test. com	192. 168. 0. 252
www1. test. com	192. 168. 0. 252
web1. test. com	192. 168. 0. 252
ftp. test. com	192. 168. 0. 252
www2. test. com	192. 168. 1. 3
web2. test. com	192. 168. 1. 3

（2）创建 Windows Server 2012A 主 DNS 服务器的备份 DNS，并将主 DNS 的 test. com 区域的正向和反向区域都复制到备份 DNS 服务器上。

（3）创建 Windows Server 2012B，并将此服务器配置为主 DNS 服务器，正确配置 dcn. com 域名的正向区域与 IPv4 反向区域，能够正确解析网络中的所有服务器（见表 9-2），创建所有服务器主机记录和邮件服务器的 MX 记录，需要关闭网络掩码排序功能。当遇到无法解析的域名时，将其请求转发至 202. 106. 0. 20 互联网域名服务器，只允许在

“名称服务器”选项卡中列出的服务器进行复制，设置 DNS 服务正向区域和反向区域与活动目录集成，要求动态更新设置为非安全。

表 9-2 巩固练习 2

虚拟服务器名称	IP 地址
dc. dcn. com	192. 168. 5. 3/24
bdc. dcn. com	192. 168. 10. 3/24
ftp. dcn. com	206. 0. 0. 10/24 206. 0. 0. 11/24 206. 0. 0. 12/24
pc. dcn. com	172. 19. 0. 3/16
mail. dcn. com	172. 19. 0. 5/16

（4）配置 Windows Server 2012C 为主 DNS 服务器，此服务器的 FQDN 为 server1. wxy. com。管理和解析 wxy. com 域所有 A、SOA、NS、MX 记录，能够正确解析正向和反向记录，将 fgs. wxy. com 区域委派给 Windows Server 2012D 上的 server2 进行管理。

项目10　搭建 WEB 服务器

项目应用场景：

某公司为了对自己公司的网站能够方便管理，及时更新网站内容，提高网站网速，提供 HTTP 下载，搭建动态网站等，管理员李明决定自己搭建公司的 WEB 服务器。

任务10.1　安装 WEB 服务器（IIS）

10.1.1　任务目标

（1）了解安装 WEB 服务器的环境要求。

（2）会安装 WEB 服务器。

（3）会验证 WEB 服务器是否安装成功。

10.1.2　环境设置说明

若 IIS 网站（Web 服务器）要对因特网用户提供服务，则此网站应该有一个网址，例如 www. zbgyxx. com，不过我们需要先完成以下工作。

（1）申请 DNS 域名：可以向因特网服务提供商（ISP）申请 DNS 域名（例如 zbgyxx. com），或到因特网上搜索就可以找到专门提供 DNS 域名申请服务的机构。

（2）登记管辖此域的 DNS 服务器：需将网站的网址（例如 www. zbgyxx. com）与 IP 地址输入到管辖此域（zbgyxx. com）的 DNS 服务器内，以便让因特网上的计算机可以通过此 DNS 服务器得到网站的 IP 地址。此 DNS 服务器可以是以下两种：

1）自行配置的 DNS 服务器，不过需要让外界知道此 DNS 服务器的 IP 地址，也就是登录此 DNS 服务器的 IP 地址，我们还可以在域名申请服务机构的网站上注册。

2）直接使用域名申请服务机构的 DNS 服务器。

（3）在 DNS 服务器内建立网站的主机记录：如前所述需在管辖此域的 DNS 服务器内建立主机记录（A），其内记录着网站的网址（例如 www. zbgyxx. com）与其 IP 地址。

（4）本项目案例中，我们采用域控制器 server1，同时充当 DNS 服务器角色，server2 是域成员，充当 IIS 服务器角色，客户端用于访问验证，拓扑图如图 10-1 所示。

（5）server1 中 DNS 服务器的设置结果如图 10-2 和图 10-3 所示。

实训 10-1　安装 Web 服务器（IIS）

操作步骤

第1步： 使用域管理员 Administrator 账户登录 Web 服务器，打开“服务器管理器”，单击仪表板处的“添加角色和功能”，持续单击“下一步”按钮，直到出现“选择服务器角色”界面时，勾选“Web 服务器（IIS）”，然后单击“添加功能”按钮，如图 10-4 所示。

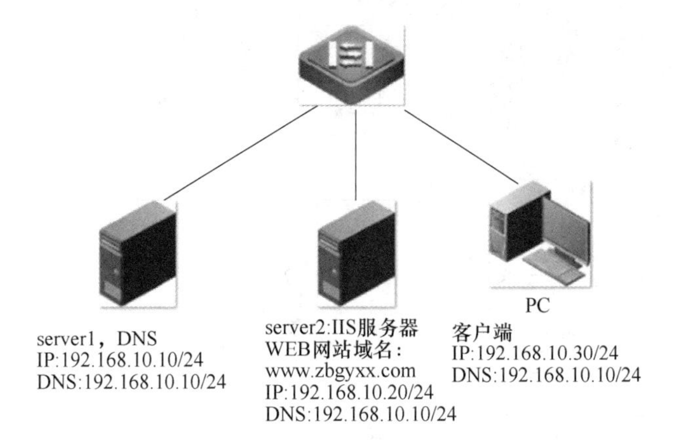

图 10-1　环境拓扑

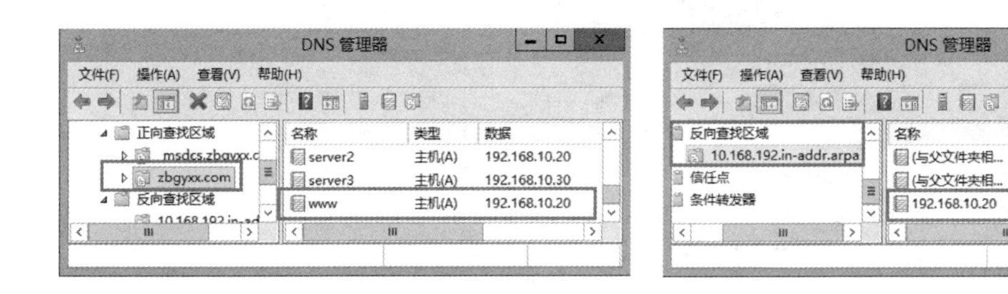

图 10-2　正向解析记录　　图 10-3　反向解析记录

第 2 步：持续单击“下一步”按钮，直到出现“选择角色服务”时，可以勾选需要的角色服务，在这里我们选择默认，直接单击“下一步”按钮，如图 10-5 所示。出现“确定安装所选内容”界面时，单击“安装”按钮，直到安装完成。

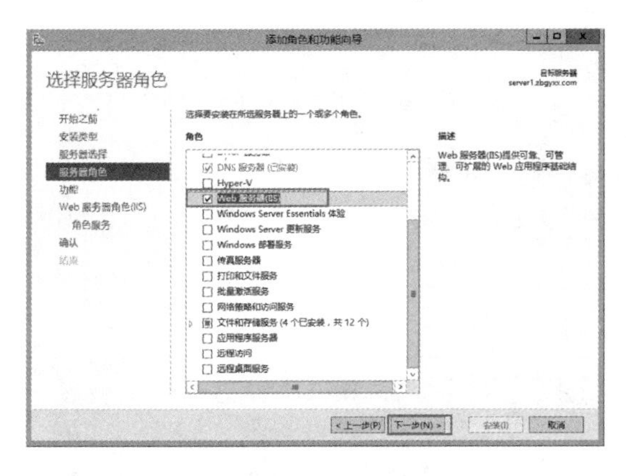

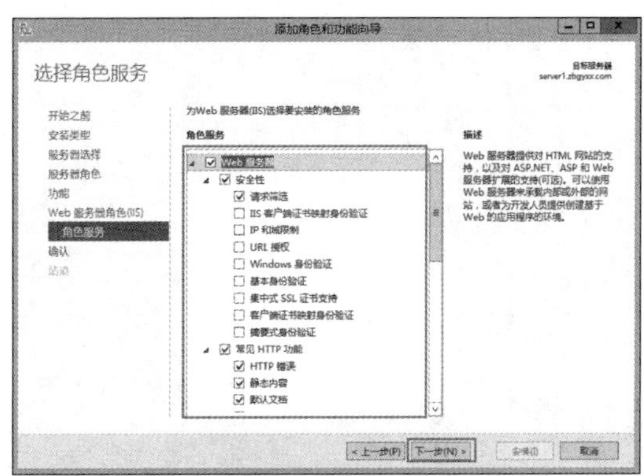

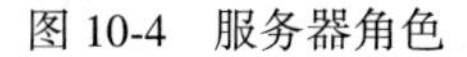

图 10-4　服务器角色　　图 10-5　角色服务

第 3 步：安装完成后，单击“开始”→“管理工具”，单击“Internet information services（IIS）管理器”，可以打开 IIS 管理器，如图 10-6 所示。

图 10-6　管理工具

实训 10-2　验证 IIS 网站是否成功安装

1. 操作步骤

单击图 10-6 的"Internet information services（IIS）管理器"，打开"Internet information services（IIS）管理器"，我们发现已经有一个名称为"Default Web Site"的内置网站了，如图 10-7 所示。

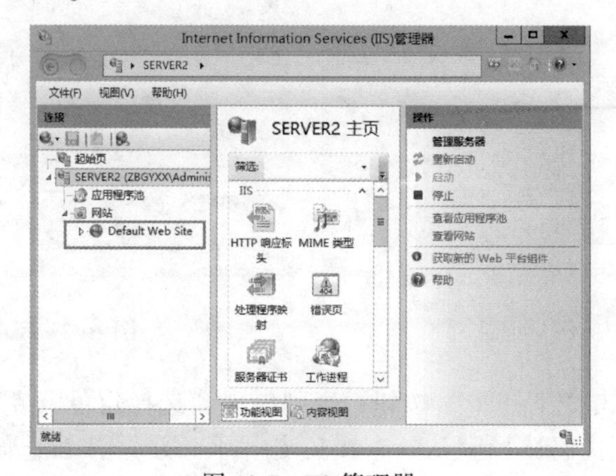

图 10-7　IIS 管理器

2. 验证结果

下面我们来测试网站是否能正常工作。

方法 1：登录客户端，利用网站域名 http://www. zbgyxx. com 访问，此时它会先通过 DNS 服务器来检查网站 http://www. zbgyxx. com 的地址，然后再连接此网站，如图 10-8 所示。

方法 2：利用 IP 地址 http://192. 168. 10. 20 进行访问，如图 10-9 所示。

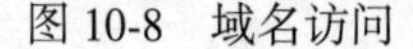

图 10-8　域名访问

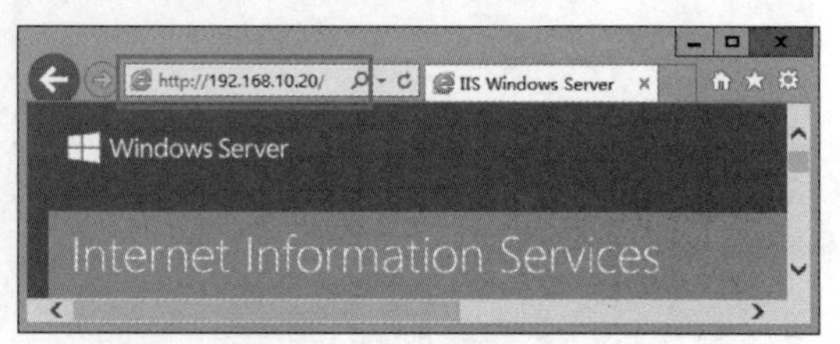

图 10-9　IP 地址访问

任务 10.2　网站的基本设置

任务目标

（1）会设置网页存储位置与默认首页。

（2）会设置 HTTP 重定向。

实训 10-3　设置网页存储位置与默认首页

当用户利用 http:∥www. zbgyxx. com 访问网站时，访问的是本服务器的 Default Web site，此网站会自动将首页发送给用户的浏览器，这个首页是存储在网站的主目录中的。

1. 设置网页的存储位置

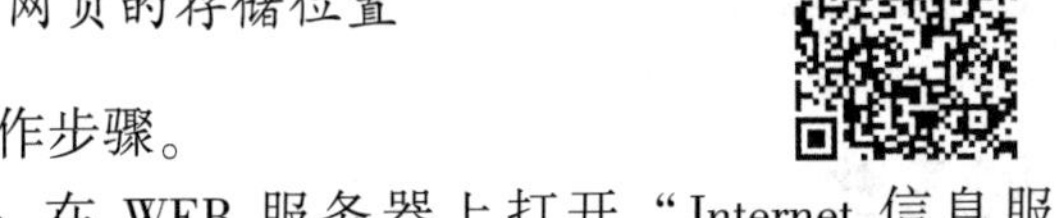

（1）操作步骤。

第 1 步：在 WEB 服务器上打开“Internet 信息服务（IIS）管理器”，单击网站“Default Web Site”右方的“基本设置”，打开“编辑网站”对话框，可以设置网站的主目录（单击物理路径右边的 按钮）可以更改目录设置，如图 10-10 和图 10-11 所示。

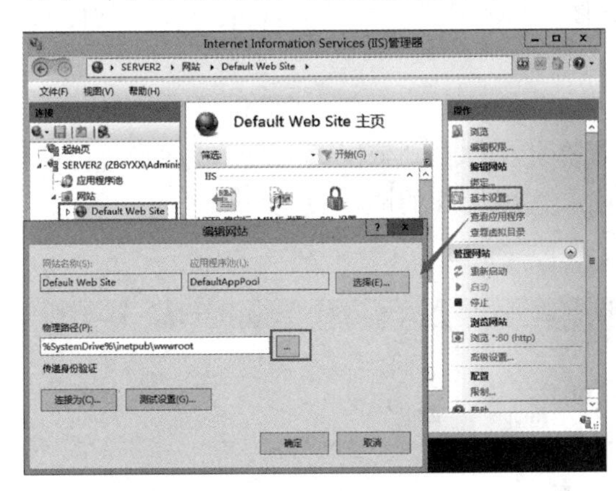

图 10-10　编辑网站

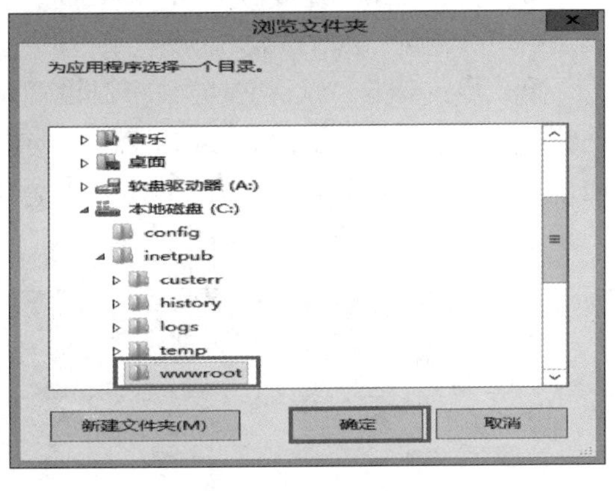

图 10-11　网页的存储位置

第 2 步：当用户浏览网站时，网站会到此网站的主目录读取网页给用户，我们也可以将网页存储到其他计算机的共享文件夹内，然后将主目录指定到此共享文件夹，不过网站必须提供有权访问此文件夹的用户名与密码。在图 10-10 的“编辑网站”对话框中，“物理路径”输入共享文件夹的 UNC，例如：“\\ server1 \ public”（server1 上的 public 文件夹已经设置了共享，而且我们已经在 public 文件夹内准备了网站的首页文件 index. htm，文件的内容为“www. zbgyxx. com”），然后单击“连接为”按钮，如图 10-12所示。

第 3 步：在“连接为”对话框中单击“设置”按钮，输入有访问权限的用户名和密码，这里，我们使用域的管理员账户“Administrator”，如图 10-13 所示。

（2）验证结果。

到客户端，在浏览器中输入“http:∥www. zbgyxx. com”进行访问验证，发现访问的网页是 \\ server1 \ public 文件夹内的 index. htm 文件，如图 10-14 所示。

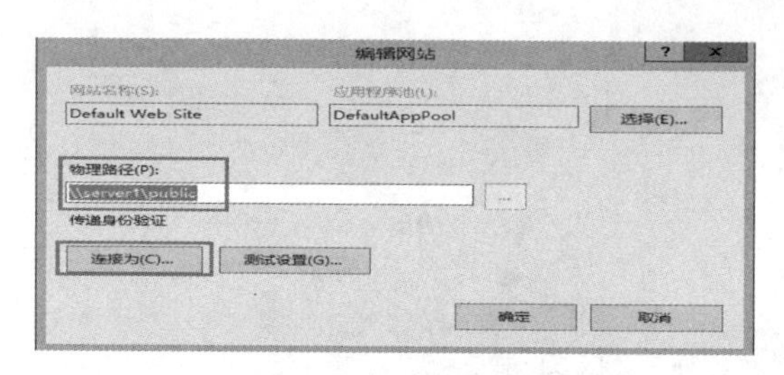

图 10-12　设置网络路径

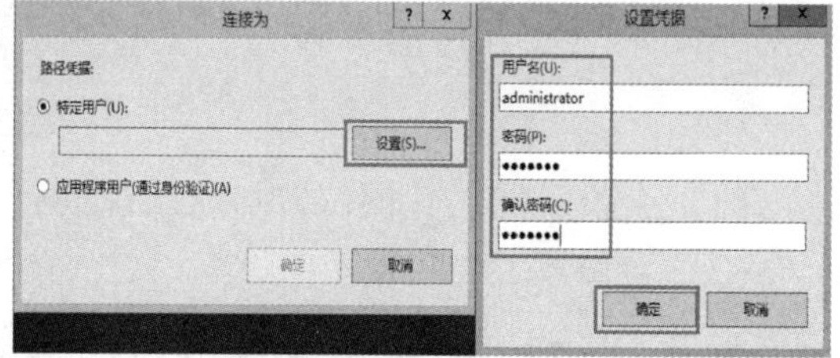

图 10-13　设置用户凭据

图 10-14　网页访问

2. 默认的首页文件

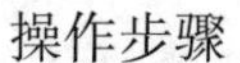

操作步骤

第 1 步：当用户连接 Default Web Site 网站时，此网站会自动将位于主目录内的网页发送给用户浏览，如图 10-15 所示。

第 2 步：双击“默认文档”，可以设置网站读取目录中的文件，图 10-16 中有 5 个文件，网站会先读取最上面的文件，若主目录内没有此文件，则依次读取之后的文件。可以通过右方操作窗口的“上移”“下移”来调整读取这些文件的顺序，也可以通过“添加”按钮来添加默认文档。

图 10-15　Default Web Site 主页　　　　图 10-16　默认文档

3. 新建 Default. htm 文件

（1）操作步骤。

第 1 步：我们在默认网站的主目录“C：\ intput \ wwwroot”中用记事本新建一个 Default. htm 文件，如图 10-17 所示。“. htm”是文件扩展名（如果扩展名没有显示出来，可以在 Windows 资源管理器中打开“查看”菜单，勾选“文件扩展名”，让扩展名显示出来）。

第 2 步：确认 Default. htm 在文件 iisstart. htm 文件的前面，如图 10-18 所示。

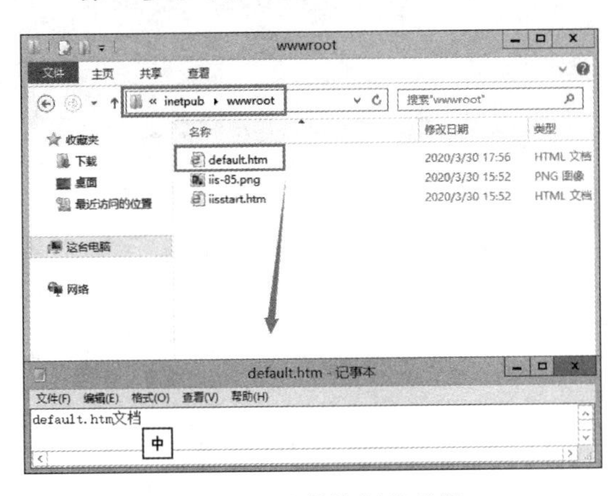

图 10-17　文件资源管理器

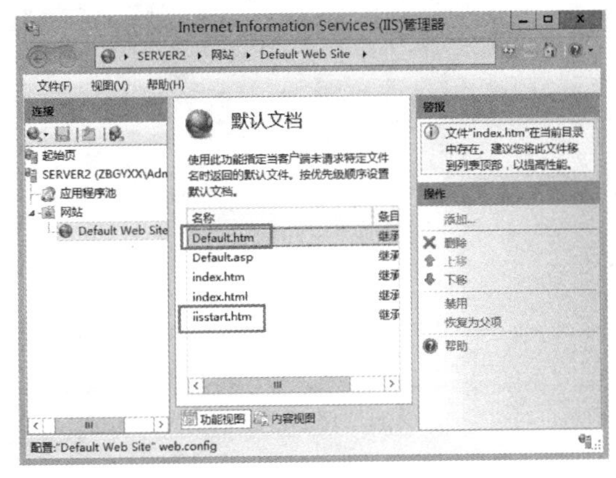

图 10-18　Default. htm 文件

（2）验证结果。

到客户端访问网站，此时所看到的内容如图 10-19 所示。

图 10-19　网页访问

实训 10-4　设置 HTTP 重定向

如果你的网站正在维护中，可以将此网站的连接暂时重定向到另一个网站，这时访问你网站的用户看到的是另一个网站的网页。

1. 操作步骤

第 1 步：打开“服务器管理器”单击仪表板处的“添加角色和功能”持续单击“下一步”按钮，直到出现选择“服务器角色”界面时，展开“Web 服务器（IIS）”勾选“HTTP 重定向”，如图 10-20 所示，持续单击“下一步”按钮，直到安装完成。

第 2 步：打开 HTTP 重定向，单击“开始”→“管理工具”→“Internet Information Services（IIS）管理器”，双击“HTTP 重定向”，如图 10-21 所示。

第 3 步：勾选“将请求重定向到此目标”，并在下面的文本框中输入要重定向的网址，例如“http://www. baidu. com”，设置完成后单击右方的“应用”保存，如图 10-22 所示。

2. 验证结果

到客户端，在浏览器地址栏中输入“http://www. zbgyxx. com”时，会自动转去访问“http://www. baidu. com”（注意：这是在服务器能上外网的前提下进行测试的），如图 10-23所示。

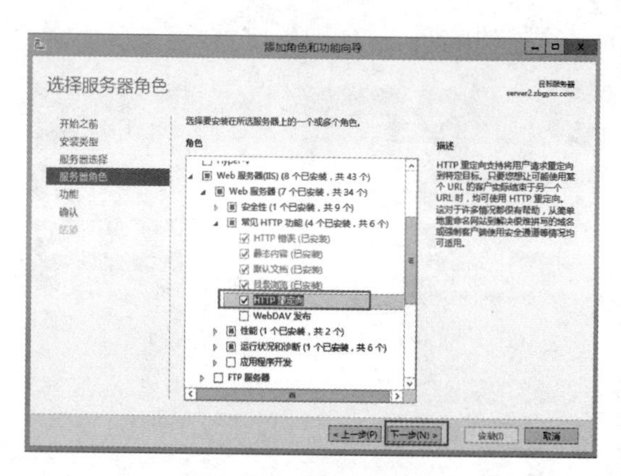

图 10-20　服务器角色

图 10-21　HTTP 重定向

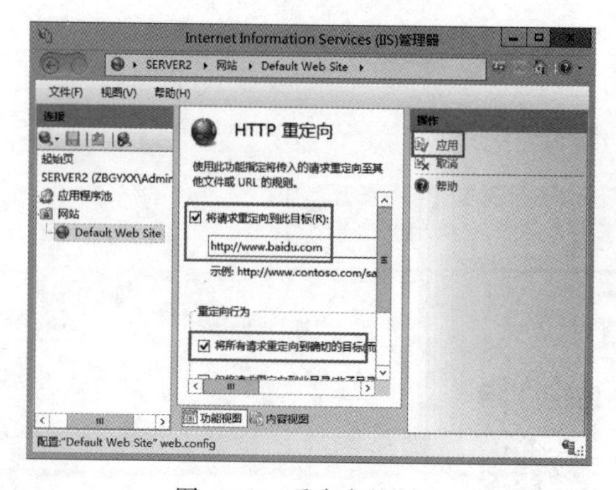

图 10-22　重定向的网址

图 10-23　重定向验证

任务 10.3　物理目录与虚拟目录

10.3.1　任务目标

（1）了解物理目录。
（2）会使用虚拟目录发布站点。

10.3.2　知识准备

我们可以将网页文件归类后放到不同的文件夹内，以便于管理。我们可以在网站主目录之下建立多个子文件夹，然后将网页文件存储到主目录与这些子文件夹内，这些文件夹被称为物理目录。

我们也可以将网页文件存储到其他位置，例如：本地计算机的其他磁盘驱动器的文件夹内，或者其他计算机的共享文件夹中，然后通过虚拟目录映射到这个文件夹。每一个虚拟目录都有一个别名，用户通过别名来访问这个文件夹内的网页。虚拟目录的好处是，不论您将网页的实际存储位置变更到何处，只要别名不变，用户都仍然可以通过相同的别名来访问网页。

可以单击网站下方的“内容视图”，在“内容视图”模式下可以看到主目录内的文件，如图 10-24 所示。

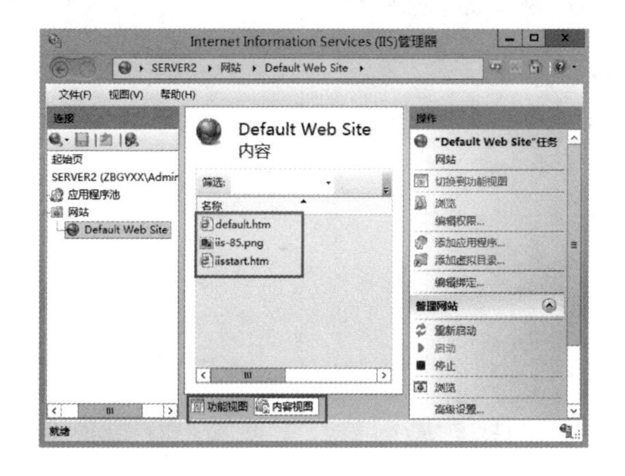

图 10-24　内容视图

实训 10-5　使用虚拟目录发布站点

1. 操作步骤

第 1 步：在 C：\创建一个名称为 myweb 的文件夹并在里面建立一个 default. htm 网页，如图 10-25 所示。

第 2 步：用鼠标右键单击“Default Web Site”，选择“添加虚拟目录”，如图 10-26 所示。

图 10-25　新建 default. htm 网页

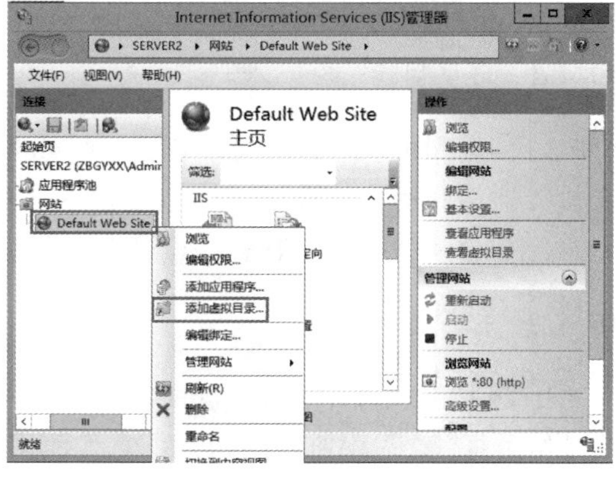

图 10-26　添加虚拟目录

第 3 步：输入别名“myweb”（访问网站时使用的名称），虚拟目录的物理路径“C：\myweb”，然后单击“确定”按钮，如图 10-27 所示。

第 4 步：我们也可以更改虚拟目录的物理路径，单击虚拟目录“myweb”，单击“基本设置”，打开“编辑网站”对话框进行更改。虚拟目录的其他设置（例如：重定向、默认文档设置等）同物理目录的设置相同，如图 10-28 所示。

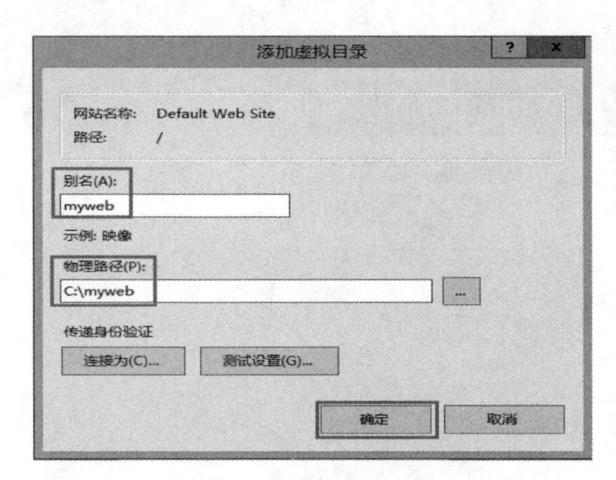

图 10-27　添加虚拟目录

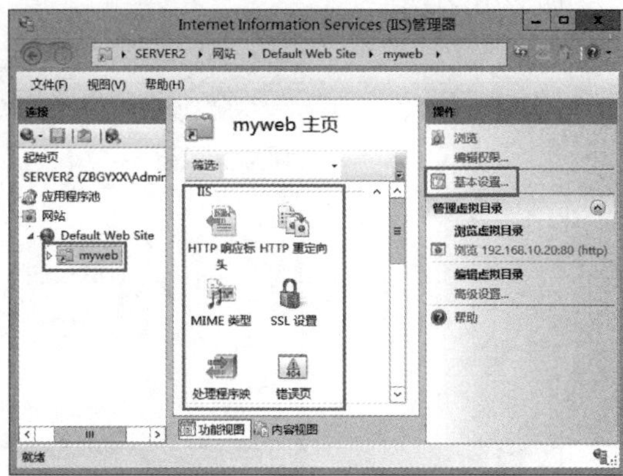

图 10-28　虚拟目录的设置

2. 验证结果

在客户端打开浏览器，在地址栏中输入 http://www.zbgyxx.com/myweb 访问这个网站的虚拟目录，如图 10-29 所示。

图 10-29　虚拟目录的浏览

任务 10.4　使用不同的方法发布站点

10.4.1　任务目标

（1）会利用不同的主机名来发布不同的站点。
（2）会利用不同的 IP 地址来发布不同的站点。
（3）会利用不同的 TCP 端口号来发布不同的站点。

10.4.2　知识准备

IIS 支持在一台计算机上同时新建多个网站的功能，为了能够正确地区分这些网站，必须给予每一个网站唯一的识别信息，而用来标识网站的识别信息有主机名、IP 地址与 TCP 端口号，这台计算机内所有网站的这三个标识信息不可以完全相同。

实训 10-6　利用不同的主机名来发布不同的站点

1. 操作步骤

本实训中我们将在一台计算机内建立 3 个不同主机名的网站，分别为 www.zbgyxx.com 、second.zbgyxx.com、third.zbgyxx.com。

第 1 步：配置 DNS 服务器，登录 DNS 服务器，打开 DNS 管理器，新建主机记录 www. zbgyxx. com、second. zbgyxx. com、third. zbgyxx. com，对应的 IP 地址都是 192. 168. 10. 20，如图 10-30 所示。

第 2 步：准备 3 个网站的主目录与首页文件，打开 WEB 服务器，在 C：\下准备 3 个文件夹 www、second、third 及相应的首页文件，如图 10-31 所示。

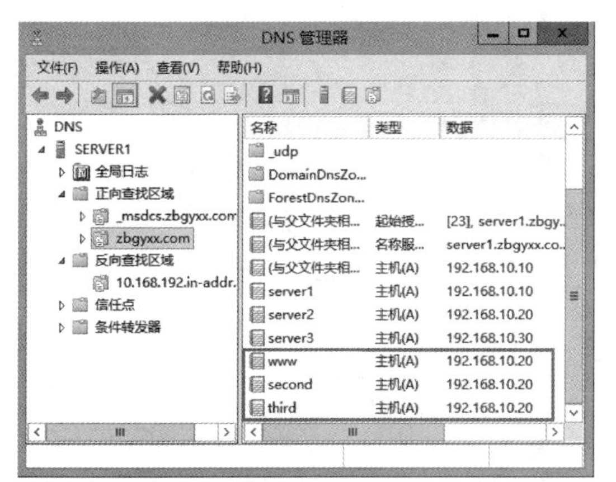

图 10-30 DNS 管理器

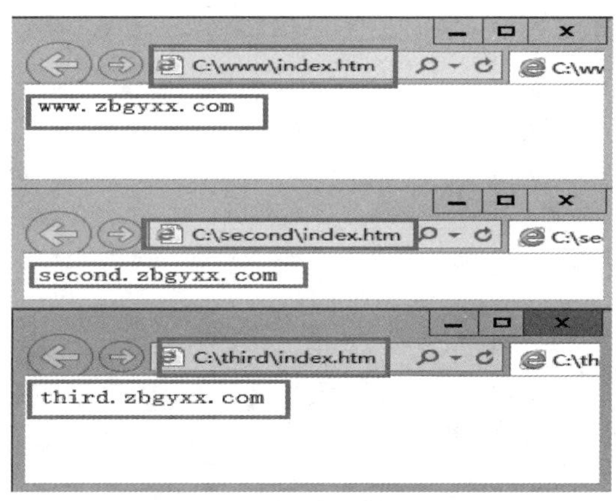

图 10-31 三个网站主目录及首页文件

第 3 步：新建网站 www，在 WEB 服务器上用鼠标右键单击“网站”→“添加网站”，网站名称为“www”，物理路径为“C：\www”，主机名为“www. zbgyxx. com”，如图10-32所示。

第 4 步：新建网站 second，在 WEB 服务器上用鼠标右键单击“网站”→“添加网站”，网站名称为“second”，物理路径为“C：\second”，主机名为“second. zbgyxx. com”，如图 10-33所示。

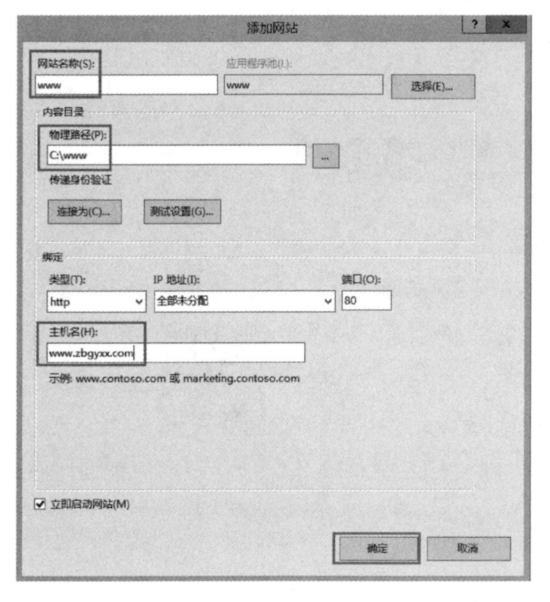

图 10-32 添加 www 网站

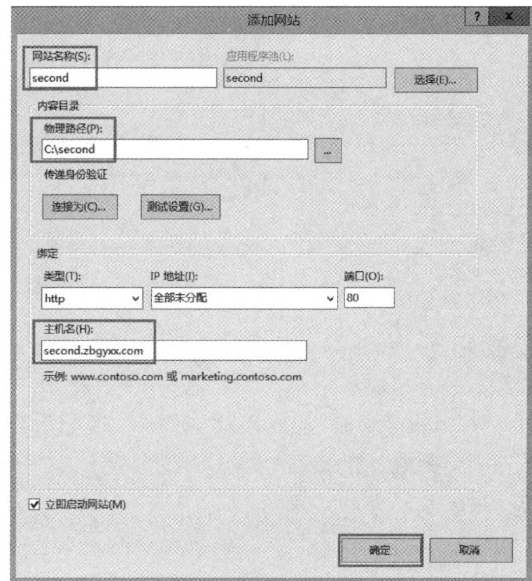

图 10-33 添加 second 网站

第 5 步：新建网站 third，在 WEB 服务器上用鼠标右键单击“网站”→“添加网站”，网站名称为“third”，物理路径“C：\third”，主机名为“third. zbgyxx. com”，如图 10-34 所示。

第 6 步：查看站点列表，打开 WEB 服务器站点列表，发现已经建立好的三个网站，如图 10-35 所示。

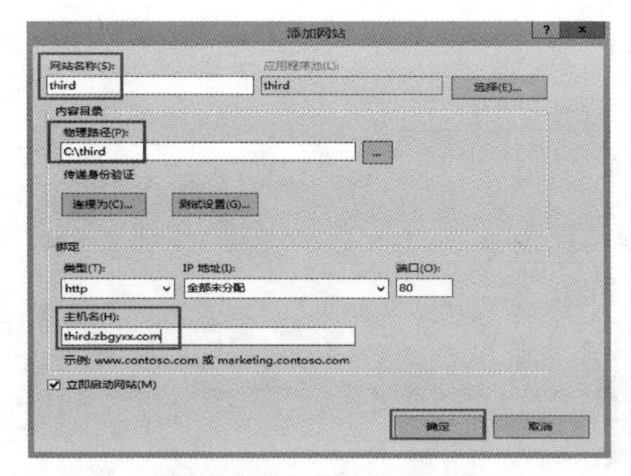

图 10-34　添加 third 网站

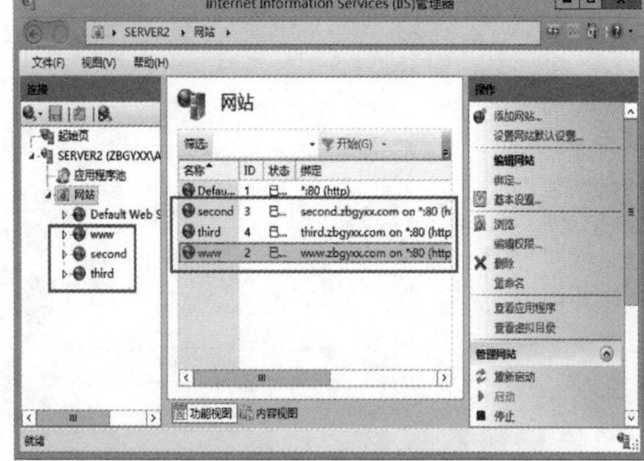

图 10-35　站点列表

2. 验证结果

在客户端进行验证，分别使用域名 www. zbgyxx. com、second. zbgyxx. com、third. zbgyxx. com 访问三个站点，结果如图 10-36 所示。

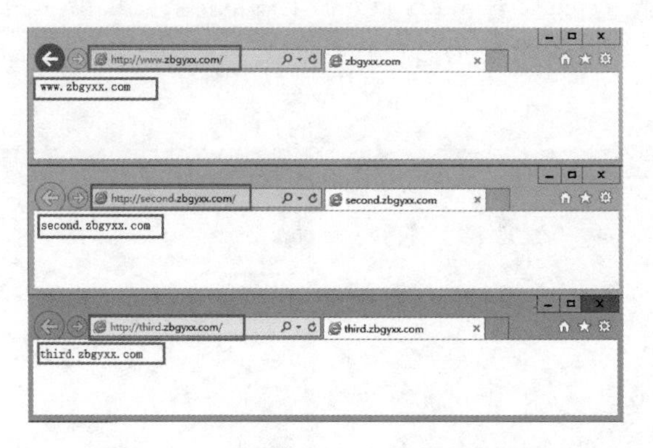

图 10-36　分别使用三个域名浏览网页

实训 10-7　利用不同的 IP 地址来发布不同的站点

若 IIS 服务器有多个 IP 地址，我们可以利用为每一个网站分配一个 IP 地址的方法来配置多个网站。下面我们利用 192. 168. 10. 21 和 192. 168. 10. 22 两个 IP 地址来建立两个网站。

1. 操作步骤

第 1 步：添加 IP 地址，打开“网络和共享中心”→“更改适配器设置”，用鼠标右键单击“Ethernet0”→“属性”，双击 Internet 协议（TCP/IPv4）打开“Internet 协议（TCP/IPv4）属性”对话框，单击“高级”按钮，打开“高级 TCP/IP 设置”对话框，单击“添加”按钮，添加两个 IP 地址“192.168.10.21”和“192.168.10.22”，添加完成后单击“确定”按钮，如图 10-37 所示。

第 2 步：准备两个网站的主目录与首页文件，打开 WEB 服务器，在 C:\下准备两个文件夹“21”“22”及相应的首页文件，如图 10-38 所示。

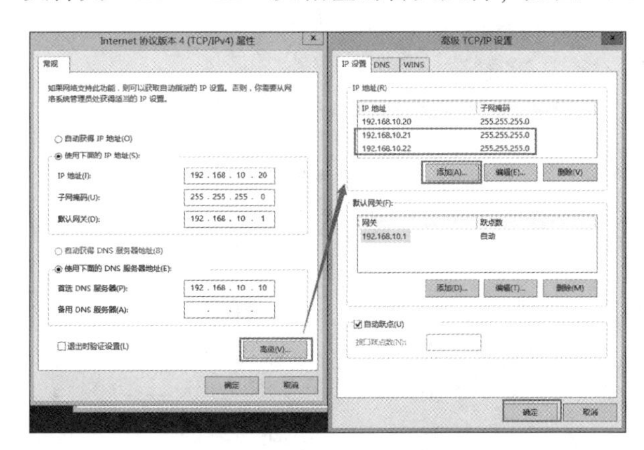

图 10-37　添加两个 IP 地址

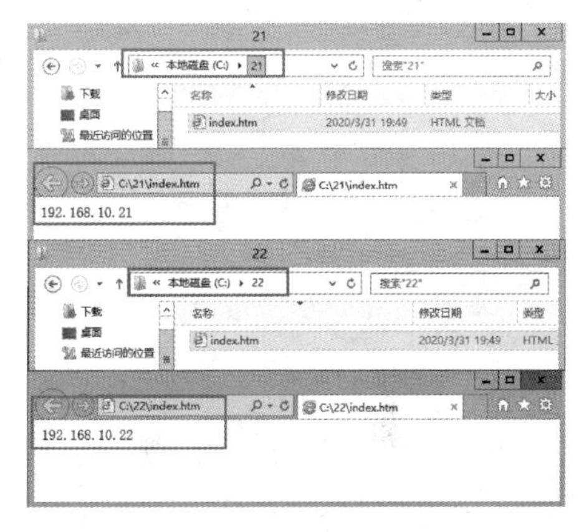

图 10-38　两个网站的主目录与首页文件

第 3 步：新建 192.168.10.21 网站，在 WEB 服务器上，用鼠标右键单击“网站”→“添加网站”，网站名称为“192.168.10.21”，物理路径为“C:\21”。IP 地址选择“192.168.10.21”，如图 10-39 所示。

第 4 步：新建 192.168.10.22 网站，在 WEB 服务器上，用鼠标右键单击“网站”→“添加网站”，网站名称为“192.168.10.22”，物理路径为“C:\22”。IP 地址选择“192.168.10.22”，如图 10-40 所示。

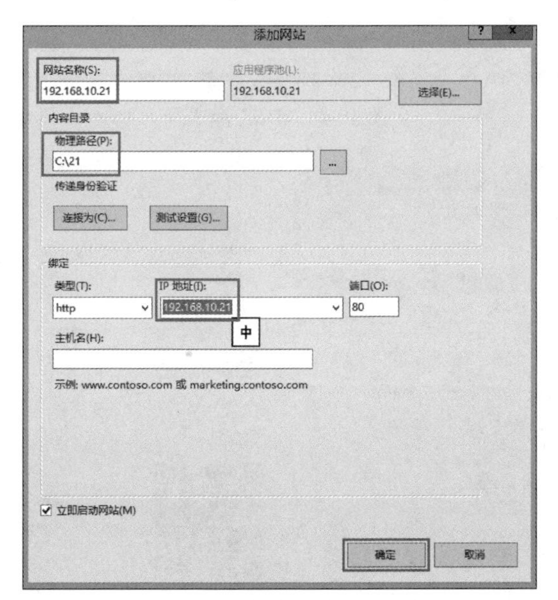

图 10-39　添加网站 192.168.10.21

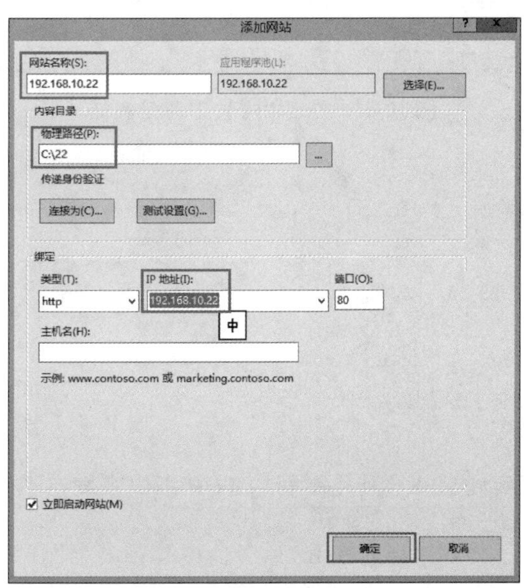

图 10-40　添加网站 192.168.10.22

第 5 步：查看站点列表，打开 WEB 服务器站点列表，发现已经建立好的两个网站，如图 10-41 所示。

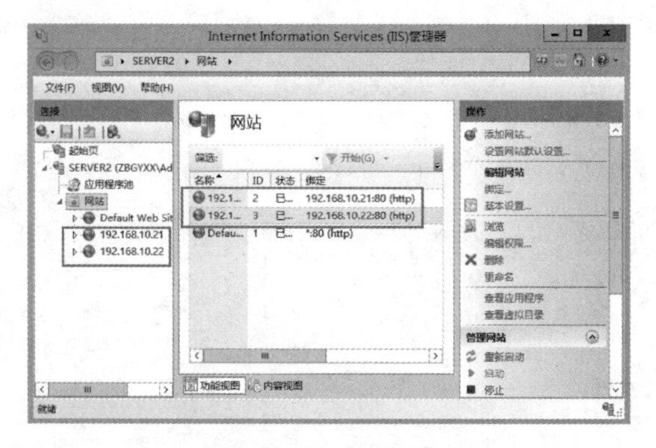

图 10-41　站点列表

2. 验证结果

登录客户端进行验证，分别使用 IP 地址 192. 168. 10. 21 和 192. 168. 10. 22 访问两个站点，结果如图 10-42 所示。如果在 DNS 服务器对 IP 地址 192. 168. 10. 21 和 192. 168. 10. 22 做了相应的主机记录，也可以使用域名进行访问，DNS 服务器端设置如图 10-43 所示。分别使用域名 wone. zbgyxx. com 和 wtwo. zbgyxx. com 访问两个站点，结果如图 10-44 所示。

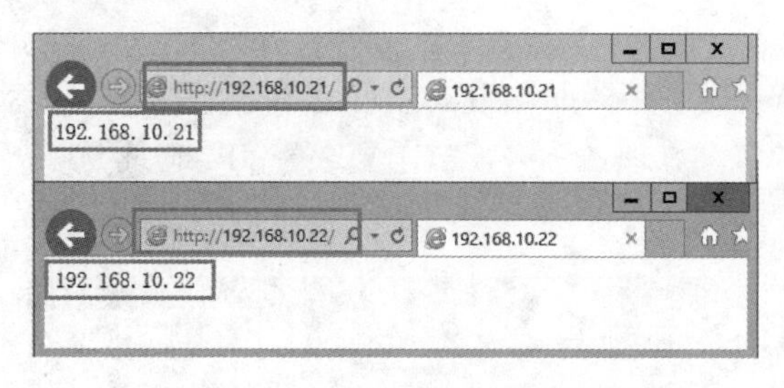

图 10-42　分别用两个 IP 地址浏览

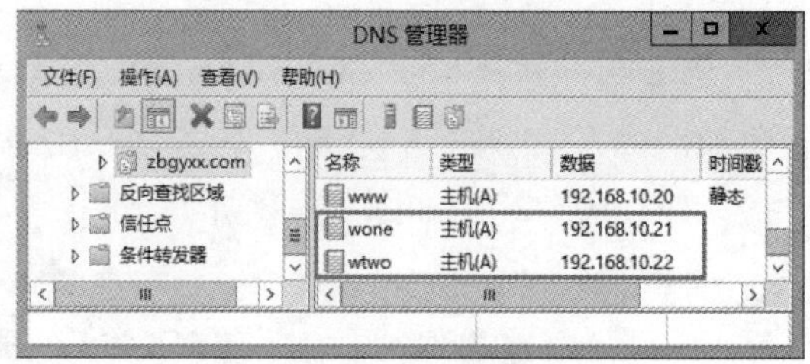

图 10-43　DNS 管理器

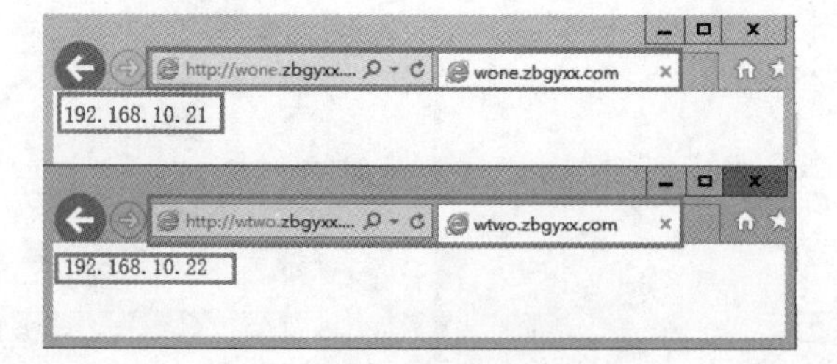

图 10-44　分别用两个域名浏览

实训 10-8　利用不同的 TCP 端口来发布不同的站点

如果想要在 IIS 服务器内配置多个网站，但是此计算机却只有一个 IP 地址，此时除了利用主机名之外，还可以利用 TCP 端口号来达到目的。其做法是让每一个网站分别拥有一个唯一的 TCP 端口号。下面我们利用 192. 168. 10. 20 这个 IP 地址和两个端口号（80 和 8088）建立两个站点。

1. 操作步骤

第 1 步：准备两个网站的主目录与首页文件，打开 WEB 服务器，在 C：\下准备两个文件夹“80 端口”和“8088 端口”及相应的首页文件，如图 10-45 所示。

第 2 步：新建“80 端口”网站，在 WEB 服务器上，用鼠标右键单击“网站”→“添加网站”，网站名称为“80 端口”，物理路径“C：\ 80 端口”，IP 地址选择“192. 168. 10. 20”，端口号“80”，如图 10-46 所示。

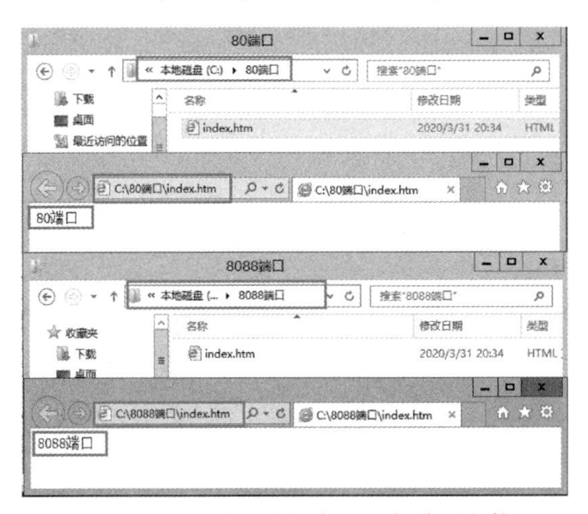

图 10-45　两个网站的主目录与首页文件

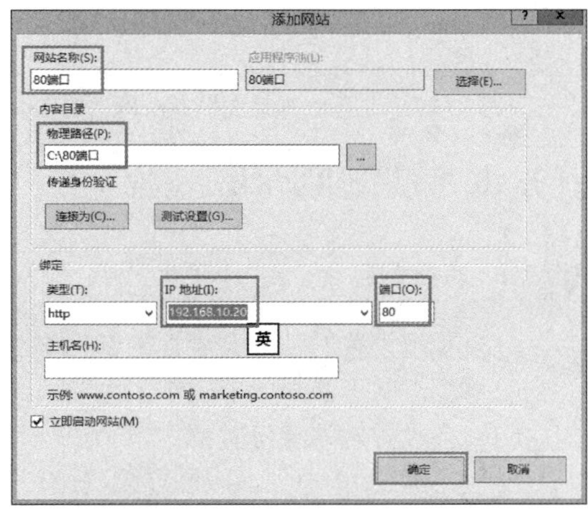

图 10-46　添加 80 端口网站

第 3 步：新建“8088 端口”网站，在 WEB 服务器上，用鼠标右键单击“网站”→“添加网站”，网站名称为“8088 端口”，物理路径“C：\ 8088 端口”，IP 地址选择“192. 168. 10. 20”，端口号“8088”，如图 10-47 所示。

第 4 步：查看站点列表，打开 WEB 服务器站点列表，发现已经建立好的两个网站，如图 10-48 所示。

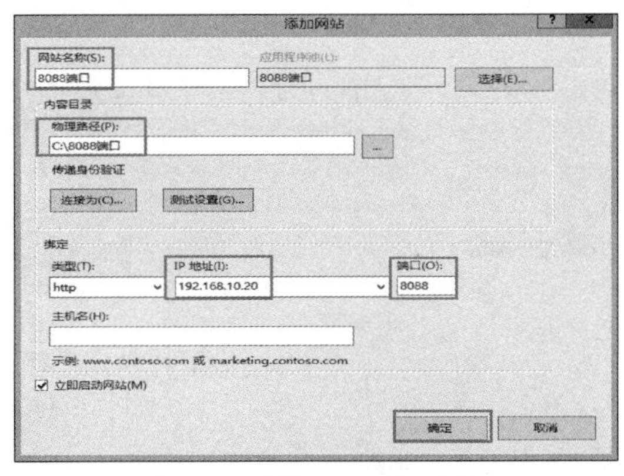

图 10-47　添加 8088 端口网站

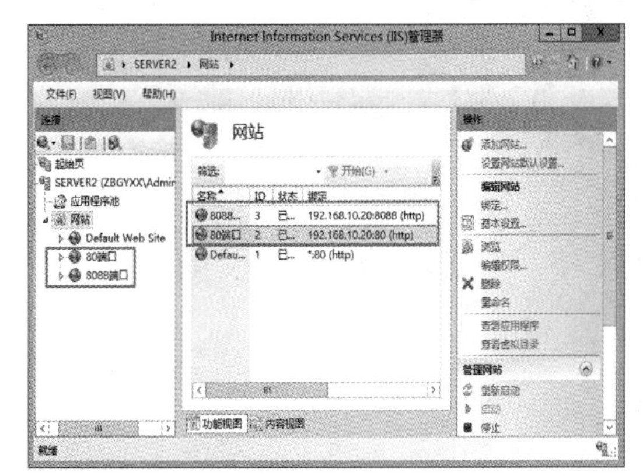

图 10-48　IIS 管理器

2. 验证结果

登录客户端进行验证，分别使用 IP 地址 192. 168. 10. 20（因为 80 端口是默认的端口，所以访问时省略不写）和 192.168.10.20：8088 访问两个站点，结果如图 10-49 所示。因为前面在 DNS 服务器对 IP 地址 192.168.10.20 做了相应的主机记录 www. zbgyxx. com，也可以使用域名进行访问，结果如图 10-50 所示。

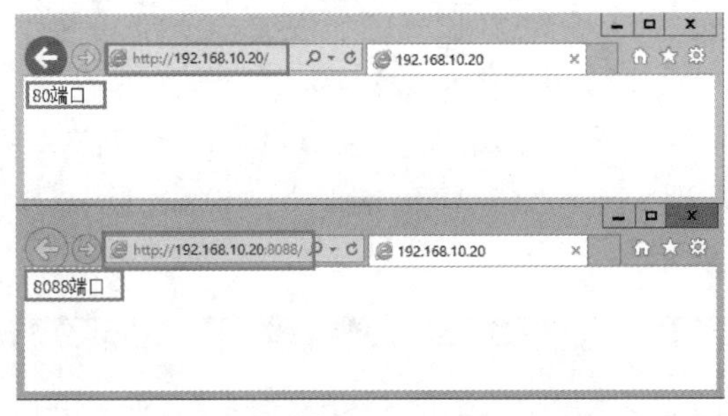

图 10-49　使用 IP 地址浏览两个网站

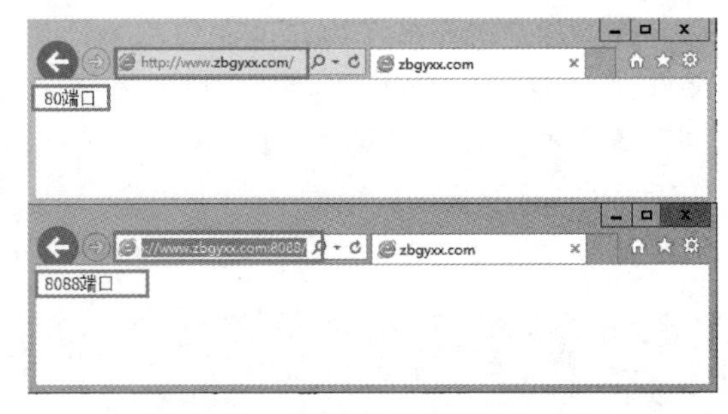

图 10-50　使用域名浏览两个网站

任务 10. 5　设置网站的安全性

10. 5. 1　任务目标

（1）了解设置网站的安全性的常用方法。
（2）会删除不必要的 IIS 网站组件。
（3）会设置网站身份验证。
（4）会通过 IP 地址来限制连接网站。
（5）掌握网站的其他安全性设置。

Windows Server 2012 R2 的 IIS 提供了不少安全措施来强化网站的安全性，下面我们来看一下 IIS 提供的安全措施。

实训 10-9　删除不必要的 IIS 网站组件

操作步骤

第 1 步：打开“开始”→“服务器管理”→“添加角色和功能”，启动“删除角色和功能”向导，如图 10-51 所示。

第 2 步：删除没有用的功能模块，删除时将模块前的“√”去掉即可，如图 10-52 所示。

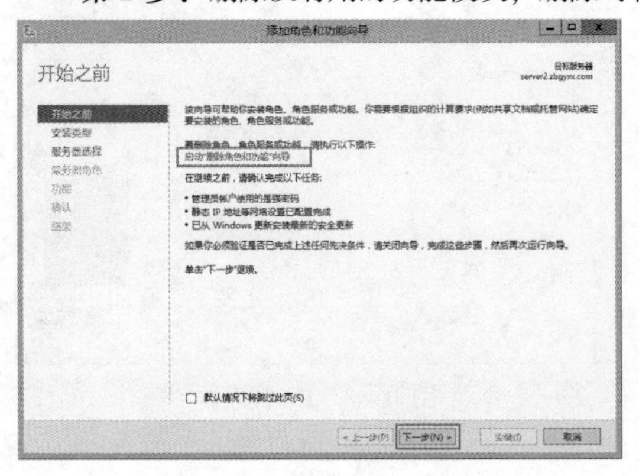

图 10-51　删除角色和功能

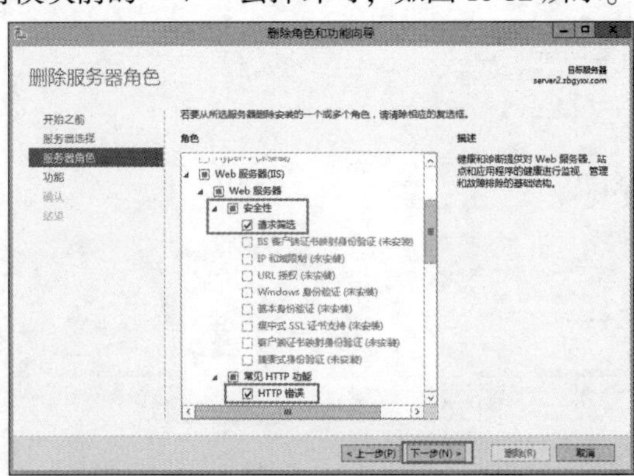

图 10-52　删除功能模块

实训 10-10　设置网站的身份验证

1. 知识准备

IIS 网站默认允许所有用户连接，如果网站只对特定用户开放，就要求用户输入账号与密码，而用来验证账号与密码的方法主要有：匿名身份验证、基本身份验证、摘要式身份验证与 Windows 身份验证。

（1）匿名身份验证：是指任何用户都可以直接利用匿名方式来连接此网站，不需要输入账户名称与密码。所有浏览器都支持匿名身份验证。

（2）基本身份验证：会要求用户输入账户名称与密码，但用户发送给网站的账户名称与密码都是明文，使用时需要禁用匿名身份验证。

（3）摘要式身份验证：必须是域成员的计算机才可以启用摘要式身份验证，它也要求输入账户名称与密码，它比基本身份验证更安全，因为账户名称与密码会经过 MD5 算法来处理。

（4）Windows 身份验证：它也需要输入用户名和密码，而且用户名和密码在通过网络连接时会经过哈希处理的（加密方式），可以确保安全性。它适合内部客户端来连接内部网络的网站服务器。

2. 操作步骤

第 1 步：在 WEB 服务器上，打开"开始"→"服务器管理"→"添加角色和功能"，持续单击"下一步"按钮，直到出现图 10-53 中"选择服务器角色"界面时，展开"Web 服务器"，勾选"Windows 身份验证""基本身份验证"和"摘要式身份验证"等身份验证方式，单击"下一步"按钮，进行安装，如图 10-53 所示。

第 2 步：双击"默认网站"→"身份验证"，如图 10-54 所示，然后可以根据需要配置不同的身份验证方法，如图 10-55 所示，例如：选择"Windows 身份验证"，然后单击右侧操作窗格中的"启用"，就可以启用 Windows 身份验证。说明：如果所有身份验证的方法都启用，优先级顺序是匿名身份验证 > Windows 验证 > 摘要式身份验证 > 基本身份验证。

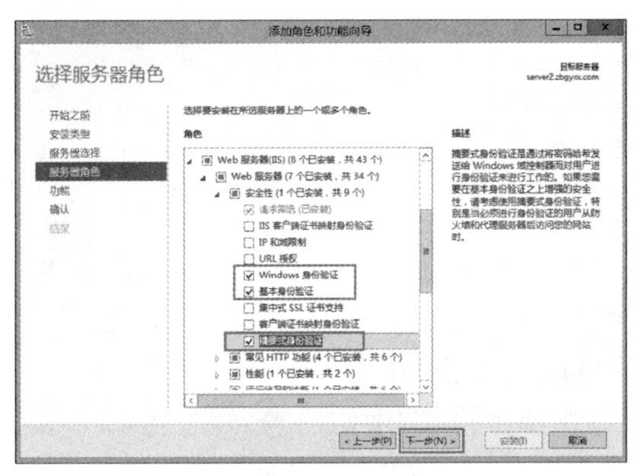

图 10-53　添加身份验证方式角色

图 10-54　身份验证

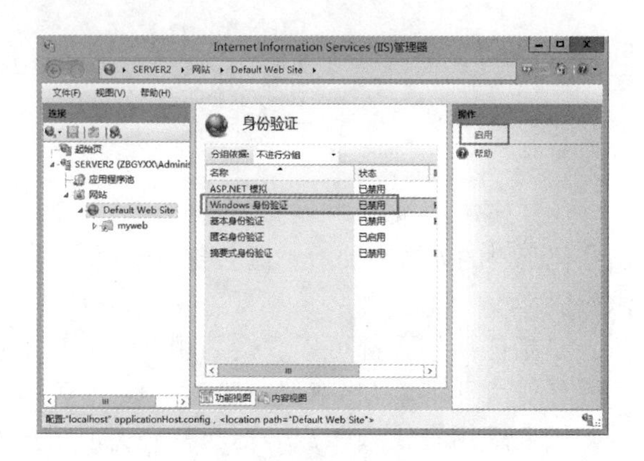

图 10-55 启用身份验证

实训 10-11 通过 IP 地址来限制连接

操作步骤

第 1 步：我们可以通过允许或拒绝某台特定计算机、某一组计算机来连接网站。在 WEB 服务器上，打开“开始”→“服务器管理”→“添加角色和功能”，持续单击“下一步”按钮，直到出现“选择服务器角色”界面时，勾选“IP 和域限制”，单击“下一步”按钮，进行安装，如图 10-56 所示。

第 2 步：双击“默认网站”→“IP 地址和域限制”，如图 10-57 所示。

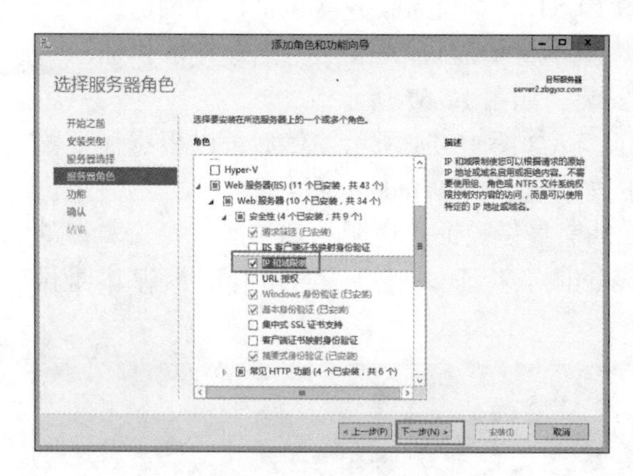

图 10-56 添加 IP 和域限制角色

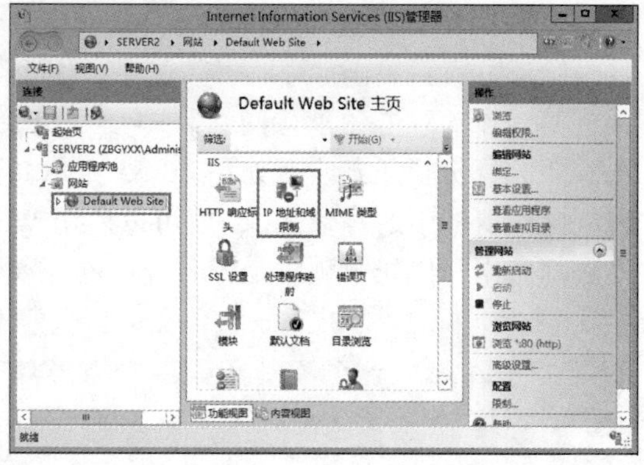

图 10-57 IP 地址和域限制

第 3 步：在右侧的操作窗格中，单击“添加允许条目”，添加允许“192. 168. 10. 20”访问网站，然后单击“编辑功能设置”“未指定的客户端的访问权”设为“拒绝”，如图 10-58所示。也可以设置允许一个 IP 地址范围的计算机访问网站。

第 4 步：也可以添加拒绝条目，单击“添加拒绝条目”，添加拒绝“172. 16. 10. 0/24”网段访问网站，然后单击“编辑功能设置”“未指定的客户端的访问权”设为“允许”，如图 10-59 所示。

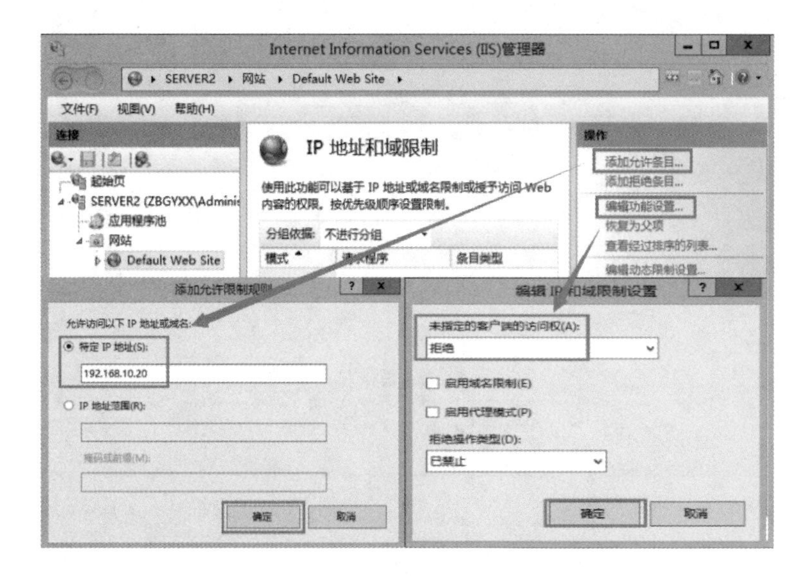

图 10-58　添加允许条目

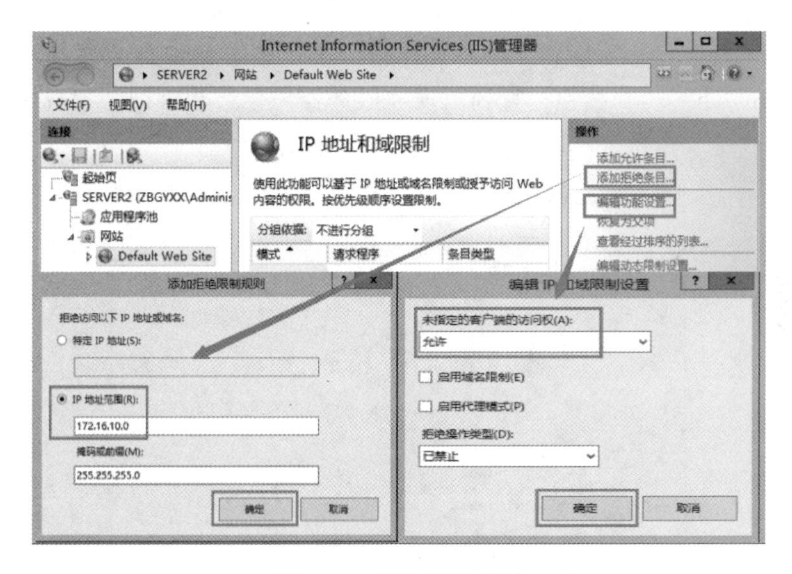

图 10-59　添加拒绝条目

第 5 步：我们也可以启用域名限制，单击“编辑功能设置”，勾选“启用域名限制”，“未指定的客户端的访问权”设为“允许”，如图 10-60 所示，例如：设置拒绝“dns. zbgyxx. com”域名的计算机访问网站，然后单击“添加拒绝条目”，添加拒绝域名“dns. zbgyxx. com”，如图 10-61 所示。

实训 10-12　远程管理 IIS 网站与功能委派

我们可以将 IIS 网站的管理工作委派给其他不具备系统管理员权限的用户来执行，而且可以针对不同功能来赋予这些用户不同的委派权限。

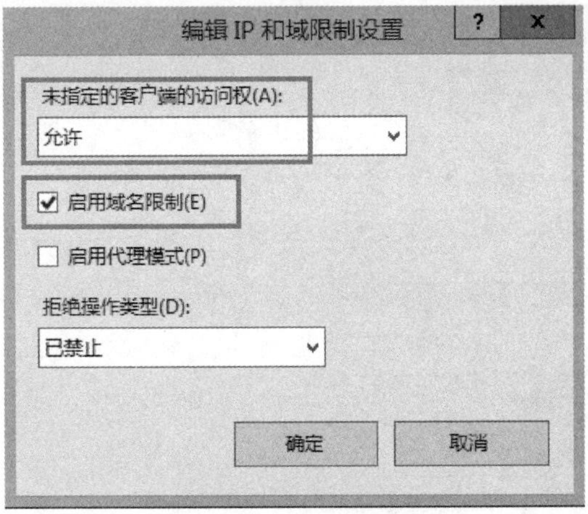

图 10-60　启用域名限制

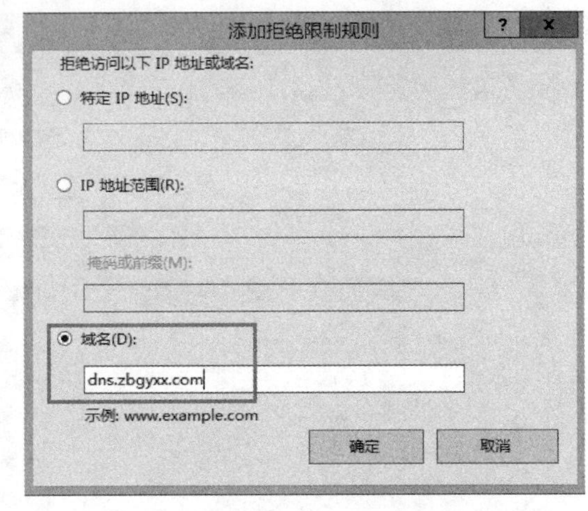

图 10-61　拒绝 dns. zbgyxx. com 域名访问

1. IIS 服务器端的设置

操作步骤

第 1 步：在 WEB 服务器上，打开“开始”→“服务器管理”→“添加角色和功能”，持续单击“下一步”按钮，直到出现“服务器角色”界面时，勾选“管理服务”，持续单击“下一步”按钮，进行安装，如图 10-62 所示。

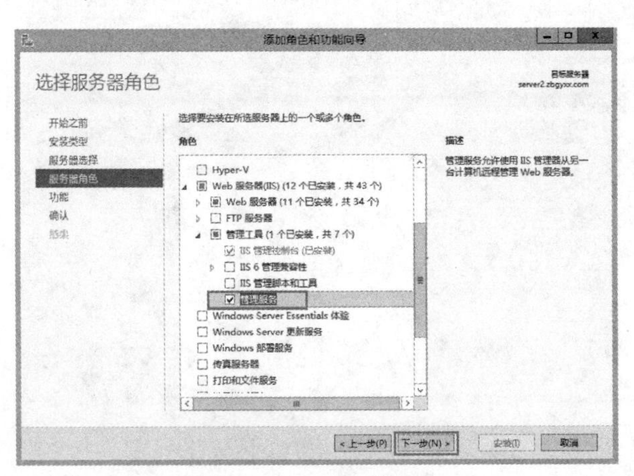

图 10-62　添加管理服务

第 2 步：新建“IIS 管理器用户”账户，单击服务器 server2，双击“IIS 管理器用户”，如图 10-63 所示，然后单击右侧操作窗格中的“添加用户”，添加 IIS 管理器用户“user1”，如图 10-64 所示。

第 3 步：功能委派设置，单击服务器 server2，双击“功能委派”，如图 10-65 所示，针对功能进行权限控制，例如：我们把“身份验证-基本”设置为“读写”，选中“身份验证-基本”，单击右侧操作窗格中的“读写”，如图 10-66 所示。也可以“自定义站点委派”，如图 10-67 所示，选择本服务器上的其他站点进行委派，如图 10-68 所示。

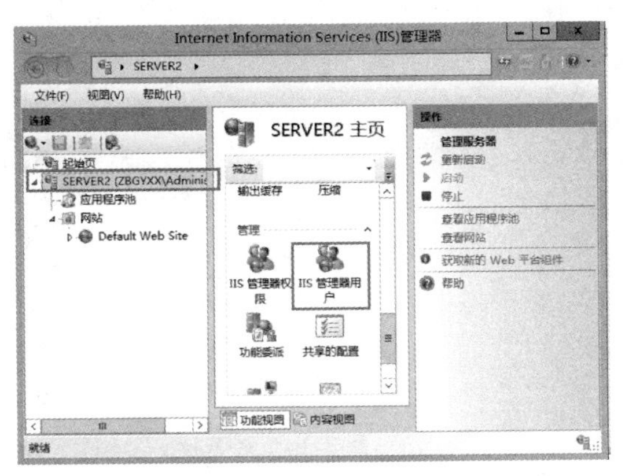

图 10-63　IIS 管理器用户

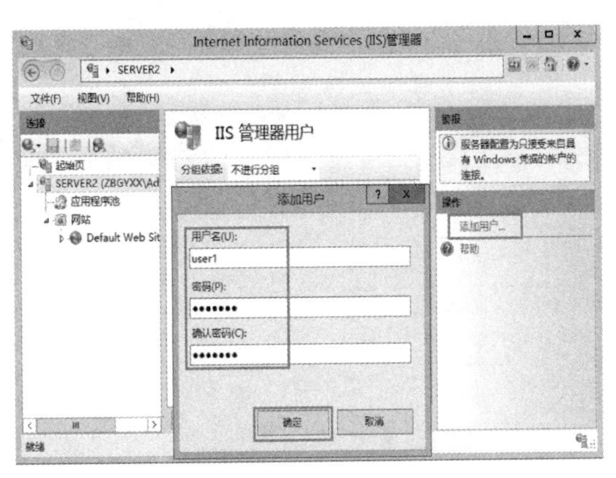

图 10-64　添加用户

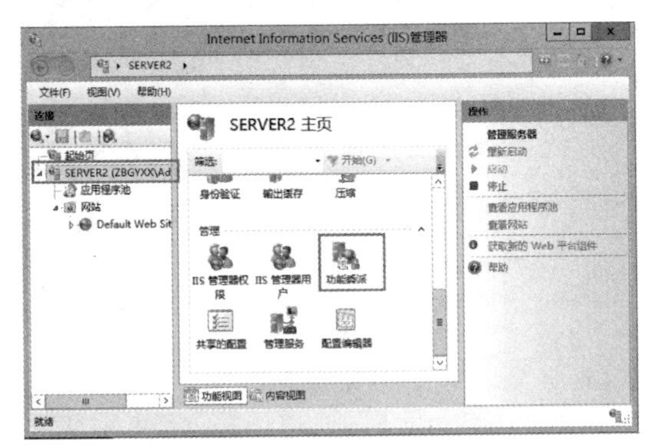

图 10-65　功能委派 1

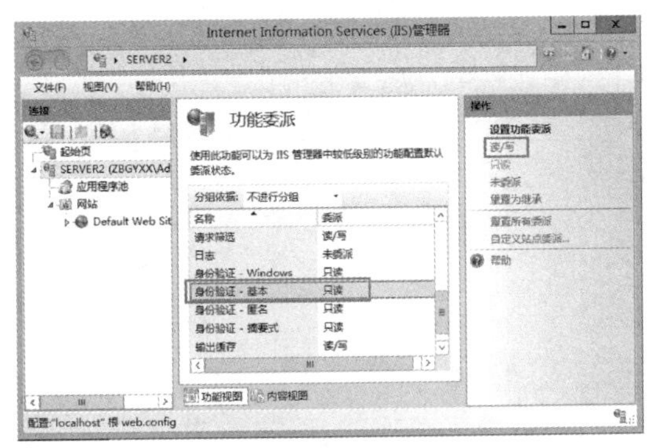

图 10-66　功能委派 2

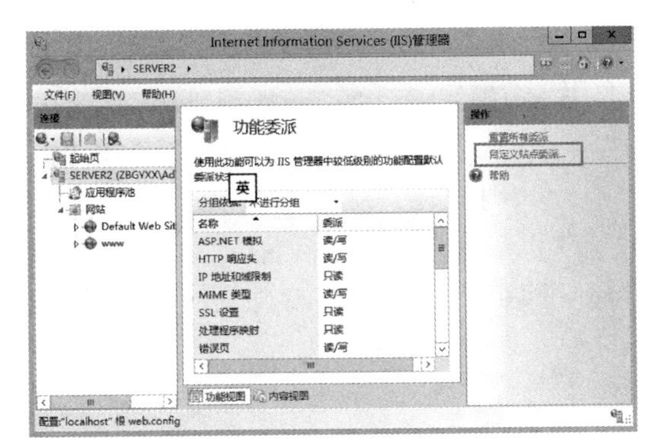

图 10-67　自定义站点委派

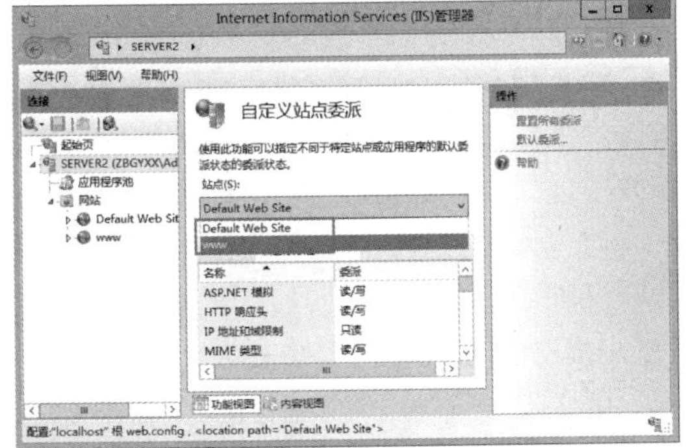

图 10-68　选择委派站点

第 4 步：启用远程连接，单击服务器 server2，双击“管理服务”，如图 10-69 所示，打开“管理服务”，勾选“启用远程连接”，“标识凭据”选择“Windows 凭据或 IIS 管理器凭据”，单击右侧操作窗格中的“应用”和“启动”，完成配置，如图 10-70 所示。

第 5 步：设置 IIS 管理器权限，单击“Default Web Site”，双击“IIS 管理器权限”，如图 10-71 所示，打开“IIS 管理器权限”，单击“允许用户”，选择上面添加的用户“user1”，如图 10-72 所示。

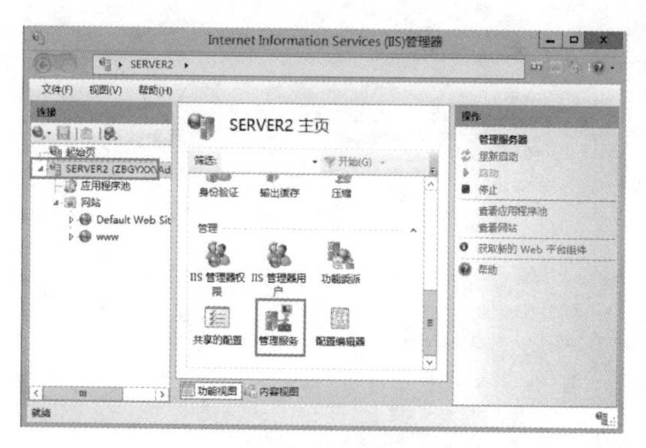

图 10-69 管理服务

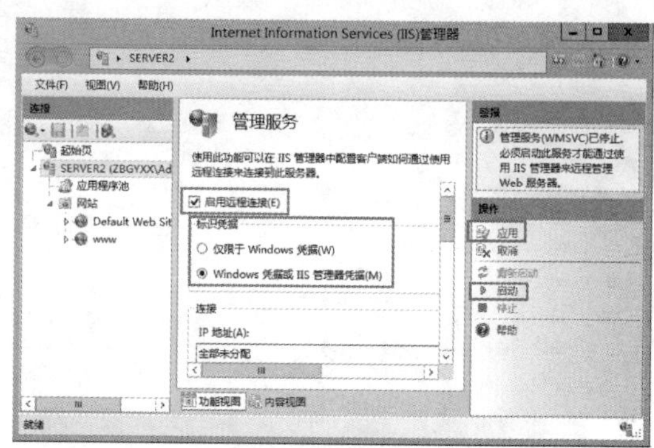

图 10-70 启用远程连接

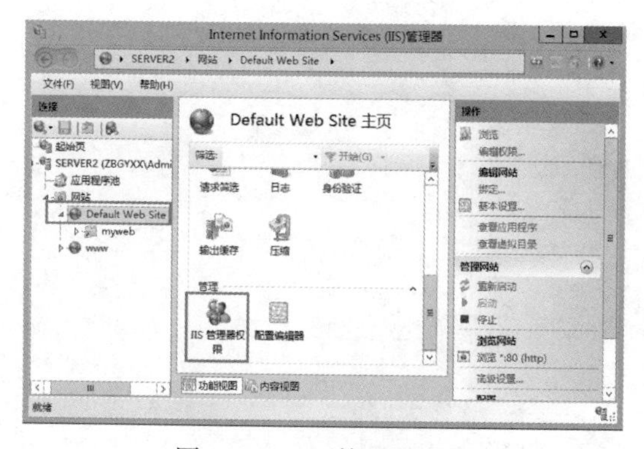

图 10-71 IIS 管理器权限

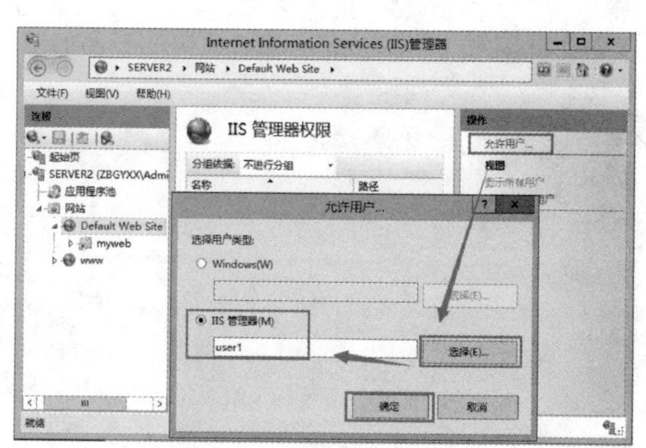

图 10-72 允许用户 user1

2. 执行管理工作的计算机的设置

(1) 操作步骤。

第 1 步：在要执行管理工作的计算机上安装 IIS 管理器，打开“服务器管理器”，单击仪表板处的“添加角色和功能”，持续单击“下一步”按钮，出现“选择服务器角色”界面，选择“WEB 服务（IIS）”，持续单击“下一步”按钮，进行安装，出现“选择角色”时，去掉“WEB 服务器”，只选择“管理工具”→“IIS 管理控制台”（因不需在此计算机配置网站，所以只保留“IIS 管理控制台”即可），如图 10-73 所示，持续单击“下一步”按钮，直到安装完成。

第 2 步：打开 IIS 管理控制台，用鼠标右键单击“起始页”→“连接至站点”，如图 10-74 所示。

第 3 步：输入 WEB 服务器的计算名“server2”和站点名称“default web site”，单击“下一步”按钮，如图 10-75 所示。

第 4 步：输入登录凭据（服务器端设置允许的用户 user1），单击“下一步”按钮，如图 10-76 所示。

第 5 步：在“服务器证书警报”对话框中，选择“连接”，在“指定连接的名称”对话框中，连接名称默认为“default web site”单击“完成”按钮，如图 10-77 所示，连接后的结果如图 10-78 所示。

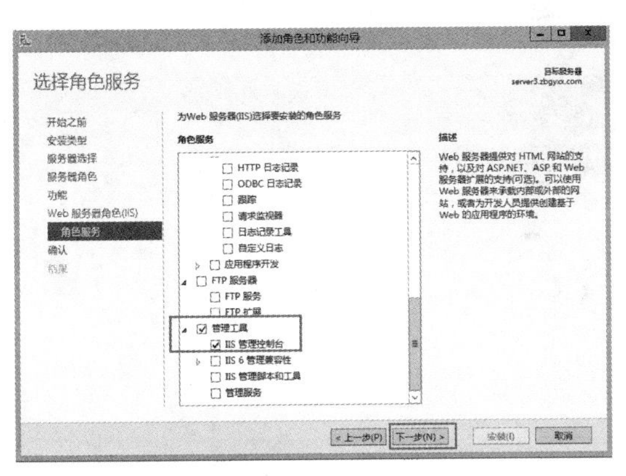

图 10-73　安装 IIS 管理器

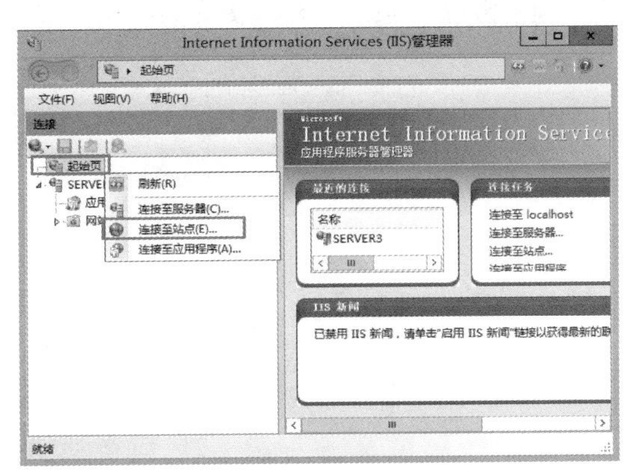

图 10-74　连接至站点

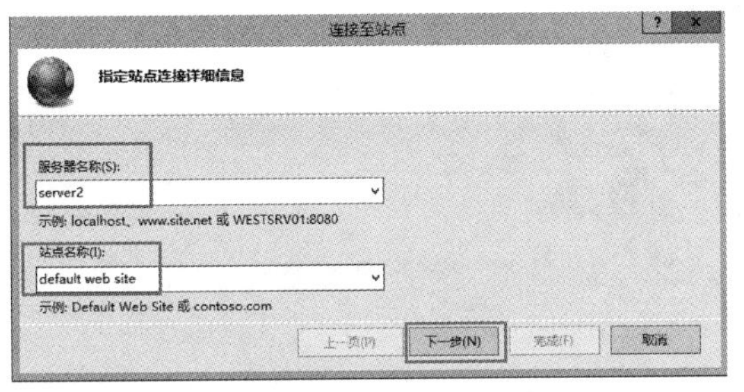

图 10-75　连接至站点 default web site

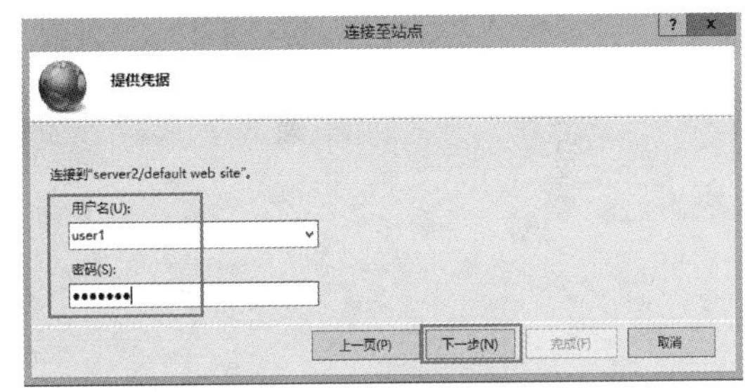

图 10-76　提供凭据

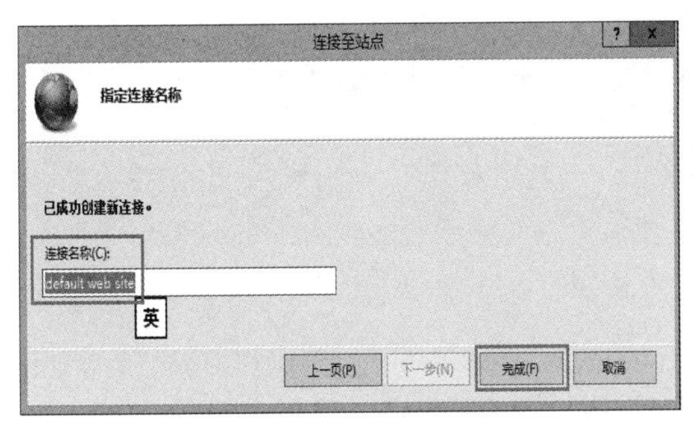

图 10-77　指定连接名称

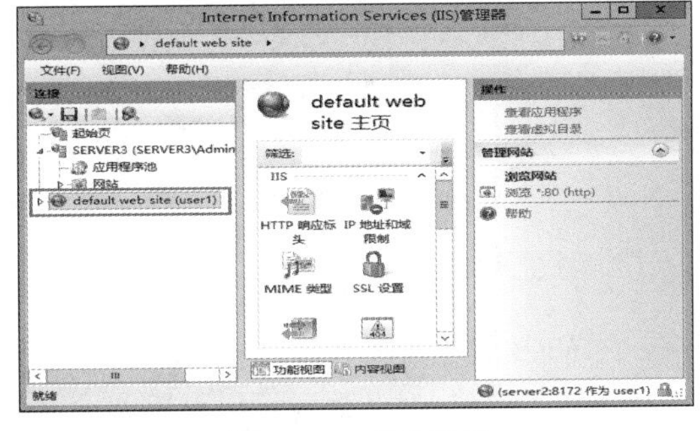

图 10-78　成功连接

（2）验证结果。

打开身份验证，打开“基本身份验证”时，可以进行编辑（前面我们的功能委派是“读写”），如图 10-79 所示。打开“匿名身份验证”时，显示“此功能已被锁定，它是只读的”，如图 10-80 所示。

实训 10-13　关于网站安全性的其他设置

1. 启用连接日志

在 WEB 服务器上打开“IIS 管理器”，单击“default web site”，双击“日志”，如图 10-81所示，可以设置日志的选项，例如：格式、存储日志文件的地点、日志文件的滚动更新，还可以设置日志文件的字段等，如图 10-82 和图 10-83 所示。

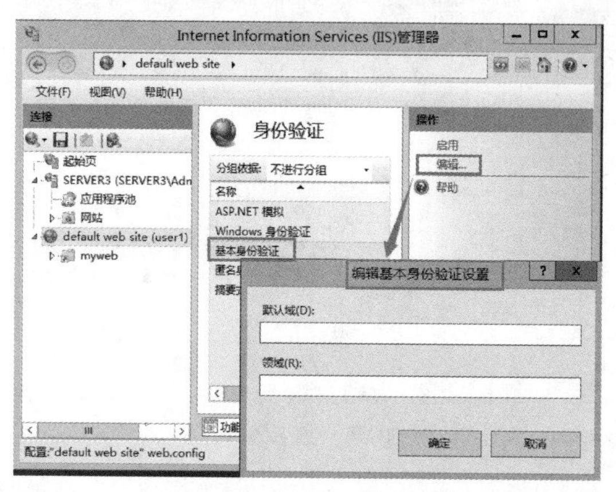

图 10-79 基本身份验证

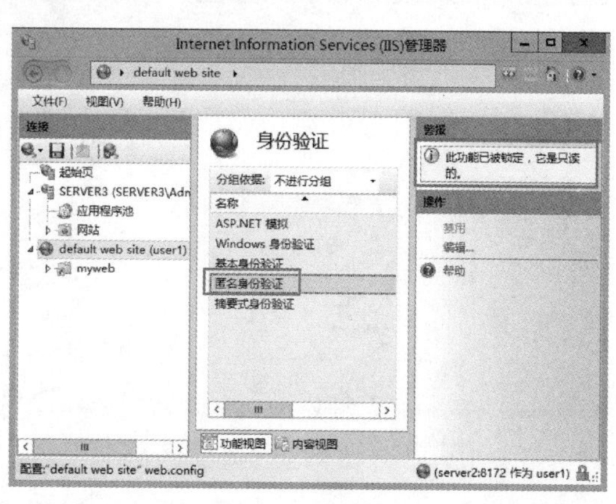

图 10-80 匿名身份验证

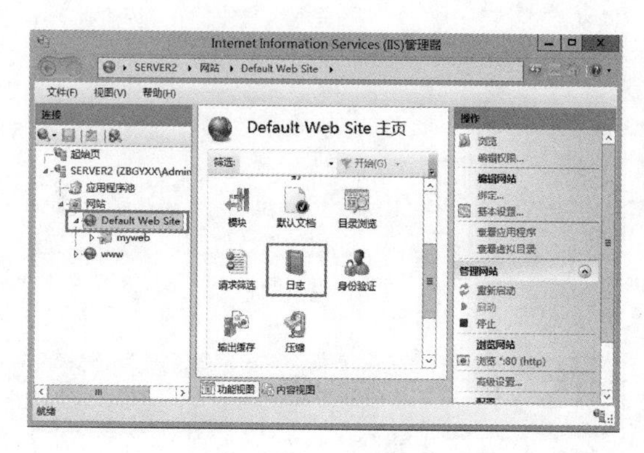

图 10-81 日志

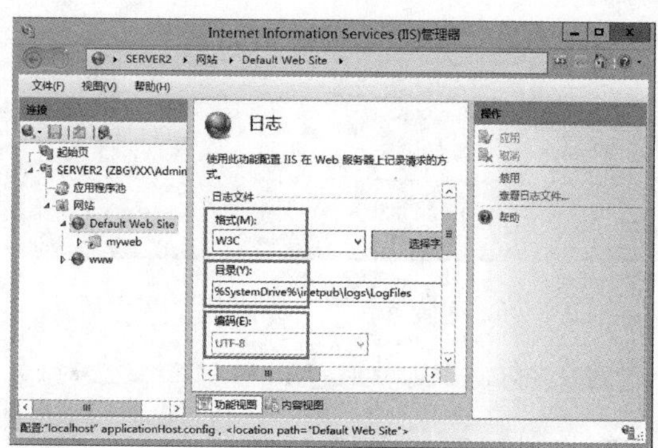

图 10-82 设置日志选项 1

2. 性能设置

在 WEB 服务器上打开“IIS 管理器”，单击“default web site”，单击“限制”，打开“编辑网站限制”对话框，可以设置“限制带宽使用”“连接超时”“限制连接数”等，如图 10-84 所示。

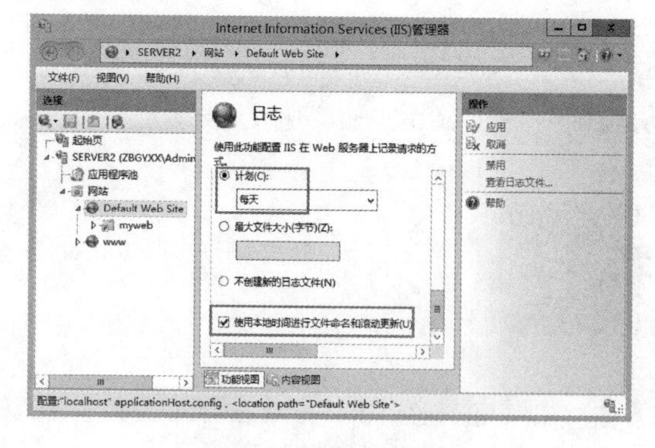

图 10-83 设置日志选项 2

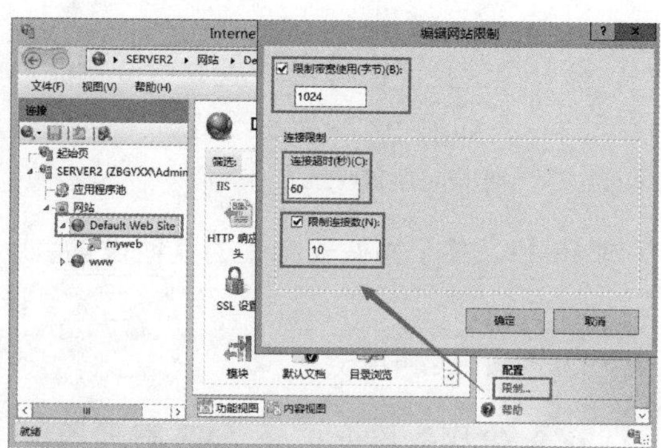

图 10-84 编辑网站限制

3. 自定义错误页

在 WEB 服务器上打开“IIS 管理器”，单击“default web site”，双击“错误页”，如图 10-85 所示。例如：要修改图 10-86 中“403”错误信息，可以直接用鼠标右键单击“403”，选择右侧操作窗格中的“编辑”，然后编辑这个信息文件。

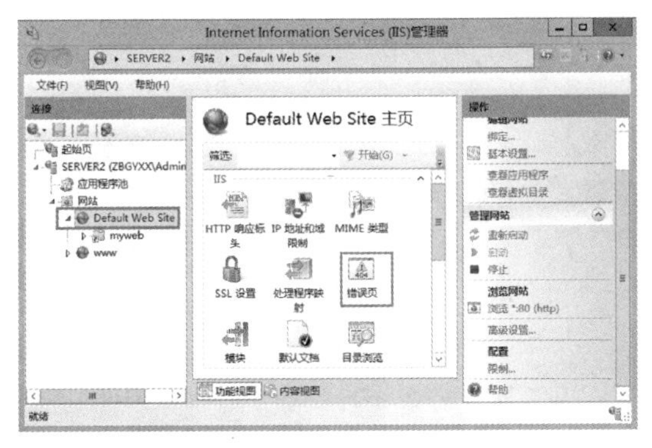

图 10-85　错误页

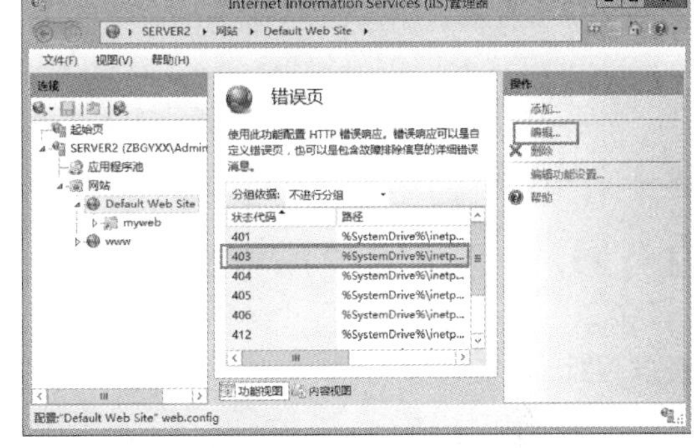

图 10-86　编辑错误页

10.5.2　巩固练习

(1) 安装 Windows Server 2012 R2 操作系统，其内存为 1GB，硬盘 40GB，其合法域名为 www. chinaskills. com，添加三块虚拟硬盘，其每块硬盘的大小为 2GB。将三块硬盘制作成 RAID5 卷，盘符为 E:\。安装 IIS 组件，创建 www. chinaskills. com 站点，在挂载的磁盘 E:\下创建名称为 www 的文件夹，在 www 文件中创建名称为 abc. html 的主页，主页显示内容“热烈庆祝职业技能竞赛开幕”，设置网站的最大链接数为 1000，网站链接超时为 60s，网站的带宽为 1000KB/S，使用 W3C 记录日志，每天创建一个新的日志文件，使用当地时间作为日志文件名，日志只允许记录日期、时间、客户端 IP 地址、用户名、服务器 IP 地址、服务器端口号和方法。

(2) 安装 Windows Server 2012 R2 操作系统，配置 IIS 服务器，创建名为 webtest 的站点，主目录为 C:\webtest，并配置主机头 www. sayms. com，此外，创建虚拟目录 carts，目录为 C:\carts，设置首页显示内容为“welcome to visit this page”，限制所有后缀为 jnds. net 的主机均不能访问此网站，设置网站应用摘要式身份验证方式，访问者必须输入正确的域用户名和密码方可进行访问。

(3) 安装 Windows Server 2012 R2 操作系统，在此服务器中安装配置 WEB 服务，建立 Web 站点：www. jnds. com，在站点 www. jnds. com 上建立两个虚拟目录 en 和 cn，其对应的物理路径分别是 C:\data\cn 和 C:\data\en。配置 Web 服务器对虚拟目录 cn 启用用户认证，只允许 webadmin 用户访问。配置 Web 服务器对虚拟目录 en 仅允许来自网络 jnds. com 域和 192. 168. 1. 0/24 网段的客户机访问该虚拟目录。

建立主页，要求如下：

www. jnds. com 主页内容为“jnds. com”；

www. jnds. com/en 主页内容为“en. jnds. com”；

www. jnds. com/cn 主页内容为“cn. jnds. com”。

项目 11　搭建 FTP 服务器

项目应用场景：

某公司经常有员工或客户向公司传送重要的数据资料，为了保证传送数据的安全、传输速度以及大数据的稳定传送，管理员李明希望搭建自己公司的 FTP 服务器。

任务 11.1　安装 FTP 服务器

任务目标

（1）了解搭建 FTP 服务器的环境。
（2）会搭建 FTP 服务器。

实训 11-1　搭建 FTP 服务器的环境

1. 环境搭建

本项目的拓扑结构如图 11-1 所示。

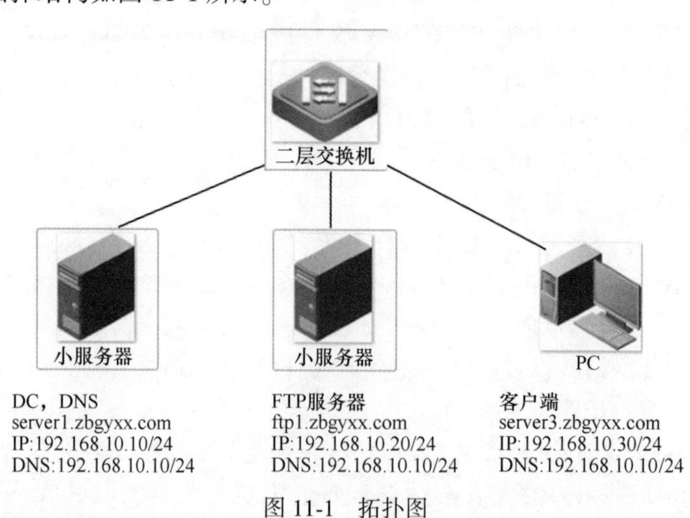

图 11-1　拓扑图

2. 搭建 DNS 服务器

创建 FTP 服务器对应的主机记录及反向 PTR 记录，如图 11-2 和图 11-3 所示。

3. 客户端 DNS 的设置

设置客户端的 DNS 服务器地址为“192. 168. 10. 10”，在客户端可以使用域名 PING 通 FTP 服务器，如图 11-4 所示。

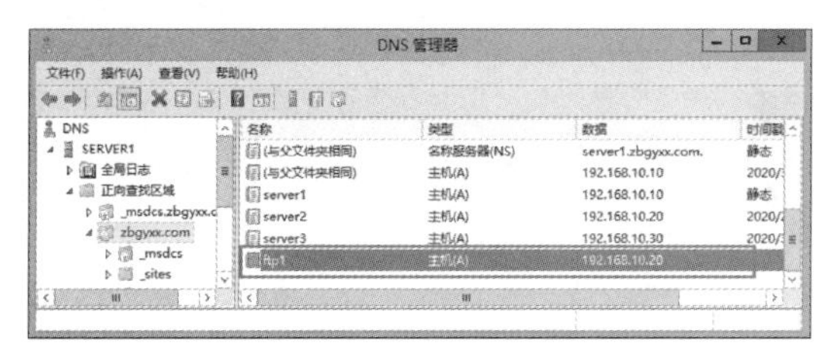

图 11-2　DNS 管理器 1

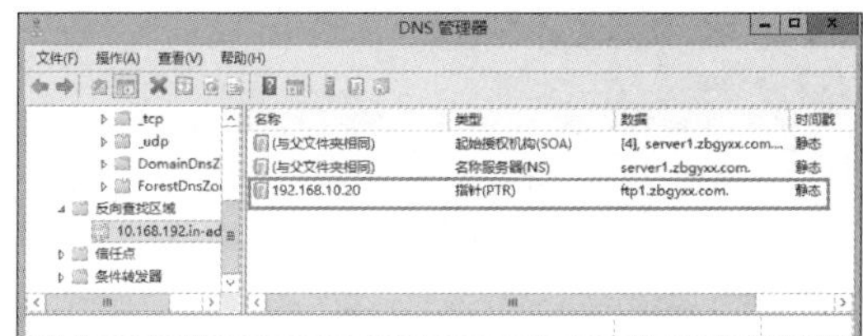

图 11-3　DNS 管理器 2

图 11-4　命令窗口

实训 11-2　搭建 FTP 服务器

1. 操作步骤

第 1 步： 安装 FTP 角色服务。打开“服务器管理器”，单击“仪表板”处的“添加角色和功能”，持续单击“下一步”按钮，直到出现图 11-5 中“服务器角色”界面时，展开“Web 服务器”选择“FTP 服务器”，持续单击“下一步”按钮，进行安装。

第 2 步： 建立 FTP 站点，用鼠标右键单击“网站”，单击“添加 FTP 站点”，如图 11-6 所示。

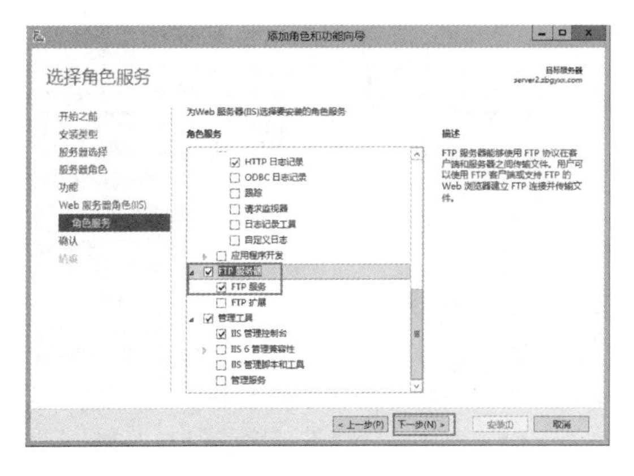

图 11-5　角色服务

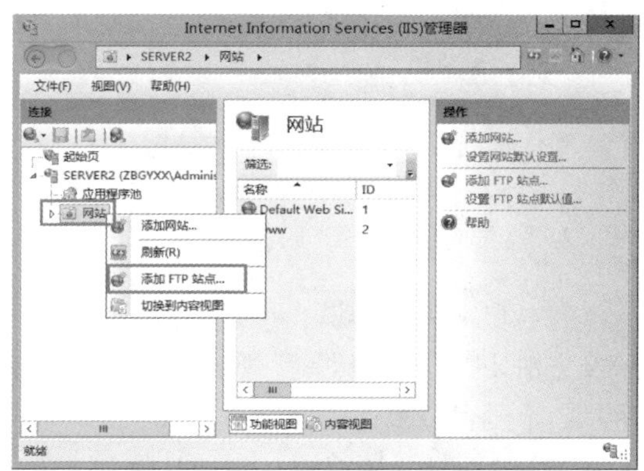

图 11-6　添加 FTP 站点

第 3 步： 输入 FTP 站点名称“ftp1”，输入物理路径“C:\inetpub\ftproot”，如图 11-7 所示。

第 4 步： IP 地址选择“全部未分配”，端口号默认“21”，勾选“自动启动 FTP 站点”，SSL 选择“无”，单击“下一步”按钮，如图 11-8 所示。

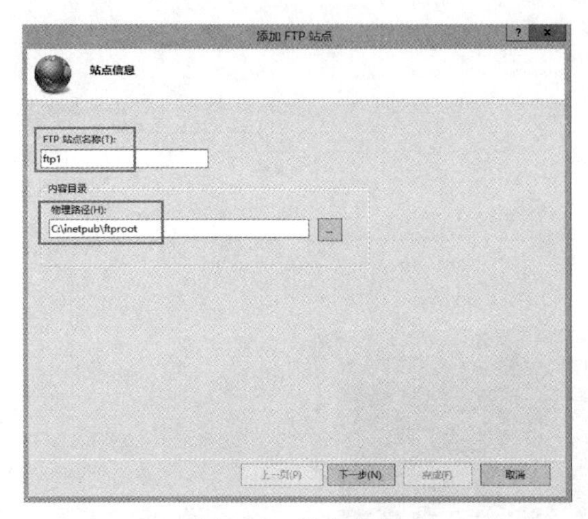

图 11-7　站点信息

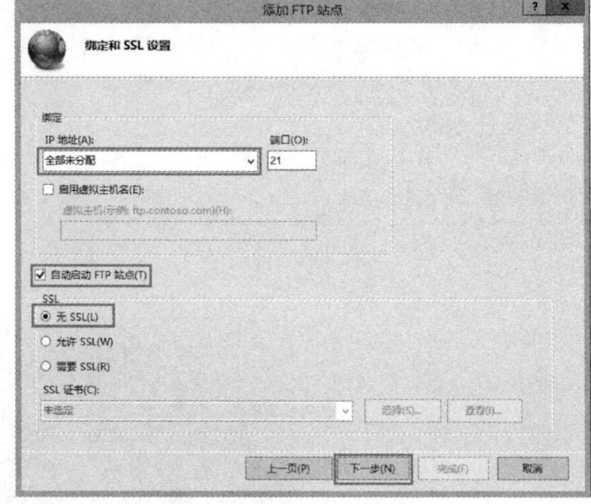

图 11-8　绑定和 SSL 设置

第 5 步：身份验证方式勾选“基本”和“匿名”，授权允许访问为“所有用户”，权限勾选“读取”和“写入”，单击“完成”按钮，如图 11-9 所示。

第 6 步：管理 FTP 站点，可以在图 11-10 的右边“操作”窗格中管理 FTP 站点。

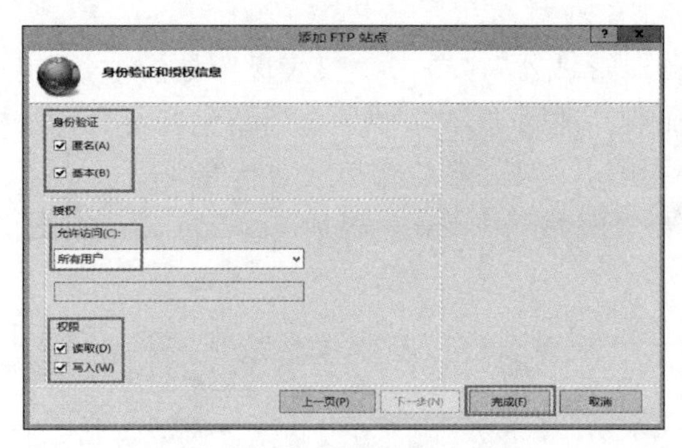

图 11-9　身份验证和授权信息

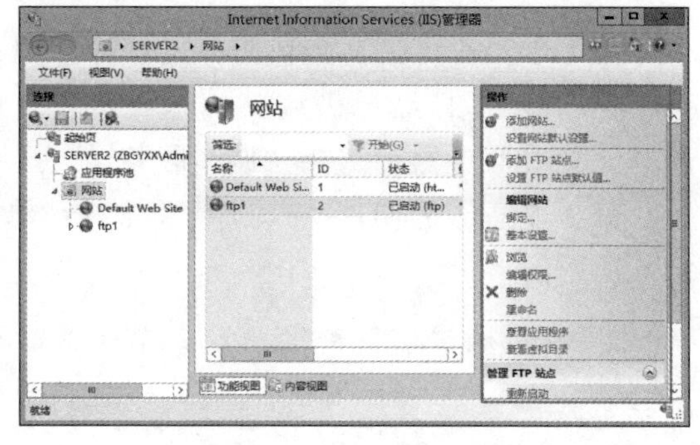

图 11-10　管理 FTP 站点

2. 验证结果

在客户端验证测试，可以通过资源管理器和浏览器访问 FTP 站点。

方法 1：打开资源管理器，在地址栏输入 ftp://ftp1. zbgyxx. com，结果如图 11-11 所示。

方法 2：打开浏览器，在地址栏输入 ftp://ftp1. zbgyxx. com，结果如图 11-12 所示。

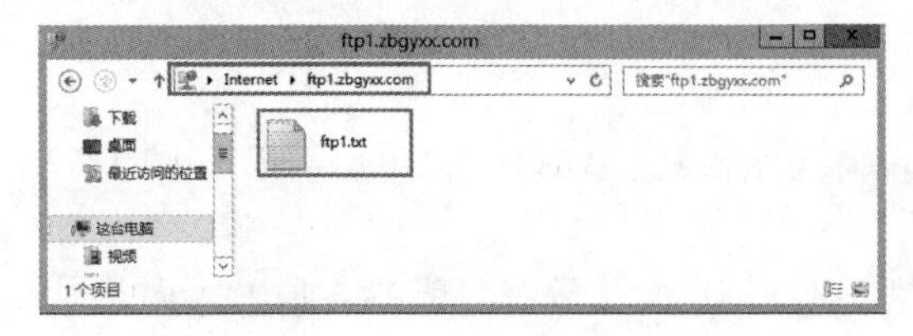

图 11-11　资源管理器验证

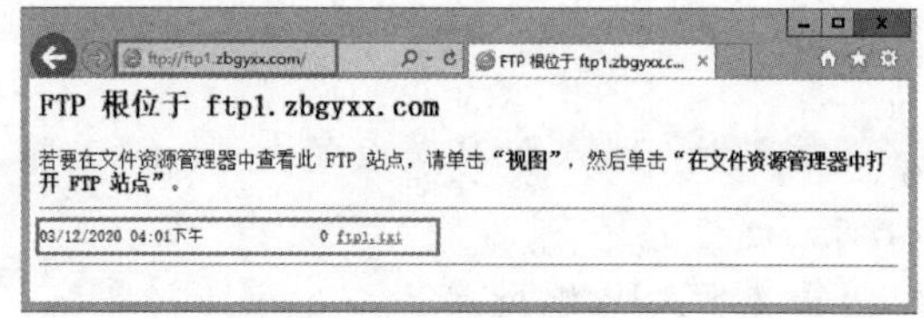

图 11-12　浏览器验证

任务 11.2　FTP 站点的基本设置

任务目标

（1）了解 FTP 文件储存位置的设置。
（2）掌握 FTP 站点绑定、站点信息等的设置。
（3）掌握 FTP 用户名与权限的设置。
（4）会检查当前连接的用户及通过 IP 和域名来限制连接等。

实训 11-3　设置文件储存位置

操作步骤

第 1 步：当用户利用 ftp://ftp1. zbgyxx. com 来连接 FTP 站点时，它将被导向 FTP 站点的主目录，我们所看到的就是在主目录内的文件。要查看主目录，如图 11-13 所示，单击右侧操作窗格中的“基本设置”。

第 2 步：在“编辑网站”对话框中，可以设置或修改物理路径，如图 11-14 所示。也可以将它设置到网络上其他计算机的共享文件夹内，不过 FTP 站点需要提供有权限访问此共享文件夹的用户名称与密码。

图 11-13　基本设置

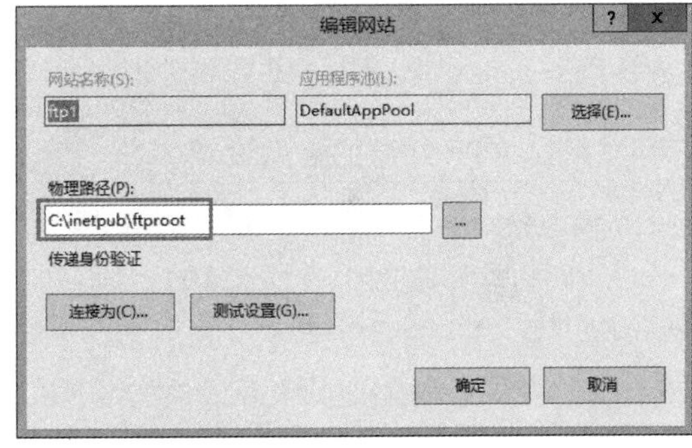

图 11-14　编辑网站 1

第 3 步：如果主目录设置为网络上其他计算机的共享文件夹“\\ server1\ftp1”，需要设置访问网络上共享文件夹的用户，单击“连接为”按钮，如图 11-15 所示，路径凭据选择“特定用户”，这里我们输入“administrator”，单击“确定”按钮，如图 11-16 所示。

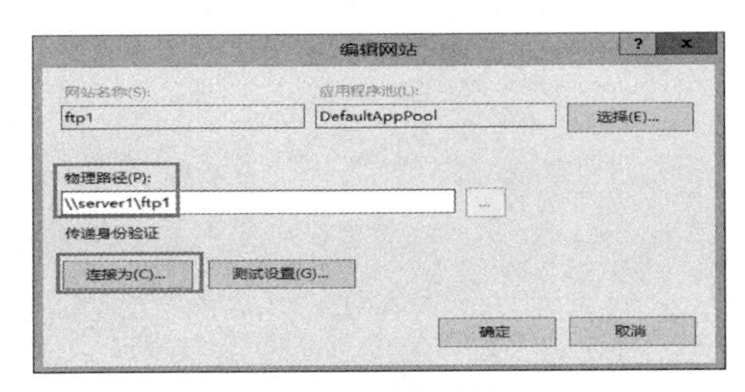

图 11-15　编辑网站 2

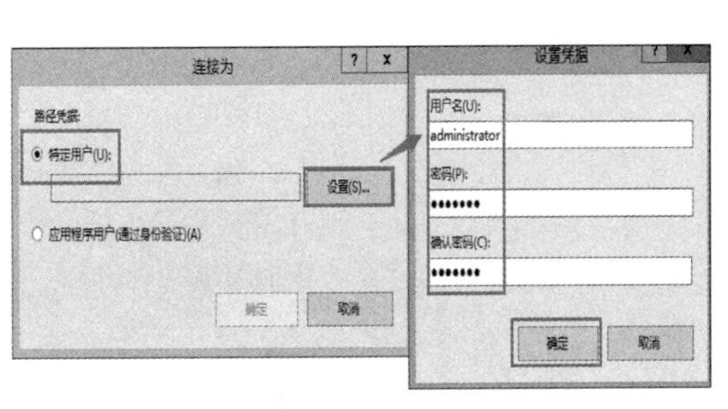

图 11-16　连接为

实训 11-4　FTP 站点的绑定设置

我们可以在一台计算机内建立多个 FTP 站点。不过为了区分这些站点，需给每一个站点唯一的识别信息：虚拟主机名、IP 地址与 TCP 端口号，这台机器内所有 FTP 站点的这三个识别信息不可以完全相同。若要更改 FTP 站点的这三个设置，如图 11-17 所示，单击 FTP 站点右侧操作窗格中的“绑定”，然后可以更改 IP 地址、TCP 端口号和虚拟主机名，FTP 服务器默认的端口号为 21，如图 11-18 所示。说明：如果设置了主机名，将不允许采用 IP 地址对 FTP 站点进行访问，只能用域名进行访问。

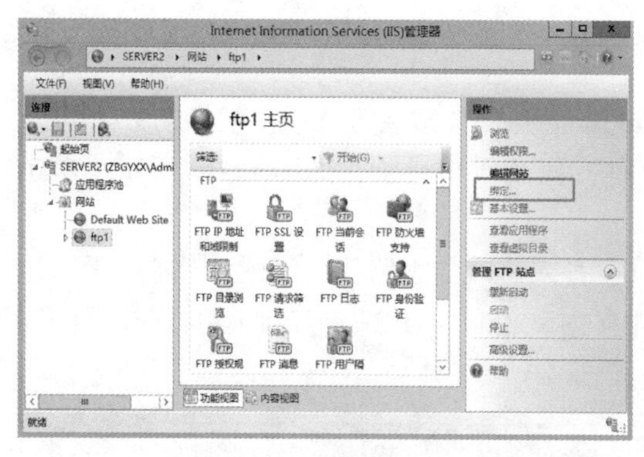

图 11-17　绑定

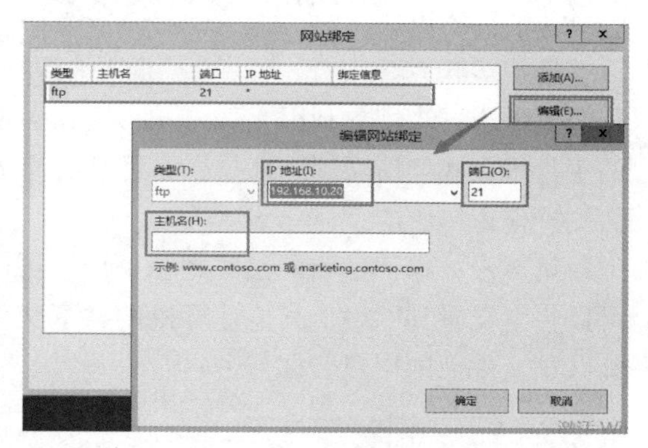

图 11-18　编辑网站绑定

实训 11-5　FTP 站点的信息设置

在 FTP 功能视图中，单击 FTP 站点“ftp1”，双击“FTP 消息”，如图 11-19 所示，然后可以设置 FTP 的登录消息，如图 11-20 所示。各选项说明如下。“横幅”：用户连接 FTP 站点时，会先看到此处的文字。“欢迎使用”：用户登录到 FTP 站点时，会看到此处的文字。“退出”：用户注销时会看到此处的欢送词。“最大连接数”：若 FTP 站点有连接数量限制，而且目前连接的数目已经达到限制值，则用户来连接 FTP 站点时，将看到此处所设置的信息。

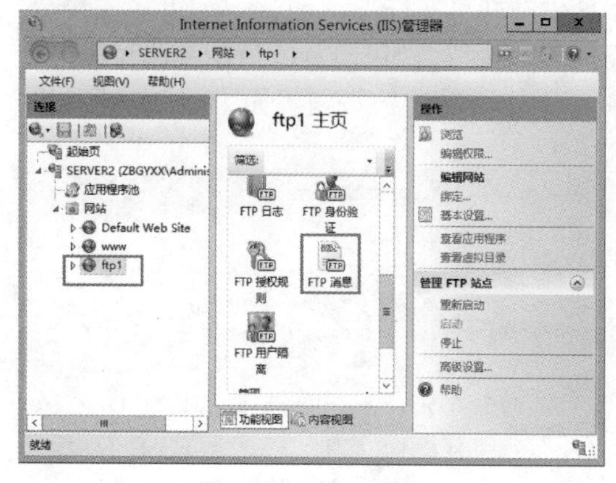

图 11-19　FTP 消息

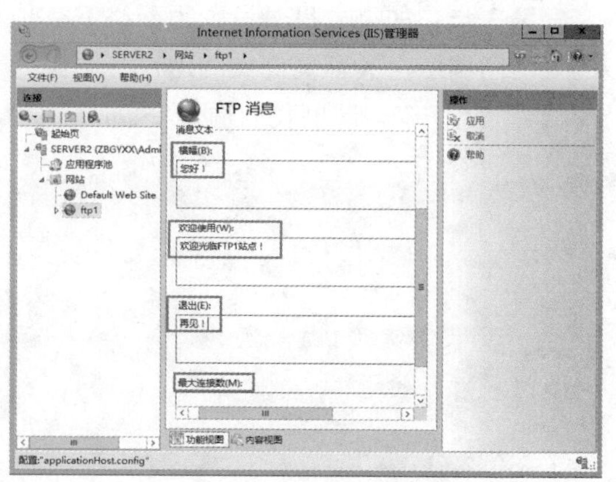

图 11-20　设置 FTP 消息

实训 11-6　验证用户名称与权限设置

在 FTP 功能视图中，双击“FTP 身份验证”，如图 11-21 所示，可以设置如何验证用户的身份，如图 11-22 所示。我们可以选择启用或禁用“匿名身份验证”，也可以选择启用或禁用“基本身份验证”。说明：如果“匿名身份验证”与“基本身份验证”同时启用，则优先使用“匿名身份验证”；如果必须使用“基本身份验证”，可以将“匿名身份验证”禁用。

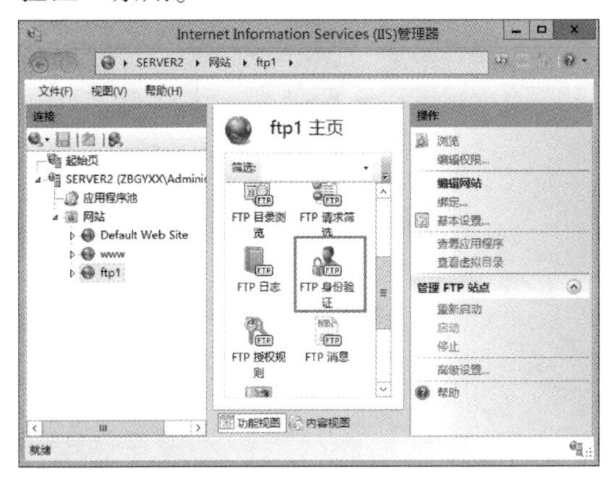

图 11-21　FTP 身份验证

图 11-22　设置 FTP 身份验证

实训 11-7　检查当前连接的用户

在 FTP 功能视图中，双击“FTP 当前会话”，如图 11-23 所示，可以看到当前正在访问 FTP 站点的用户名、客户端地址、会话开始的时间、发送的字节数、接收的字节数、会话的 ID 号等信息，如图 11-24 所示。我们也可以在当前会话中选择当前会话，然后断开会话，断开会话后，会话将不再存在。

图 11-23　FTP 当前会话 1

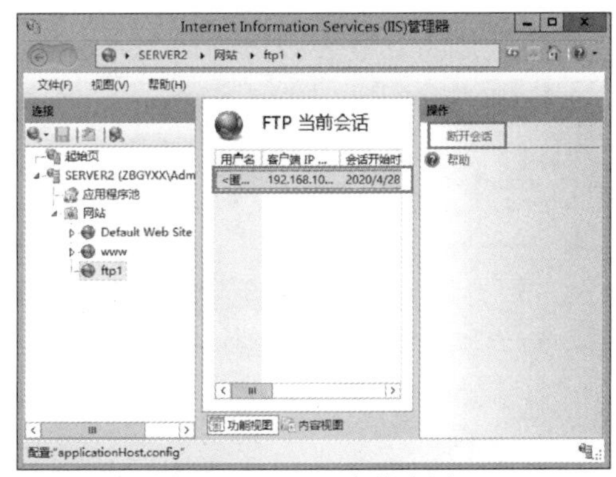

图 11-24　FTP 当前会话 2

实训 11-8　通过 IP 地址或域名来限制连接

我们可以让 FTP 站点允许或拒绝某台特定的计算机、某一群计算机来连接 FTP 站点，

也可以通过 IP 地址或域名来限制连接。

操作步骤

第 1 步： 以“添加拒绝 192. 168. 10. 20 的主机访问 FTP 服务器”为例。在 FTP 功能视图中，双击“FTP IP 地址和域限制”，如图 11-25 所示。单击“添加拒绝条目”，在“添加拒绝限制规则”对话框中添加被限制访问的主机地址“192. 168. 10. 20”，如图 11-26所示。

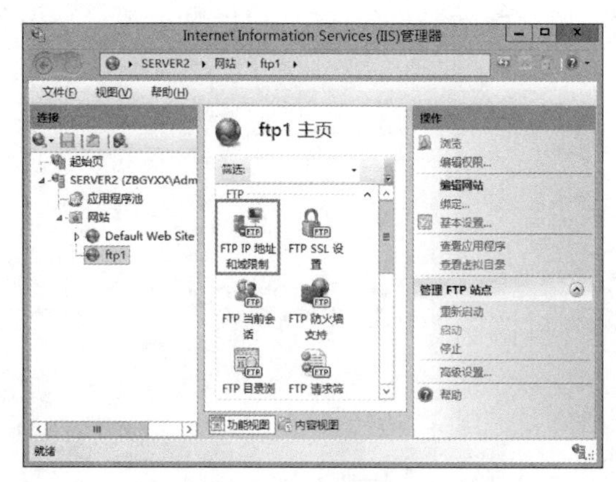

图 11-25　FTP IP 地址和域限制

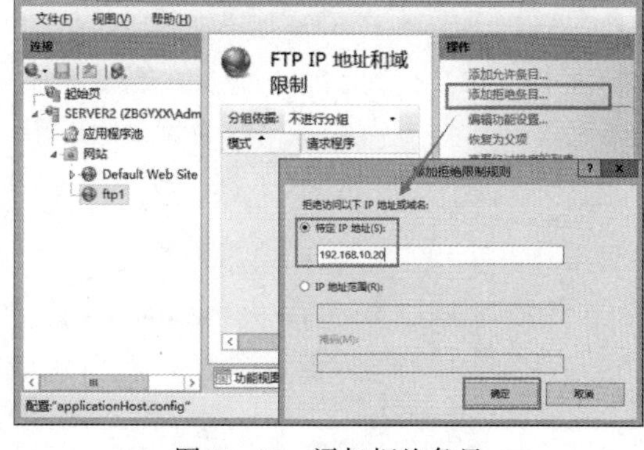

图 11-26　添加拒绝条目

第 2 步： 单击“编辑功能设置”，“未指定的客户端的访问权”设置为“允许”，如图11-27 所示。

第 3 步： 通过域名来限制连接，以“只允许域名为‘www. mydomain. com’的主机访问 FTP 站点”为例。在 FTP 功能视图中，双击“FTP IP 地址和域限制”，单击“编辑功能设置”，“未指定的客户端的访问权”设置为“拒绝”，然后勾选“启用域名限制”，单击“确定”按钮，如图 11-28 所示。在弹出的“编辑 IP 地址和域限制设置”对话框中选择“是”按钮。

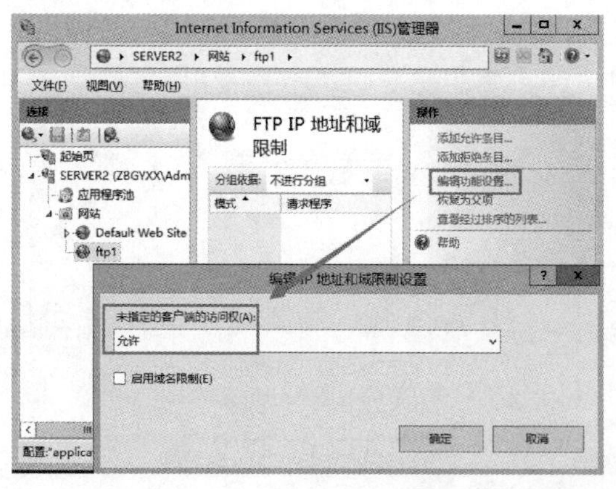

图 11-27　编辑功能设置 1

图 11-28　编辑功能设置 2

第 4 步： 单击“添加允许条目”，添加允许访问的域名“www. mydomain. com”，单击“确定”按钮，如图 11-29 所示。

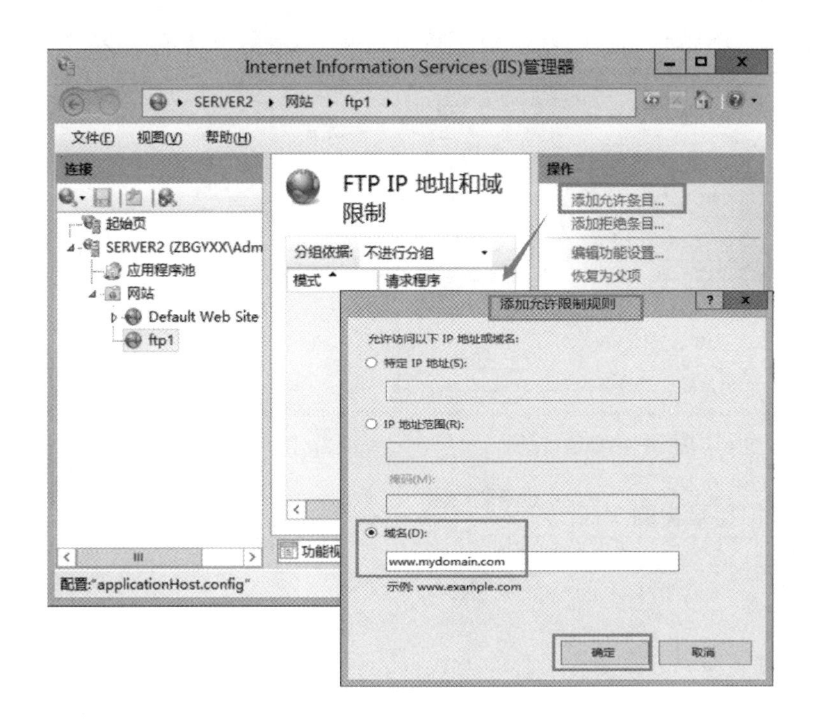

图 11-29　添加允许条目

任务 11.3　物理目录与虚拟目录

任务目标

（1）掌握 FTP 服务器物理目录的使用。

（2）掌握 FTP 服务器虚拟目录的使用。

我们可能需要在 FTP 站点的主目录下建立多个子文件夹，然后将文件存储到主目录与这些子文件夹内，这些子文件夹被称为物理目录。

我们也可以将文件存储到其他位置，例如本地计算机其他磁盘驱动器内的文件夹，或是其他计算机的共享文件夹，然后通过虚拟目录来映射到这个文件夹。每一个虚拟目录都有一个别名，用户通过别名来访问这个文件夹内的文件。虚拟目录的好处是：不论您将文件的实际存储位置更改到何处，只要别名不变，用户都可以通过相同的别名来访问文件。

实训 11-9　物理目录实例演示

方法 1：我们在 FTP 的主目录下建立文件夹 ftp1 和 ftp2，然后复制一些文件进行测试，打开“Internet Information Services（IIS）管理器”，单击 ftp1 站点下的文件夹 ftp1，选择“内容视图”，就可以查看这些文件，如图 11-30 所示。

方法 2：利用浏览器输入 ftp://ftp1.zbgyxx.com，可以看到这些物理目录，如图11-31所示。

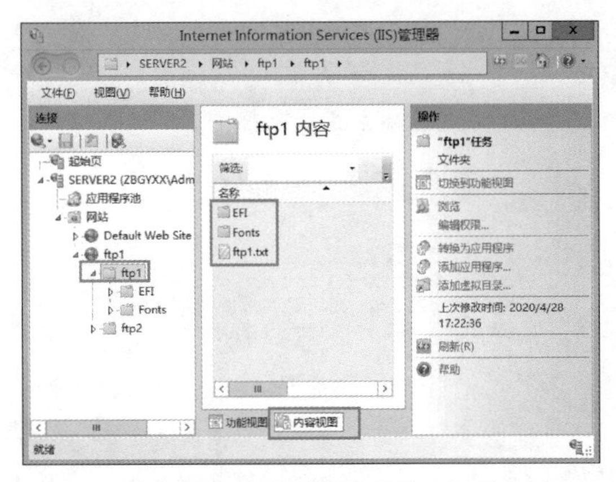

图 11-30　内容视图中的物理目录

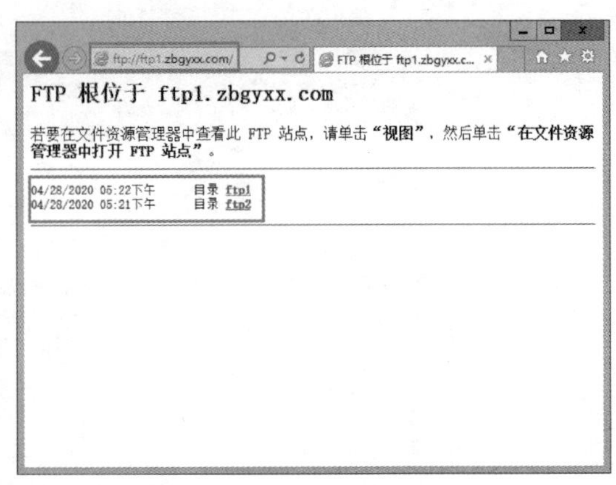

图 11-31　浏览器中的物理目录

实训 11-10　虚拟目录实例演示

1. 操作步骤

第 1 步：我们在 C:\ 建立一个名称为 Books 的文件夹，接下来添加虚拟目录，用鼠标右键单击“ftp1 站点”，单击“添加虚拟目录”，如图 11-32 所示。在“添加虚拟目录”对话框中输入别名为“books”，物理路径“C:\books”，如图 11-33 所示，单击“确定”按钮。

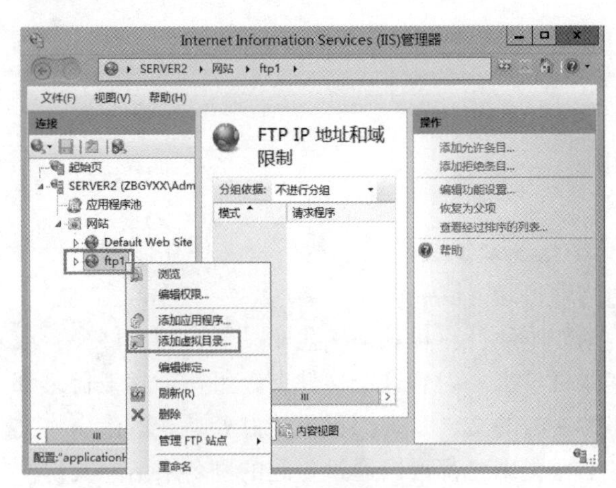

图 11-32　添加虚拟目录 1

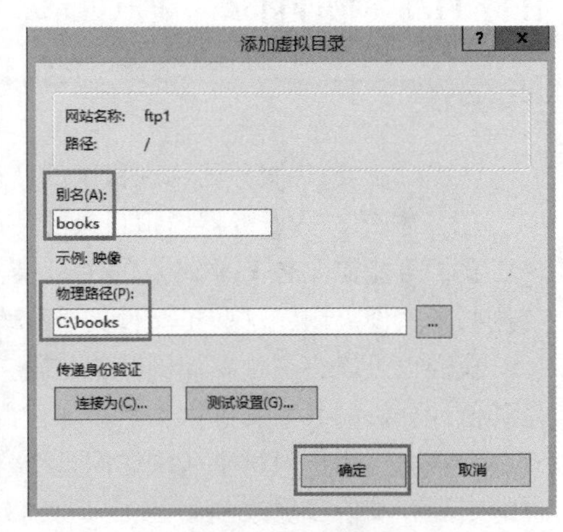

图 11-33　添加虚拟目录 2

第 2 步：我们在图 11-34 中发现 ftp1 站点下面多了一个 books 的文件夹。若是要让客户端看得到此虚拟目录，单击 ftp1 站点，双击打开“FTP 目录浏览”，如图 11-35 所示，然后勾选“虚拟目录”单击“应用”，如图 11-36 所示。

2. 验证结果

在客户端浏览器输入 ftp://ftp1. zbgyxx. com，可以看到刚才建立的虚拟目录 books，如图 11-37 所示。

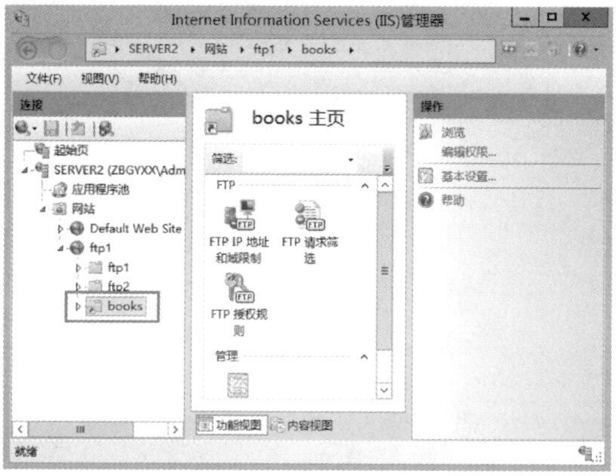

图 11-34　虚拟目录 books

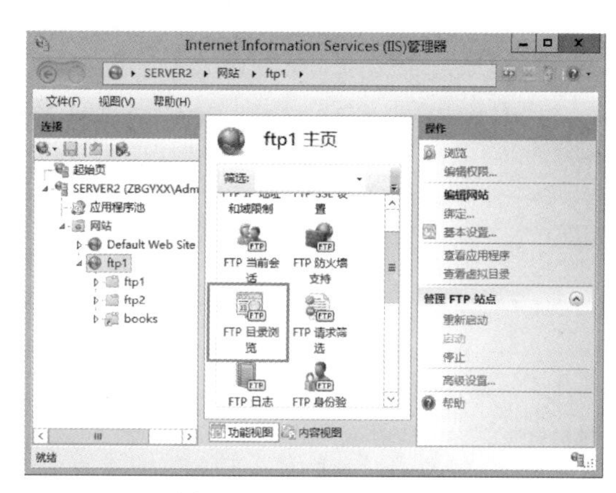

图 11-35　FTP 目录浏览

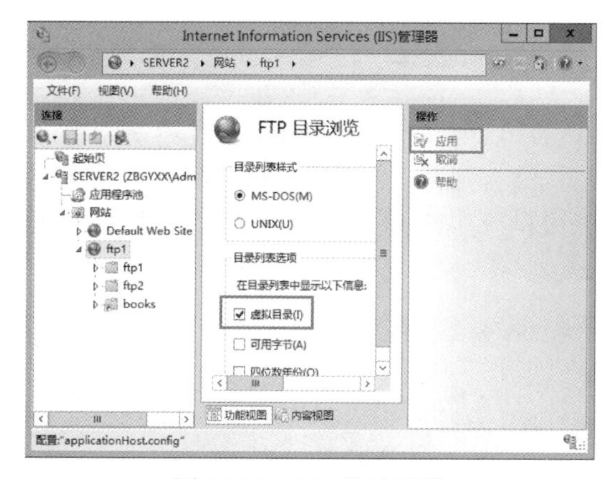

图 11-36　FTP 目录浏览

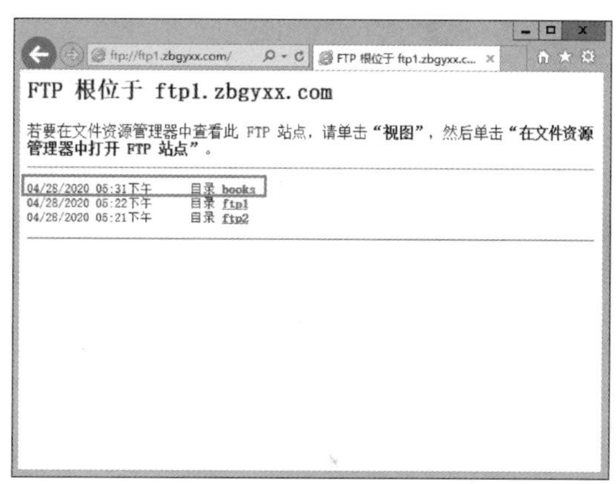

图 11-37　浏览器验证

任务 11.4　FTP 站点的用户隔离设置

11.4.1　任务目标

（1）了解 FTP 站点的用户隔离。

（2）掌握不隔离用户和三种不同用户隔离的设置。

11.4.2　知识准备

当用户连接 FTP 站点时，不论他们是利用匿名账户还是利用已存在账户来登录，默认都将被导向到 FTP 站点的主目录，不过我们可以利用 FTP 用户隔离功能，来让用户拥有其专用的主目录，此时用户登录 FTP 站点后会被导向到其专用主目录，而且可以被限制在其专用主目录内，也就是无法切换到其他用户主目录，因此无法查看或修改其他用户主目录的文件。

FTP 用户隔离的设置方法，单击“ftp1 站点”中的“FTP 用户隔离”，如图 11-38 所示，通过“FTP 用户隔离”界面来设置，如图 11-39 所示。

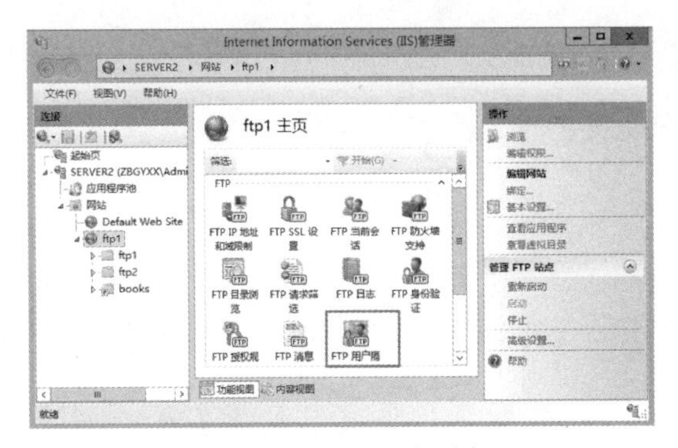

图 11-38 FTP 用户隔离

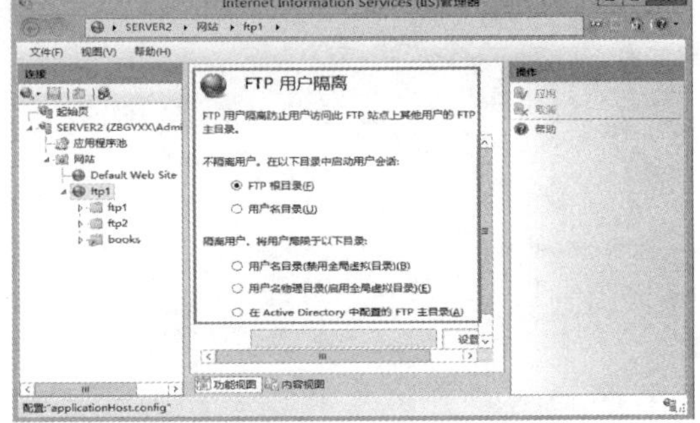

图 11-39 FTP 用户隔离设置

实训 11-11 不隔离用户，但是用户有自己的主目录

1. 操作步骤

第 1 步：用户拥有自己的主目录，但并不隔离用户，因此只要用户拥有适当的权限（例如 NTFS 权限），便可以切换到其他用户的主目录、查看或修改其中的文件。要让 FTP 站点启用此模式，如图 11-40 所示，在“不隔离用户”中选择“用户名目录”，然后单击“应用”。

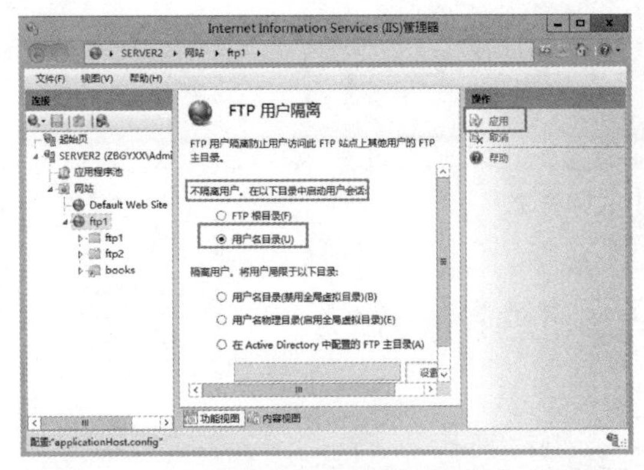

图 11-40 不隔离用户，但是用户有自己的主目录

第 2 步：建立目录名与用户账户名相同的物理或虚拟目录，此处我们采用物理目录。user1 用户登录时会登录到 user1 的专用目录中，user2 用户登录时会登录到 user2 的专用目录中。让我们在 FTP 的主目录下建立两个用户文件夹 user1 和 user2（文件夹名必须与用户名一致，然后在用户文件夹中分别放入一个文件进行验证），如图 11-41 所示。

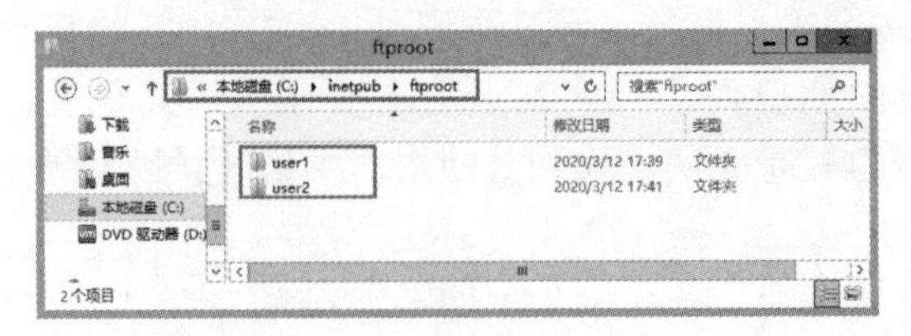

图 11-41 FTP 主目录下的文件夹设置

2. 验证结果

分别用匿名用户、user1 用户、user2 用户进行登录验证，如图 11-42 所示。

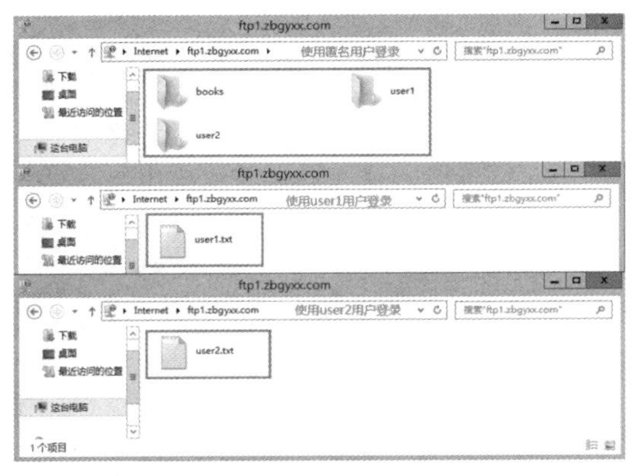

图 11-42 使用不同用户登录验证

实训 11-12 隔离用户、有专用主目录，但无法访问全局虚拟目录

用户拥有自己的专用主目录，而且会隔离用户，也就是用户登录后会被导向到其专用主目录，而且被限制在此主目录内、无法切换到其他用户的主目录，因此无法查看或修改其他用户主目录内的文件，用户也无法访问 FTP 站点内的全局虚拟目录。

1. 操作步骤

第 1 步：我们需要建立目录名称与用户名相同的物理或虚拟目录，此处采用物理目录。需要在 FTP 站点主目录之下建立以下的文件夹结构。

在 FTP 主目录下建立 LocalUser \用户名，LocalUser 文件夹是本地用户专用的文件夹，用户名称是本地用户账户名称。请在 LocalUser 文件夹下为每一位需要登录 FTP 站点的用户建立一个专用子文件夹，文件夹名称需与用户账户名称相同。用户登录 FTP 站点时，会被导向到其账户名称同名的文件夹。LocalUser \Public：用户利用匿名账户（anonymous）登录 FTP 站点时，会被导向到 Public 文件夹。

如果是域环境，则需要在 FTP 主目录下建立域名\用户名称，若用户利用 Active Directory 域用户账户来登录 FTP 站点，则请为该域建立一个专用文件夹，此文件夹名称需与 NetBIOS 域名相同，然后在此文件夹下为每一位需要登录 FTP 站点的域用户，各建立一个专用的子文件夹，此文件夹名称需与用户账户名称相同，域用户登录 FTP 站点时，会被导向到与其账户名称相同的文件夹。

例如：FTP 主目录位于 C:\inetpub \ftproot 下，我们要让匿名用户 anonymous，本地账户 user1、user2，域用户 ftp1、ftp2 都可以登录 FTP 站点，且要让他们都有专用主目录，则 FTP 站点主目录下的文件夹结构如图 11-43 所示。

第 2 步：要让 FTP 站点启用这种模式，请选择“用户名目录（禁用全局虚拟目录）”，单击“应用”，如图 11-44 所示。

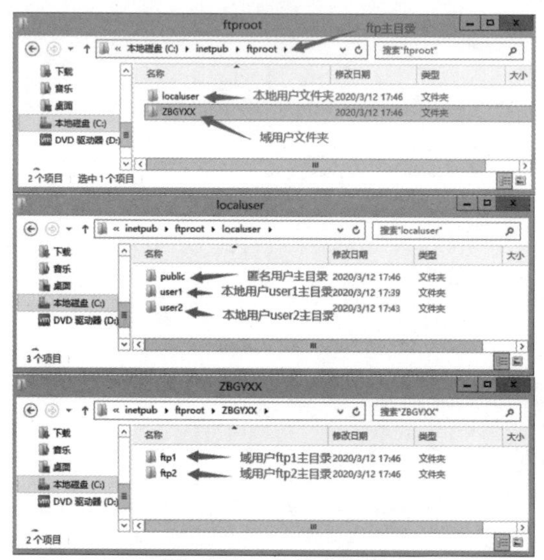

图 11-43 文件夹结构

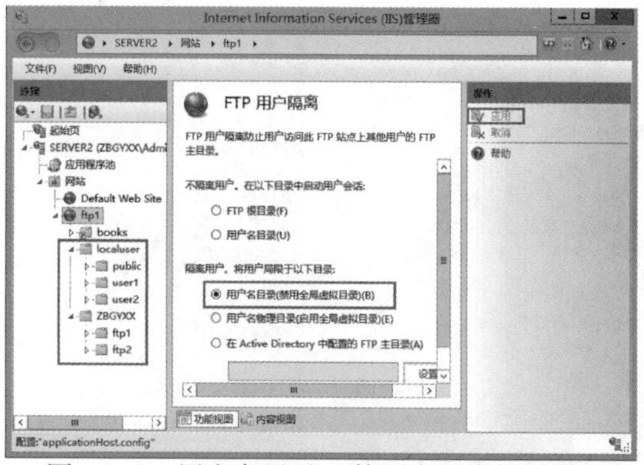

图 11-44 用户名目录（禁用全局虚拟目录）

2. 验证结果

在客户端验证，用匿名用户登录，结果如图 11-45 所示；本地用户 user1 和 user2 登录，结果如图 11-46 所示；域用户 ftp1 和 ftp2 登录，结果如图 11-47 所示。

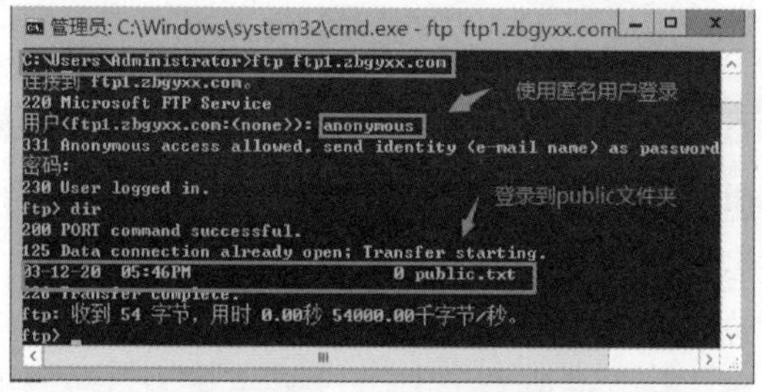

图 11-45 匿名用户登录

图 11-46 本地用户 user1 和 user2 登录

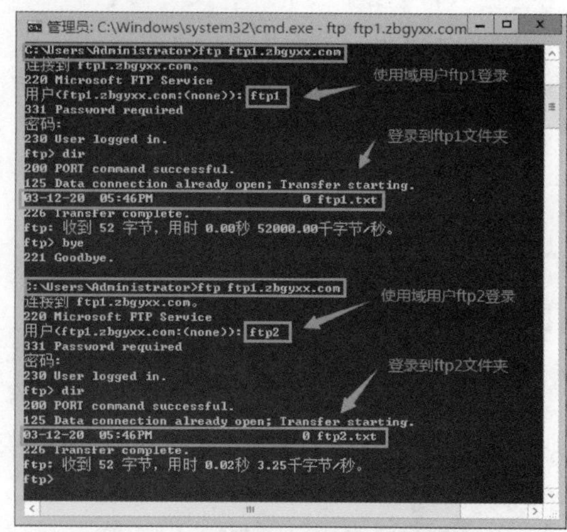

图 11-47 域用户 ftp1 和 ftp2 登录

实训 11-13　隔离用户、有专属主目录，可以访问全局虚拟目录

1. 操作步骤

选择“用户名物理目录（启用全局虚拟目录）”，单击“应用”按钮，如图 11-48 所示，它与“用户名目录（禁用全局虚拟目录）”几乎完全相同，不过此处的 FTP 站点具备以下特征：

（1）用户专用的主目录必须是物理目录，不能是虚拟目录。

（2）用户可以访问 FTP 站点内的全局虚拟目录，但是却无法访问用户专用主目录内的虚拟目录。

2. 验证结果

在客户端用域用户 ftp1 登录，可以看到全局虚拟目录 books，也可以看到自己目录的文件 ftp1. txt，如图 11-49 所示。

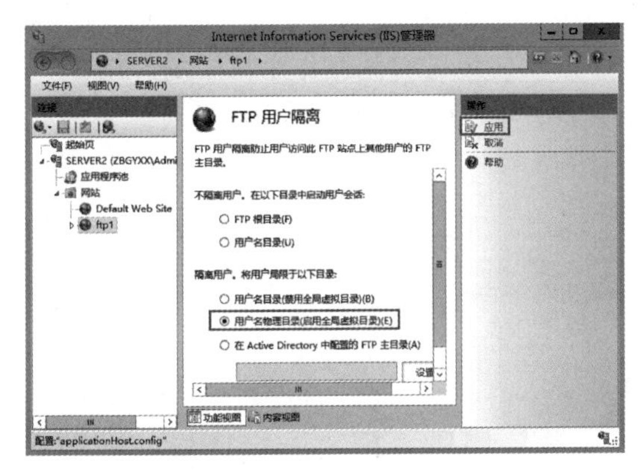

图 11-48　用户名物理目录（启用全局虚拟目录）

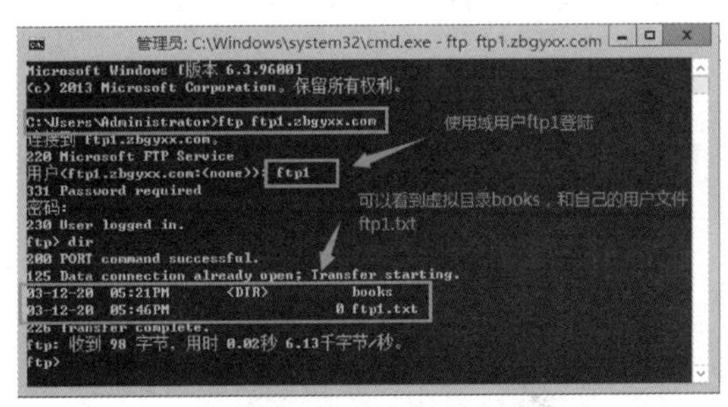

图 11-49　命令方式验证

实训 11-14　通过 Active Directory 来隔离用户

此模式只适用于 Active Directory 域用户。用户拥有专用主目录，而且会隔离用户，也就是用户登录会被导向到其专用主目录内，且被限制在此主目录，无法切换到其他用户的主目录，因此无法查看或修改其他用户主目录内的文件。我们必须为每一位需要连接到 FTP 站点的域用户，分别建立一个专用的用户主目录，我们以域用户 ftp1 和 ftp2 为例来说明。

1. 操作步骤

第 1 步：建立域用户账户 ftp1 和 ftp2（说明：此步在域控制器上完成）。

第 2 步：建立域用户的主目录（说明：此步在域控制器上完成），假设 FTP 主目录为 \\ server1\ADFTP 文件夹，我们将 ADFTP 文件夹设置为共享，并给域用户 ftp1、ftp2 分配共享权限为“读取/写入”，如图 11-50 所示。然后在 \\ server1\ADFTP 文件夹下建立域用户 ftp1、ftp2 的专属文件夹 ftp1root、ftp2root。

第 3 步：添加 FTP 站点（说明：此步在 FTP 服务器上完成），在“添加 ftp 站点”对

话框中，站点名称输入“ftpgl”，物理路径输入 \\ server1 \ADFTP，如图 11-51 所示。

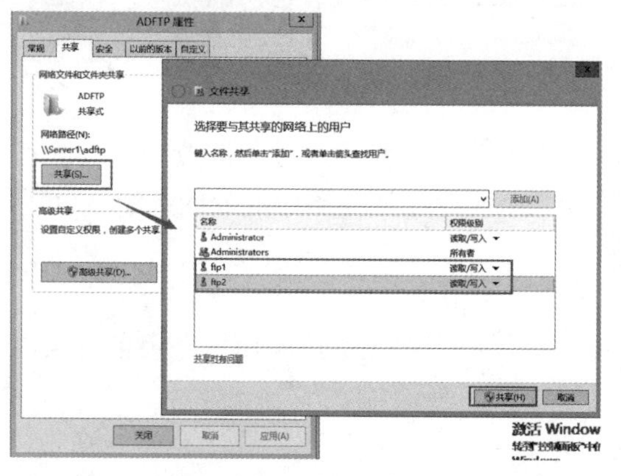

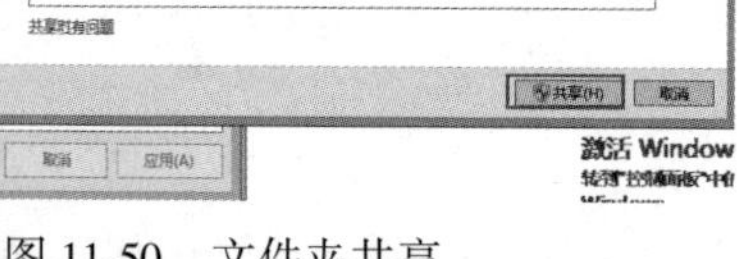

图 11-50　文件夹共享

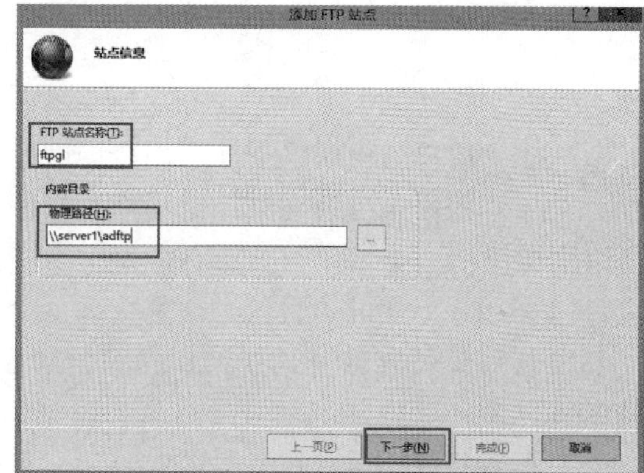

图 11-51　添加 FTP 站点

第 4 步：FTP 用户隔离选择“在 Active Directory 中的 FTP 主目录”，然后单击“设置”，输入凭据用户“administrator”，如图 11-52 所示。单击右侧操作窗格中的“应用”，这时会出现“启用 Active Directory 用户隔离将会禁用匿名身份验证”。说明这种隔离模式下，不能使用匿名用户访问 FTP 站点，如图 11-53 所示。

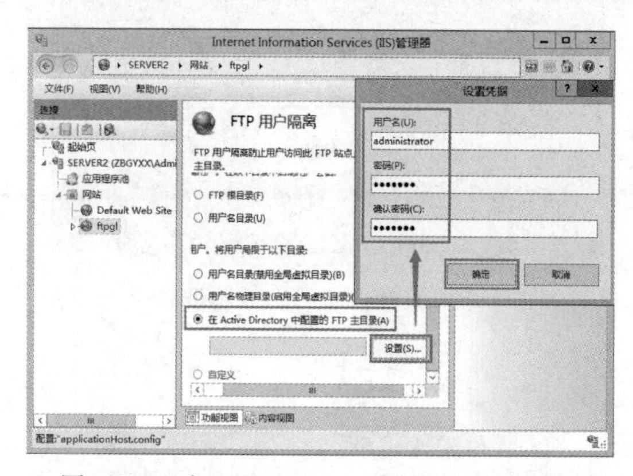

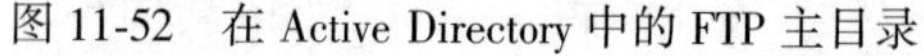

图 11-52　在 Active Directory 中的 FTP 主目录

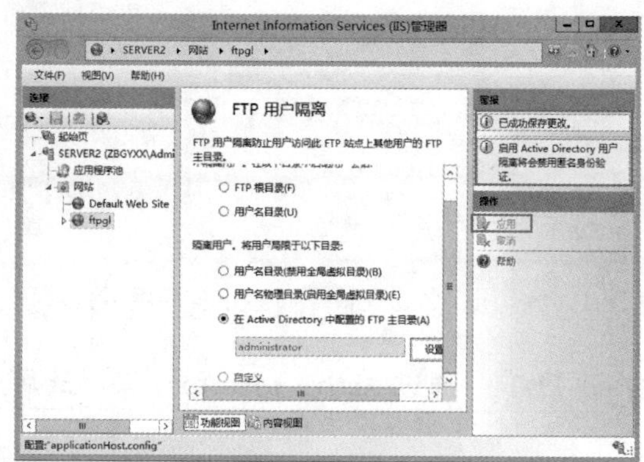

图 11-53　应用

第 5 步：在 Active Directory 数据库中设置用户的主目录（说明，此步可以在 AD 域控上完成，也可以在 FTP 服务器上完成，如果是在 FTP 服务器上设置，需要使用域管理员账户登录，并且需要在 FTP 服务器上安装 ADSI 编辑器工具）。在 Active Directory 数据库的用户账户内有两个属性用来支持通过 Active Directory 来隔离用户的 FTP 站点，他们分别是 msIIS-FTPRoot 与 msIIS-FTPDir，其中 msIIS-FTPRoot 用来设置主目录的 UNC 网络路径，而 msIIS-FTPDir 用来指定 UNC 下的子文件夹。例如，将用户 ftp1 的主目录指定到 \\server1 \ADFTP \ftp1root，则这个属性设置如下：msIIS-FTPRoot 需要设置为 \\ server1 \ADFTP \，msIIS-FTPDir 需要设置为 ftp1root。将用户 ftp2 的主目录指定到 \\ server1 \ ADFTP \ftp2root，则这个属性设置如下：msIIS-FTPRoot 需要设置为 \\server1 \ADFTP \，msIIS-FTPDir 需要设置为 ftp2root。打开“管理工具”，双击“ADSI 编辑器”，右键单击“ADSI 编辑器”选择“连接到...”，如图 11-54 所示，打开“连接设置”对话框，设置默认，单击“确定”按钮。

第 6 步：展开用户账户所在的组织单位，如图 11-55 所示，找到 CN = ftp1 和 CN = ftp2，分别用鼠标右键单击 ftp1 和 ftp2 选择“属性”，将 msIIS-FTPRoot 与 msIIS-FTPDir 这两个属性分别设置主目录的 UNC 网络路径和 UNC 下的子文件夹，如图 11-56 和图 11-57 所示。

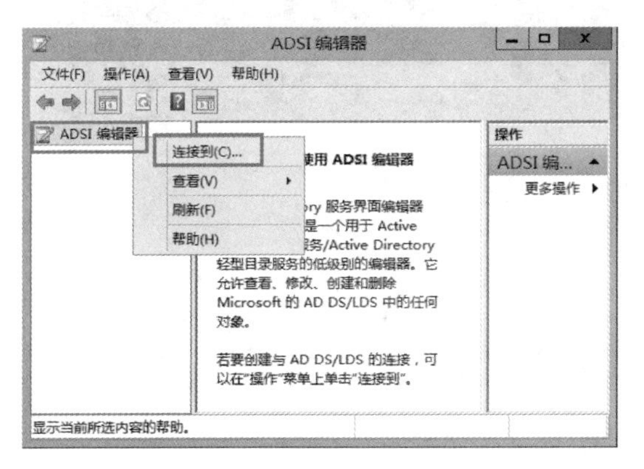

图 11-54　ADSI 编辑器连接设置

图 11-55　用户属性设置

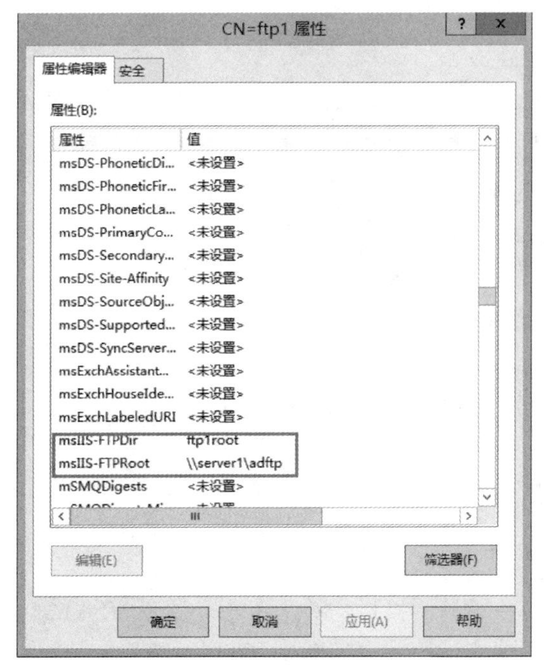

图 11-56　ftp1 的用户目录设置

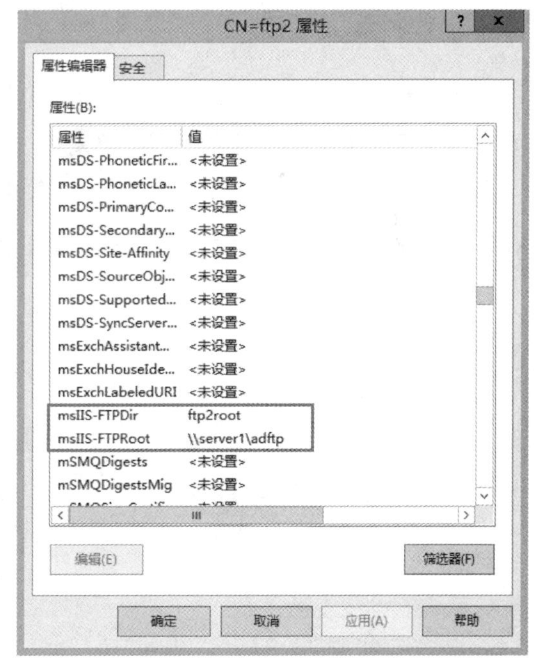

图 11-57　ftp2 的用户目录设置

2. 验证结果

在客户端使用 ftp1 用户登录，可以看到 ftp1root 文件夹内的文件；在客户端使用 ftp2 用户登录，可以看到 ftp2root 文件夹内的文件，如图 11-58 所示。

```
管理员: C:\Windows\system32\cmd.exe - ftp ftp1.zbgy...
C:\Users\Administrator>ftp ftp1.zbgyxx.com
连接到 ftp1.zbgyxx.com。
220 Microsoft FTP Service
用户(ftp1.zbgyxx.com:(none)): ftp1
331 Password required
密码:
230 User logged in.
ftp> dir
200 PORT command successful.
125 Data connection already open; Transfer starting.
03-13-20  10:24AM                 0 ftp1.txt
226 Transfer complete.
ftp: 收到 52 字节，用时 0.01秒 3.47千字节/秒。
ftp> bye
221 Goodbye.
```

使用域用户ftp1登录

登录ftp1的主目录ftp1root

```
管理员: C:\Windows\system32\cmd.exe - ftp ftp1.zbgy...
C:\Users\Administrator>ftp ftp1.zbgyxx.com
连接到 ftp1.zbgyxx.com。
220 Microsoft FTP Service
用户(ftp1.zbgyxx.com:(none)): ftp2
331 Password required
密码:
230 User logged in.
ftp> dir
200 PORT command successful.
125 Data connection already open; Transfer starting.
03-13-20  10:24AM                 0 ftp2.txt
226 Transfer complete.
ftp: 收到 52 字节，用时 0.00秒 52000.00千字节/秒。
ftp>
```

使用域用户ftp2登录

登录ftp1的主目录ftp2root

图 11-58 用户 ftp1 和用户 ftp2 登录验证结果

任务 11.5 发布多个 FTP 站点

11.5.1 任务目标

（1）掌握使用不同的 IP 地址发布不同的 FTP 站点的方法。

（2）掌握使用不同的端口号发布不同的 FTP 站点的方法。

（3）掌握使用不同的虚拟主机名发布不同的 FTP 站点的方法。

11.5.2 知识准备

我们可以在一台计算机内创建多个 FTP 站点。不过为了区分这些 FTP 站点，需要给予每一个站点唯一的识别信息，而用来辨认站点的识别信息有“虚拟主机名、IP 地址与 TCP 端口号”，一台服务器内所有 FTP 站点的这 3 个识别信息不可以完全相同。

实训 11-15 使用不同的 IP 地址发布不同的 FTP 站点

1. 操作步骤

第 1 步：给服务器添加一个 IP 地址 172. 16. 1. 20，打开“网络和共享中心”→“更改适配器设置”，用鼠标右键单击“本地连接”→“属性”→“TCP/IPv4”，在“TCP/IPv4 属性”对话框中单击“高级”按钮，打开“高级 TCP/IP 设置”对话框，添加 IP 地址“172. 16. 1. 20”，现在服务器有两个 IP 地址“192. 168. 10. 20”和“172. 16. 1. 20”，如图 11-59 所示。

第 2 步：在 C:\ 为站点 FTP1 和 FTP2 准备两个主目录文件夹，分别为 C:\ftp1、C:\ftp2，并在相应的文件夹下建立对应的文件以便测试使用，如图 11-60 所示。

第 3 步：打开“管理工具”→“Internet Information Services（IIS）管理器，”用鼠标右键单击“网站”→“新建 FTP 站点”，FTP 站点名称为“ftp1”，物理路径为“C:\ftp1”，IP 地址为“192. 168. 10. 20”，端口号默认“21”，如图 11-61 和图 11-62 所示，单击“下一步”按钮，设置身份验证方式为“基本”，授权允许访问为“所有用户”权限为读取，然后单击“完成”按钮。

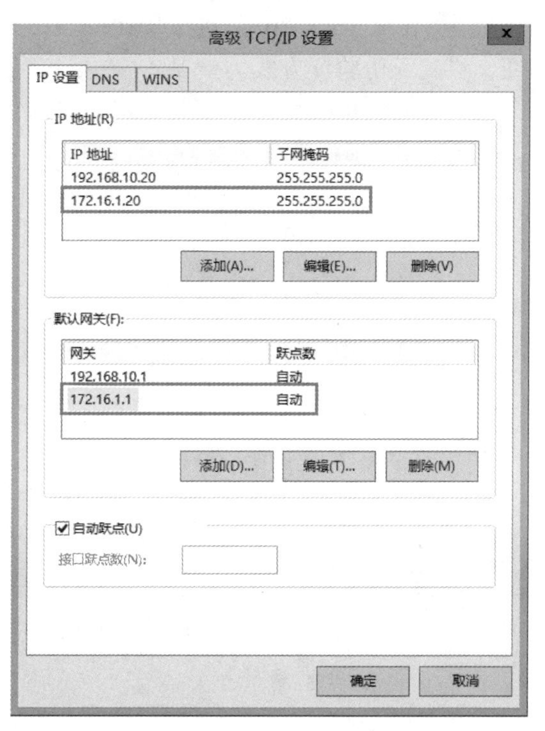

图 11-59　高级 TCP/IP 设置

图 11-60　站点 ftp1 和 ftp2 的主目录文件夹

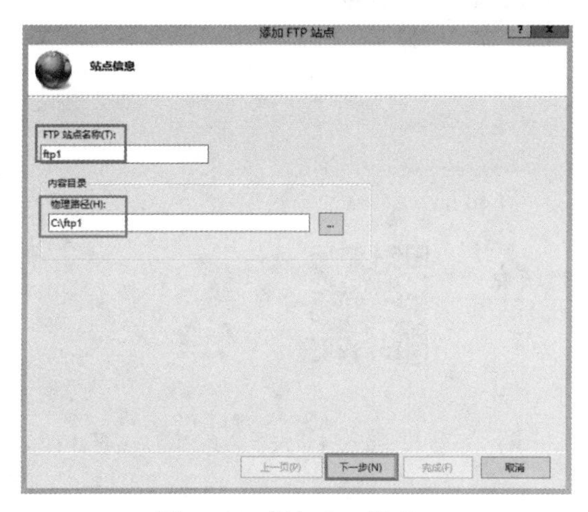

图 11-61　添加 ftp1 站点 1

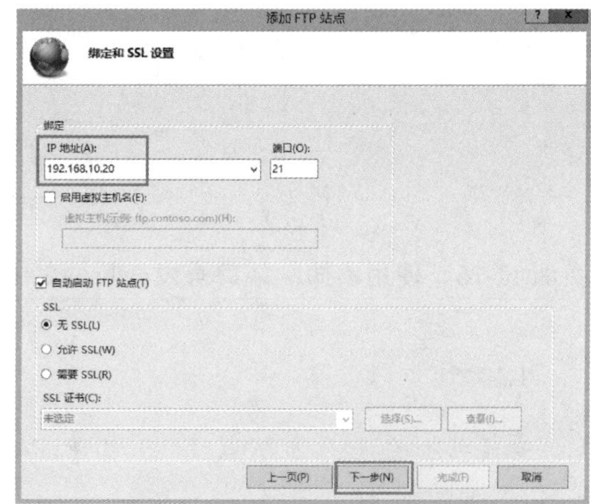

图 11-62　添加 ftp1 站点 2

第 4 步：用鼠标右键单击“网站”→“新建 FTP 站点”，网站名称为“ftp2”，物理路径为“C:\ ftp2”，IP 地址为“172. 16. 1. 20”，端口号默认 21，如图 11-63 和图 11-64 所示，单击“下一步”按钮，设置身份验证方式为“基本”，授权允许访问为“所有用户”权限为读取，然后单击“完成”按钮。

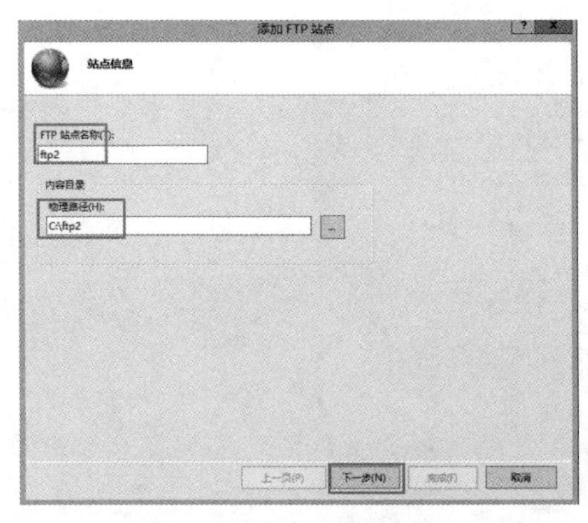

图 11-63　添加 FTP2 站点 1

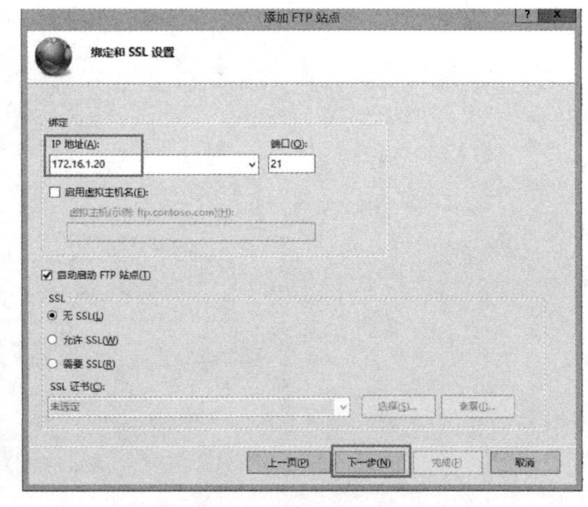

图 11-64　添加 FTP2 站点 2

2. 验证结果

在客户端打开资源管理器，分别输入 ftp://192. 168. 10. 20 和 ftp://172. 16. 1. 20，可以分别访问站点 ftp1 和 ftp2，如图 11-65 所示。

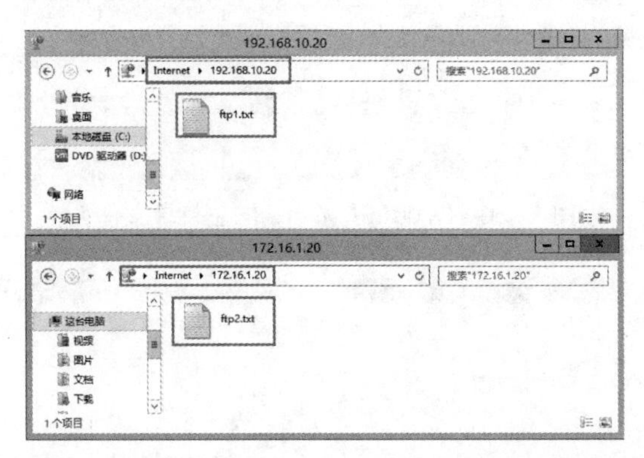

图 11-65　验证站点 ftp1 和 ftp2

实训 11-16　使用不同的端口号发布不同的 FTP 站点

1. 操作步骤

第 1 步：在 C:\ 为站点 FTP3 和 FTP4 准备两个主目录文件夹，分别为 C:\ ftp3、C:\ftp4，如图 11-66 所示。

第 2 步：打开“管理工具”→“Internet Information Services（IIS）管理器，”用鼠标右键单击“网站”→“新建 FTP 站点”，网站名称为“ftp3”，物理路径为“C:\ftp3”，IP 地址为“192. 168. 10. 20”，端口号使用“2000”，如图 11-67 和图 11-68 所示。单击“下

图 11-66　站点 ftp3 和 ftp4 的主目录文件夹

一步”按钮，设置身份验证方式为“基本”，授权允许访问为“所有用户”权限为读取，然后单击“完成”按钮。

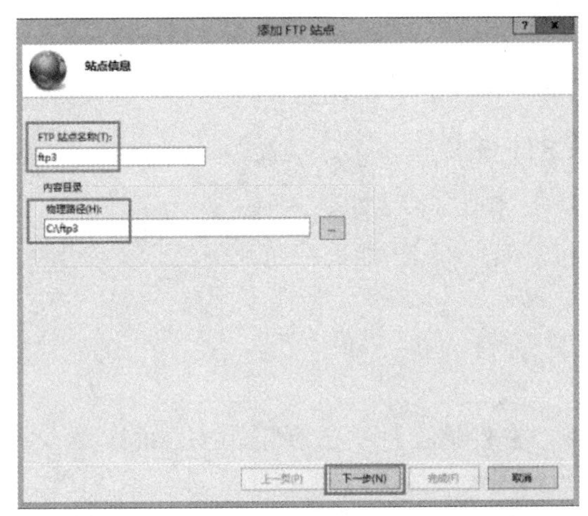

图 11-67　添加 ftp3 站点 1

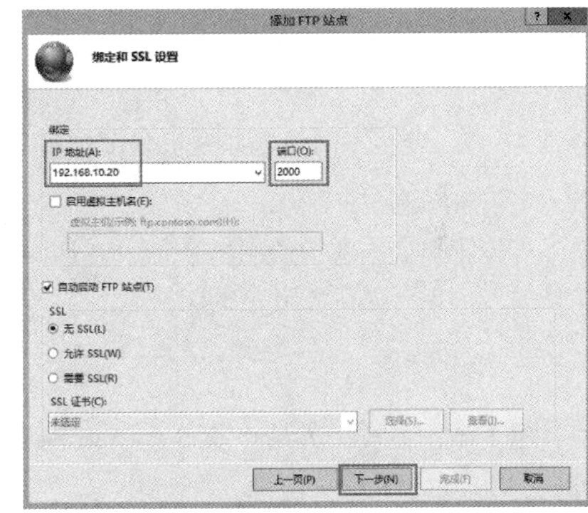

图 11-68　添加 ftp3 站点 2

第 3 步：用鼠标右键单击“网站”→“新建 FTP 站点”，网站名称为“ftp4”，物理路径为“C:\ftp4”，IP 地址 192. 168. 10. 20，端口号使用“3000”，如图 11-69 和图 11-70 所示，单击“下一步”按钮，设置身份验证方式为“基本”，授权允许访问为“所有用户”权限为读取，然后单击“完成”按钮。

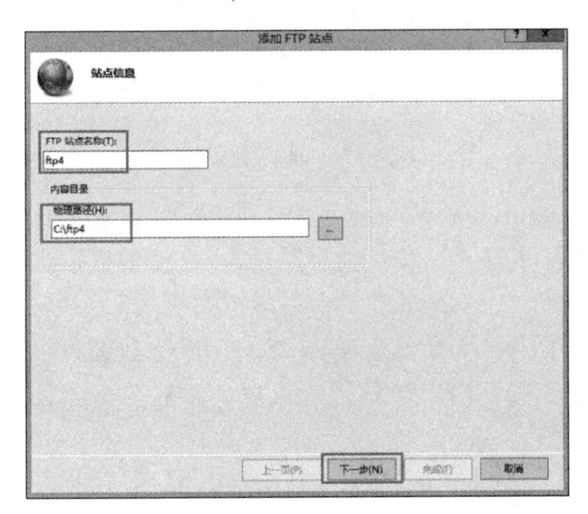

图 11-69　添加 ftp4 站点 1

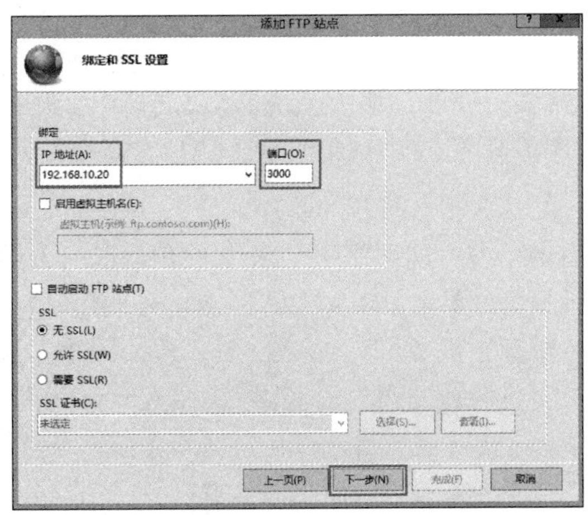

图 11-70　添加 ftp4 站点 2

2. 验证结果

如果端口号使用默认的 21 号端口，访问时可以省略端口号不写，否则访问时要写上端口号。下面分别使用 ftp://192.168.10.20：2000 和 ftp://192.168.10.20：3000 访问 ftp3 站点和 ftp4 站点，如图 11-71 和图 11-72 所示。

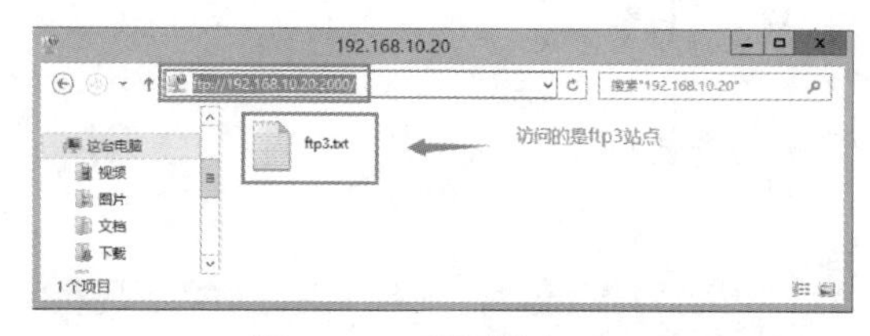

图 11-71　验证站点 ftp3

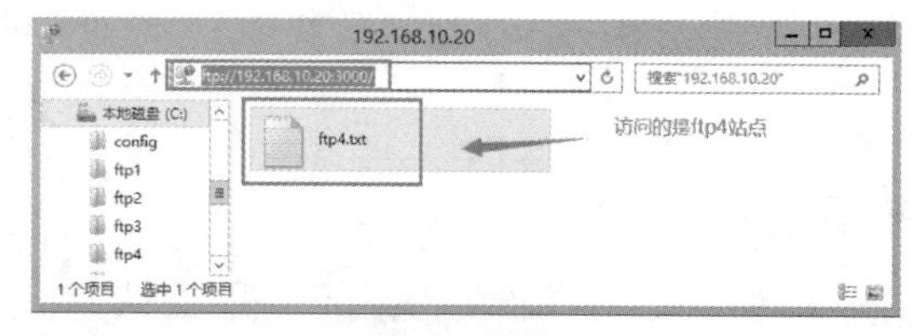

图 11-72　验证站点 ftp4

实训 11-17　使用不同的虚拟主机名发布不同的 FTP 站点

虚拟主机名主要的使用场合是，这台计算机只有一个 IP 地址，而我们又希望使用一个端口号，但却要配置多个 FTP 站点。

1. 操作步骤

第 1 步：在 C:\ 为站点 ftp5 和 ftp6 准备两个主目录文件夹，分别为 C:\ ftp5、C:\ ftp6，如图 11-73 所示。

第 2 步：设置 DNS 服务器，登录 DNS 服务器，对 ftp 服务器的 IP 地址 192.168.10.20 建立两条对应的域名 ftp5.zbgyxx.com 和 ftp6.zbgyxx.com，如图 11-74 所示。

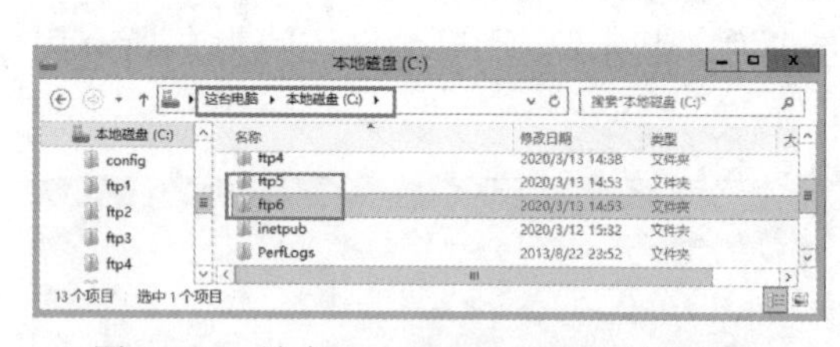

图 11-73　站点 ftp5 和 ftp6 的主目录文件夹

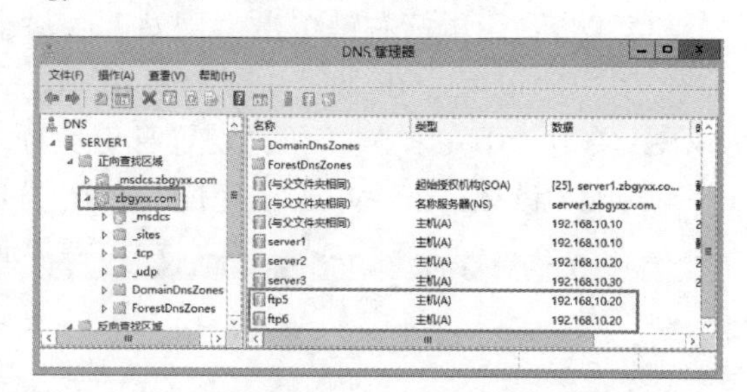

图 11-74　DNS 管理器

第 3 步：打开"管理工具"→"Internet Information Services（IIS）管理器，"用鼠标右键单击"网站"→"新建 FTP 站点"，网站名称为"ftp5"，物理路径为"C:\ftp5"，IP 地址为"192.168.10.20"，端口号使用默认端口"21"。勾选"启用虚拟主机名"，并输入虚拟主机"ftp5.zbgyxx.com"，如图 11-75 和图 11-76 所示，单击"下一步"按钮，设置身份验证方式为"基本"，授权允许访问为"所有用户"权限为读取，然后单击"完成"按钮。

第 4 步：打开"管理工具"→"Internet Information Services（IIS）管理器，"用鼠标右键单击"网站"→"新建 FTP 站点"，网站名称为"ftp6"，物理路径为"C:\ftp6"，IP 地址为"192.168.10.20"，端口号使用默认端口"21"。勾选"启用虚拟主机名"，并输入虚拟主机“ftp6. zbgyxx. com”，如图 11-77 和图 11-78 所示。单击“下一步”按钮，设置身份验证方式为“基本”，授权允许访问为“所有用户”权限为读取，然后单击“完成”按钮。

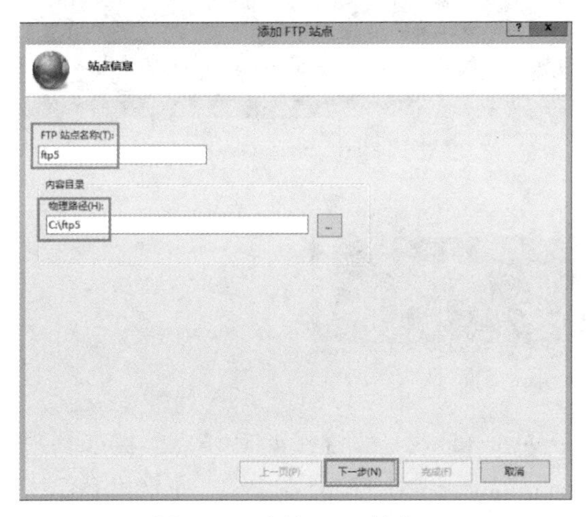

图 11-75 添加 ftp5 站点 1

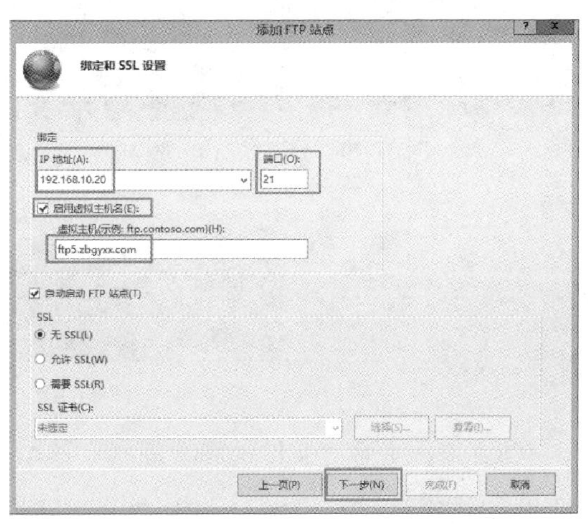

图 11-76 添加 ftp5 站点 2

图 11-77 添加 ftp6 站点 1

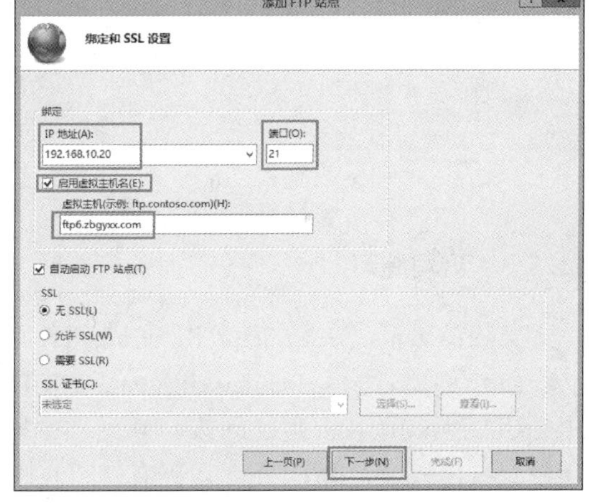

图 11-78 添加 ftp6 站点 2

2. 验证结果

方法 1：客户端要连接这个拥有虚拟主机名的 FTP 站点时，需要在登录账户前加上主机名 ftp5. zbgyxx. com 与符号“ | ”，例如“ftp5. zbgyxx. com | anonymous”“ftp6. zbgyxx. com | anonymous”，登录后就可以看到站点 ftp5 和 ftp6 主目录下的文件，结果如图 11-79 和图 11-80所示。

说明：此时我们不能再使用 IP 地址 192. 168. 10. 20 来访问 ftp5 或 ftp6 中的任何一个站点。

说明：若连接时未输入虚拟主机名，将无法连接 FTP 站点 ，会出现以下所示的警告信息，如图 11-81 所示。

```
C:\Users\Administrator>ftp ftp5.zbgyxx.com
连接到 ftp5.zbgyxx.com。
220 Microsoft FTP Service
用户(ftp5.zbgyxx.com:(none)): ftp5.zbgyxx.com|anonymous
331 Anonymous access allowed, send identity (e-mail name) as password.
密码:
230 User logged in.
ftp> dir
200 PORT command successful.
125 Data connection already open; Transfer starting.
03-13-20  02:53PM                 0 ftp5.txt
226 Transfer complete.
ftp: 收到 52 字节，用时 0.00秒 52000.00千字节/秒。
ftp> bye
221 Goodbye.
```

图 11-79　验证站点 ftp5

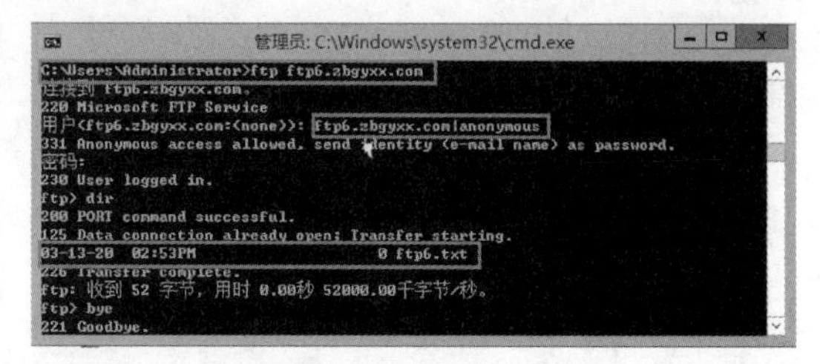

图 11-80　验证站点 ftp6

```
C:\Users\Administrator>ftp ftp6.zbgyxx.com
连接到 ftp6.zbgyxx.com。
220 Microsoft FTP Service
用户(ftp6.zbgyxx.com:(none)): anonymous
530 Valid hostname is expected.
登录失败。
ftp>
```

图 11-81　命令方式验证

方法 2：使用“文件资源管理器”或“Internet Explorer”来连接 FTP 站点，例如利用 anonymous 来连接，请输入 ftp://ftp5. zbgyxx. com | anonymous@ftp5. zbgyxx. com/和 ftp://ftp6. zbgyxx. com | anonymous@ ftp6. zbgyxx. com/，如图 11-82 和图 11-83 所示。

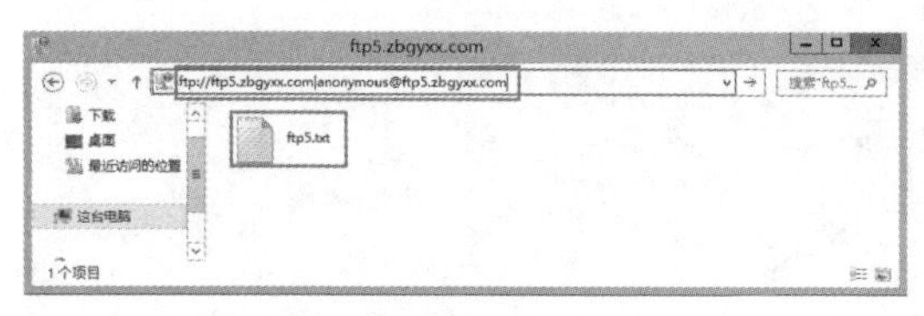

图 11-82　验站点 ftp5

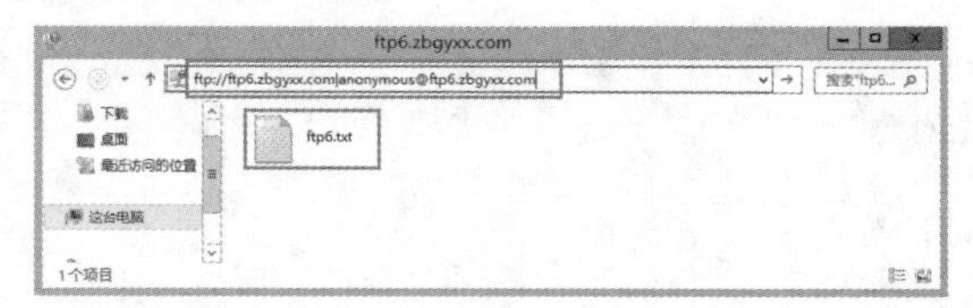

图 11-83　验证站点 ftp6

11.5.3　巩固练习

安装 Widows Server 2012 R2 完成 FTP 服务器的部署。

（1）创建名为 ftp. chinaskills. com 的 FTP 站点，FTP 主目录为 C:\inetpub\ftproot。使用 ftp. chinaskills. com 可访问该 FTP 站点，域用户 ftp1、ftp2 及匿名用户均可登录，但匿名用户有只读权限，ftp1、ftp2 可以有读写权限。

（2）限制站点的最大连接数为 1000，连接超时 180s；使用 W3C 记录日志，每天创建一个新的日志文件，使用当地时间作为日志文件名，日志只允许记录日期、时间、客户端 IP 地址、用户名、服务器 IP 地址、服务器端口号和方法。

项目 12　文件服务器管理

项目应用场景：

某企业局域网中存储了大量数据，而且分布在不同的计算机上，用户访问时非常麻烦，而且不便于管理员的管理。管理员李明希望搭建文件服务器，实现共享资源的集中统一管理，同时又可以对文件设置权限策略，保证数据访问的安全。

任务 12.1　安装文件服务器管理器

任务目标

（1）会安装文件服务器管理器角色。

（2）会使用文件服务器管理器。

Windows Server 2012 R2 通过“文件和存储服务”来提供文件服务器的基本功能，并且默认已经安装此服务，还需要再安装“文件服务器资源管理器”角色服务。

实训 12-1　安装文件服务器管理器角色

第 1 步： 单击“服务器管理器”→“添加角色和功能”，如图 12-1 所示，勾选“文件服务器资源管理器”，如图 12-2 所示，单击“下一步”按钮，直到安装完成。

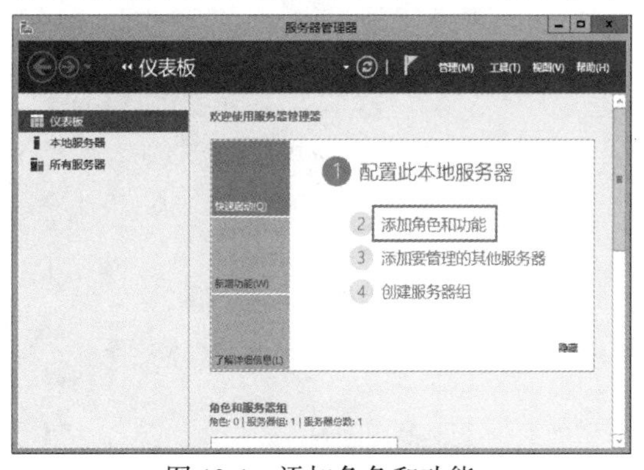

图 12-1　添加角色和功能

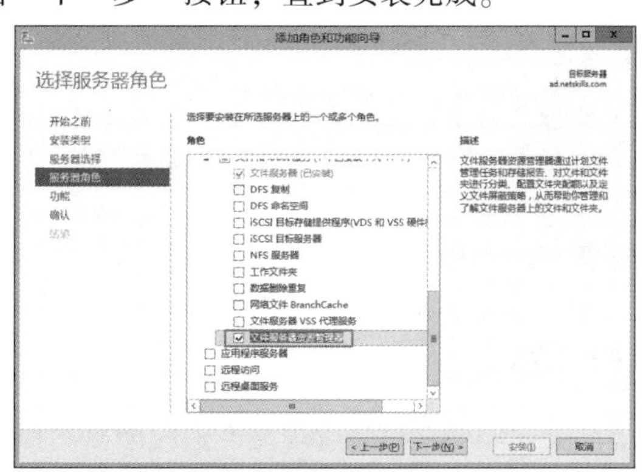

图 12-2　文件服务器资源管理器

第 2 步： 打开“管理工具”→“文件服务器资源管理器”，如图 12-3 所示。

本实训我们将以下面的案例来进行操作，设置当发生磁盘配额超出事件或发生文件屏蔽事件时，自动发送电子邮件来通知系统管理员（需事先搭建好邮件服务器）。

用鼠标右键单击“文件服务器资源管理器”，选择“配置选项”，如图 12-4 所示。在“文件服务器资源管理器选项”对话框中，“电子邮件通知”选项卡中设置 smtp 服务器的

图 12-3　管理工具

地址“192.168.10.50”和默认管理员收件人“admin@zbgyxx.com”,“默认的‘发件人’电子邮件地址”采用默认“FSRM@server1.zbgyxx.com”,单击“确定”按钮,如图 12-5 所示。

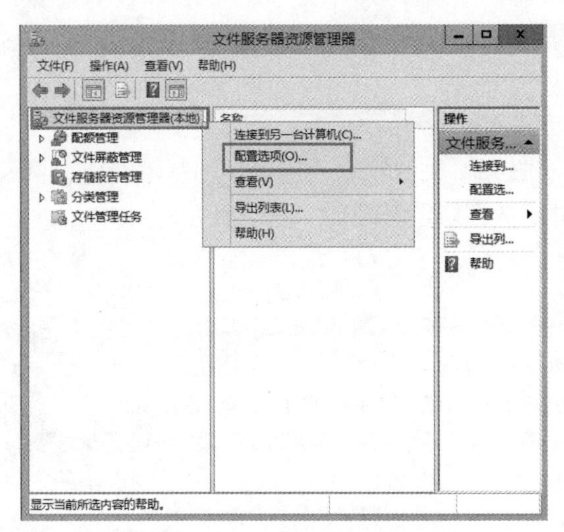

图 12-4　文件服务器资源管理器

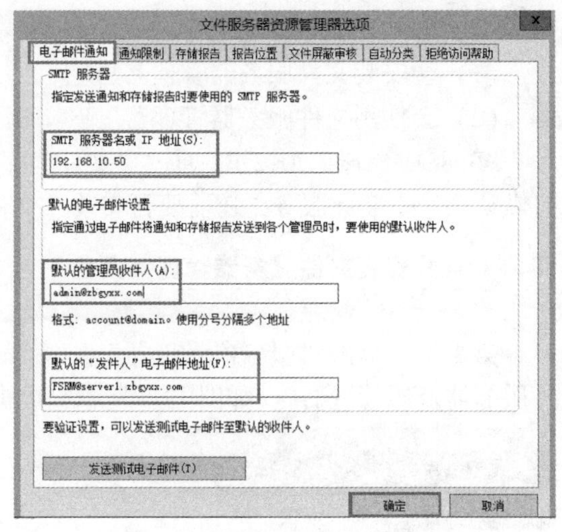

图 12-5　文件资源管理器选项

任务 12.2　储存报告管理

任务目标

会使用储存报告管理功能追踪磁盘的使用情况。

实训 12-2　使用储存报告管理功能追踪磁盘的使用情况

储存报告管理功能让我们可以追踪磁盘的使用情况，以便了解磁盘的使用趋势，进而作为管理的参考。

1. 操作步骤

第 1 步： 用鼠标右键单击“文件服务器资源管理器”→“配置选项”→“存储报

告”，可以看到用来制作报告的项目：“按所有者分类的文件”“按文件组分类的文件”“大文件”“配额使用情况”“文件（按属性）”“文件夹属性”“文件屏蔽审核”“重复文件”“最近访问次数最多的文件”“最近访问次数最少的文件”等。下面我们以设置大文件为例，选择“大文件”，单击“编辑参数”按钮，如图 12-6 所示，在“报告参数”对话框中，设置“最小文件大小”为“5MB”，如图 12-7 所示。

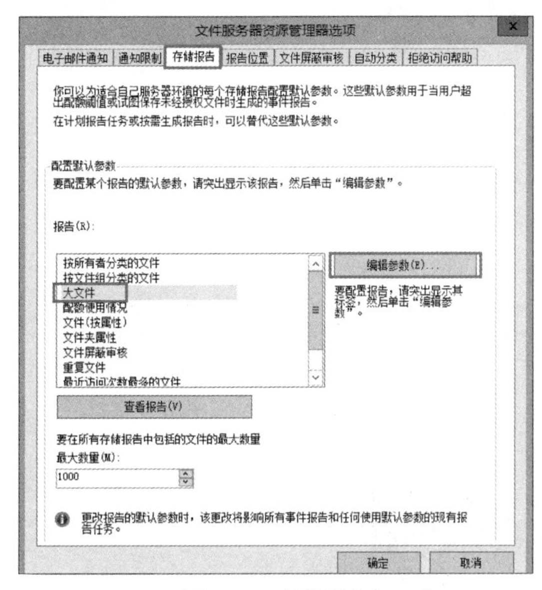

图 12-6　存储报告

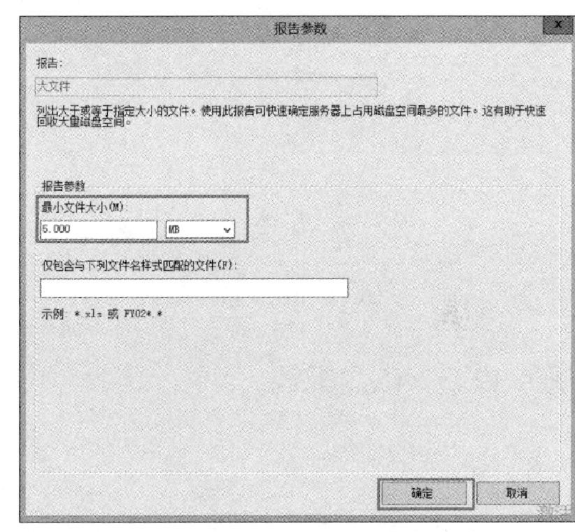

图 12-7　报告参数

第 2 步：我们针对 C:\books 文件夹生成大文件的报告。单击“存储报告管理”选择右侧操作窗格中的“立即生成报告”，打开“存储报告任务属性”对话框，在“设置”选项卡中，勾选“大文件”，如图 12-8 所示，在“范围”选项卡中，单击“添加”按钮，添加文件夹“C:\books”，如图 12-9 所示。如果已经配置了电子邮件服务器，可以选择“发送”选项卡，将报告发送至下列管理员，如图 12-10 所示，单击“确定”按钮完成。生成的报告被存储在 C:\StorageReports 文件夹下。

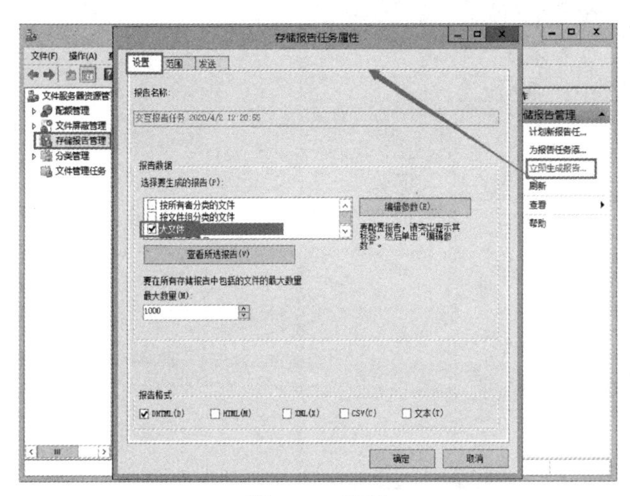

图 12-8　设置

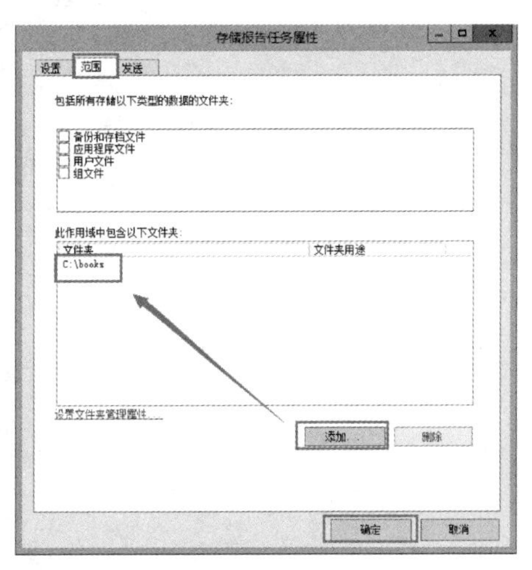

图 12-9　范围

2. 验证结果

打开 C:\StorageReports\Interactive 文件夹下的报告文件，可以看到在 C:\books 文件夹中共有 1 个大于 5MB 的大文件，如图 12-11 所示。

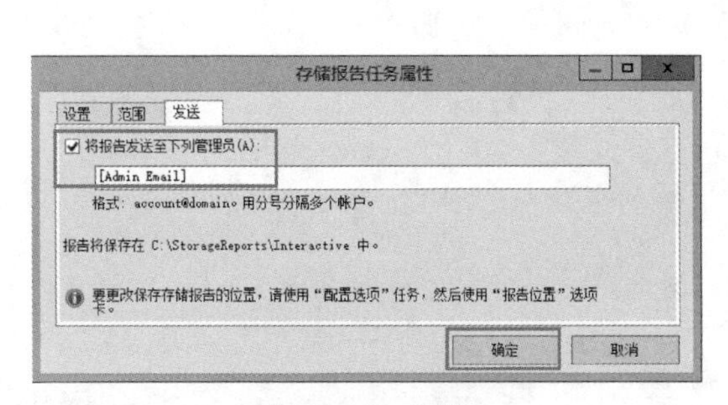

图 12-10　发送

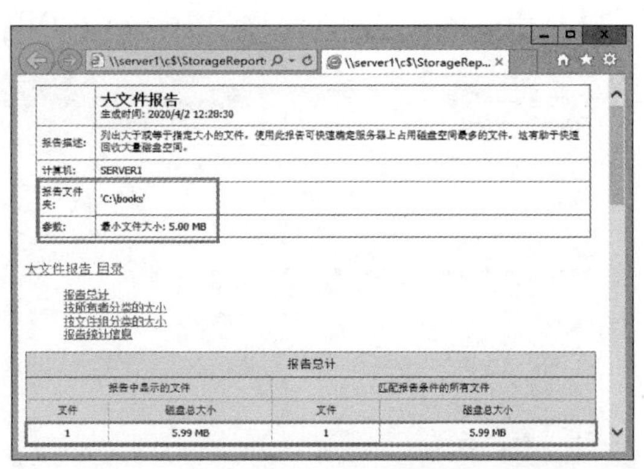

图 12-11　大文件报告

任务 12.3　磁盘配额

任务目标

会使用文件服务器管理器设置磁盘配额。

本节内容在项目 5 任务 5.4 已经讲解，这里仅给出一个案例。

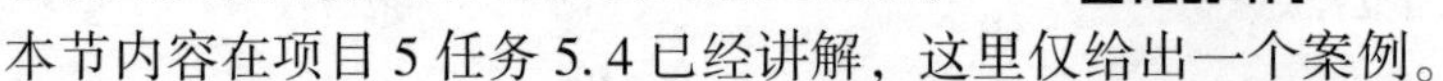

实训 12-3　给 C:\Share 文件夹创建 500MB 空间配额，超过 80%警告

操作步骤

第 1 步：打开“文件服务器资源管理器”→“配额管理”，用鼠标右键单击“配额”，选择“创建配额”，如图 12-12 所示。

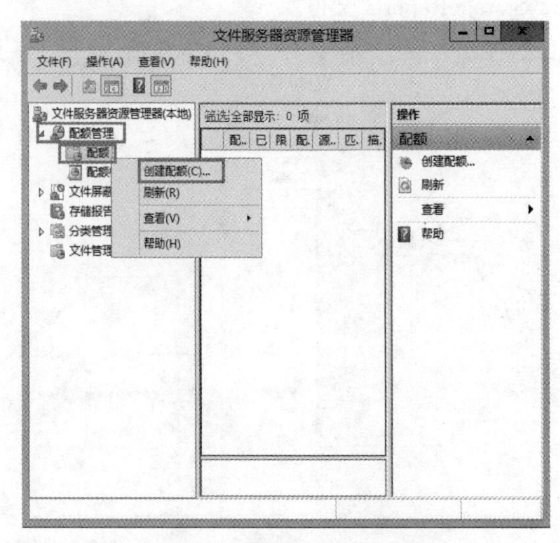

图 12-12　文件服务器资源管理器

第 2 步： 在“创建配额”对话框中，选择“配额路径”为“C:\share”，选择“定义自定义配额属性”，单击“自定义属性”按钮，如图 12-13 所示。

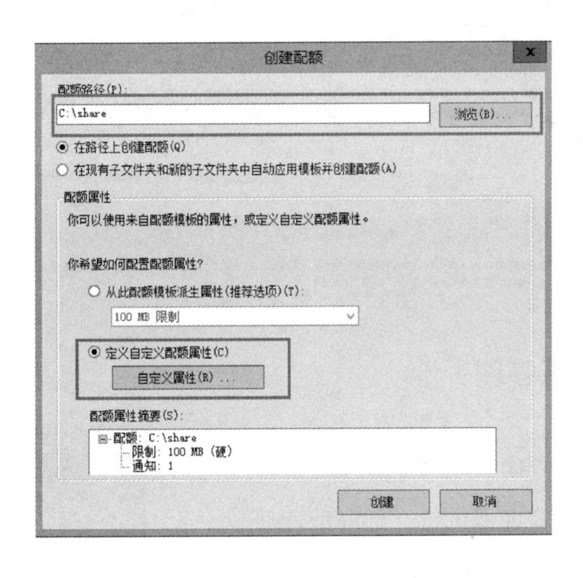

图 12-13　创建配额

第 3 步： 在“C:\share 的配额属性”对话框中，“空间限制”输入“500MB”，然后单击“添加”按钮，如图 12-14 所示。

第 4 步： 设置“使用率达到（%）时生成通知”为“80”，勾选“将电子邮件发送至下列管理员”，如图 12-15 所示。

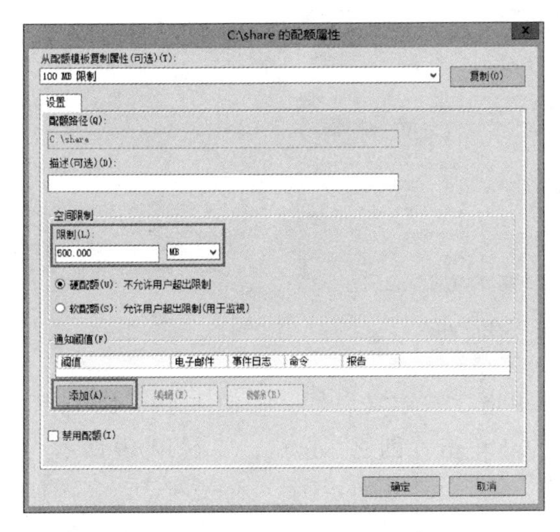

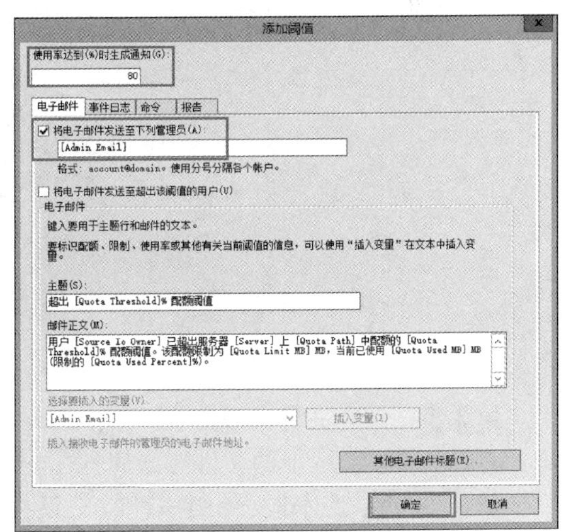

图 12-14　C:\Share 的配额属性　　　　图 12-15　添加阈值

第 5 步： 依次单击“确定”和“创建”，完成对“C:\Share”文件夹的配额设置，结果如图 12-16 所示。

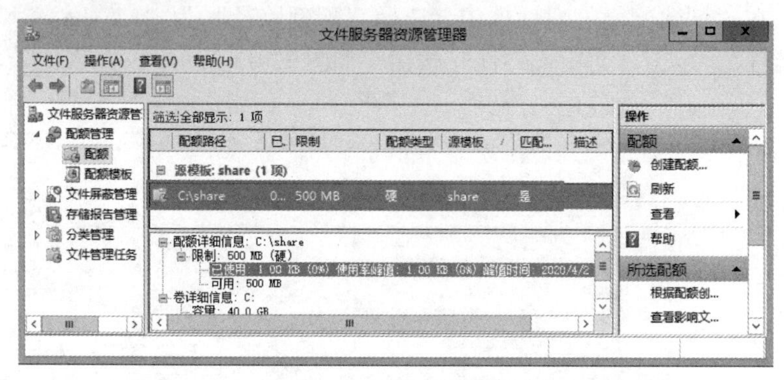

图 12-16　配额创建结果

任务 12.4　文件屏蔽管理

12.4.1　任务目标

会使用文件服务器管理器进行文件屏蔽管理。

实训 12-4　在 C:\share 文件夹中不允许存放 *. docx 和 *. pptx 文件

1. 操作步骤

第 1 步：打开“文件服务器资源管理器”→“文件屏蔽管理”，用鼠标右键单击“文件屏蔽”选择“创建文件屏蔽”，如图 12-17 所示。

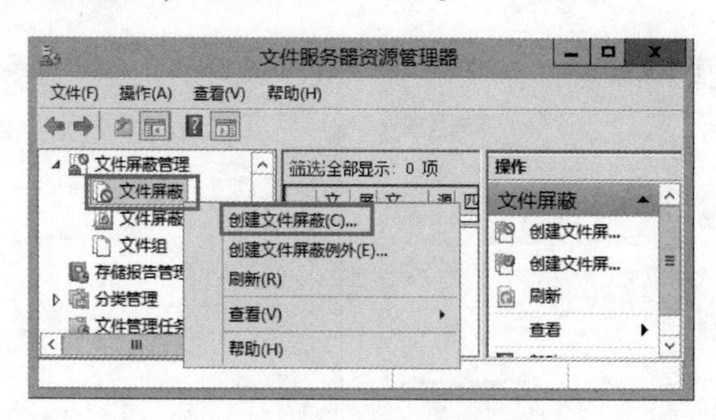

图 12-17　创建文件屏蔽

第 2 步：选择文件屏蔽路径“C:\share”，单击“自定义属性”按钮，如图 12-18 所示，打开“C:\share 上的文件屏蔽属性”对话框，单击“创建”按钮，如图 12-19 所示。

第 3 步：在“创建文件组属性”对话框中，输入文件组的名字“docxpptx”，在添加“要包含的文件”框中依次添加“*. docx”和“*. pptx”，单击“确定”按钮，如图 12-20所示。

第 4 步：在“C:\share 上的文件屏蔽属性”对话框中，勾选创建的“docxpptx”文件组，如图 12-21 所示，单击“确定”按钮，创建完成，结果如图 12-22 所示。

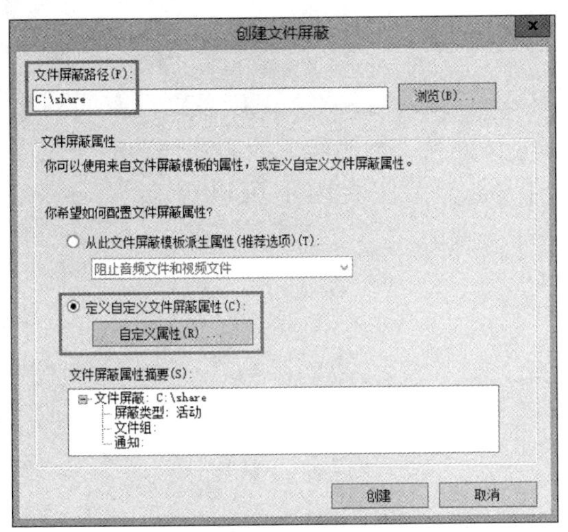

图 12-18 自定义属性

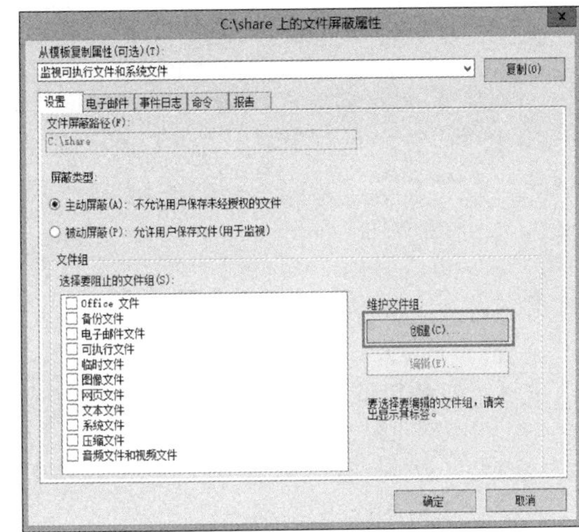

图 12-19 创建屏蔽组

2. 验证结果

在 C:\share 文件夹中复制一个 aa. docx 文件，验证文件屏蔽，结果如图 12-23 所示。

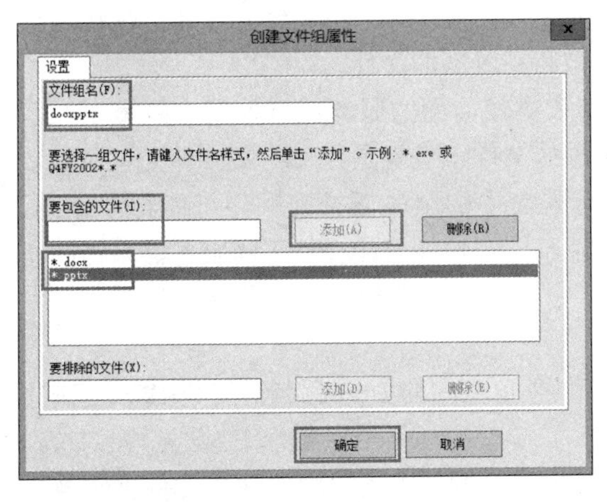

图 12-20 创建文件组属性

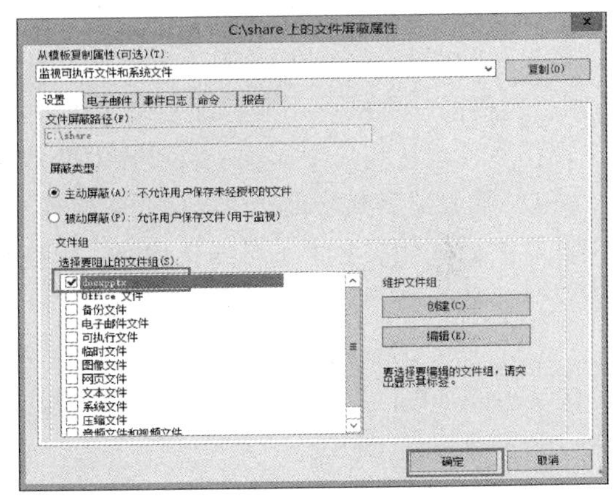

图 12-21 选择要阻止的文件组 docxpptx

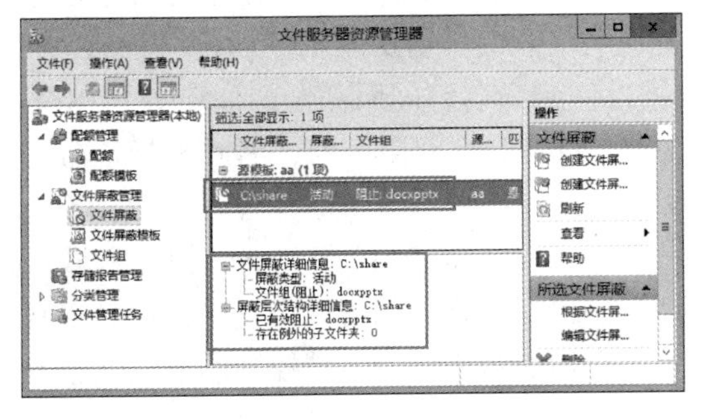

图 12-22 完成 C:\Share 上的文件屏蔽

图 12-23 目标文件夹访问被拒绝

12. 4. 2　巩固练习

安装 Windows Server 2012 R2，完成磁盘配额的部署，将系统的 C 盘磁盘空间划出 10GB，对应磁盘盘符为 F:\，在 F 盘上新建 Share 文件夹，利用磁盘配额管理功能，完成对 Share 文件夹 500MB 大小的限制，限制对 Share 文件夹内不可以保存 *. xlsx 和 *. pptx 文档。

任务 12. 5　了解分布式文件系统

12. 5. 1　任务目标

（1）了解分布式文件系统（DFS）的功能。
（2）了解 DFS 的架构。
（3）会搭建命名空间。
（4）会创建复制组。

12. 5. 2　知识准备

（1）通过 DFS 将相同的文件同时存储到网络上多台服务器后，即可拥有以下功能：

1）提高文件的访问效率：当客户端通过 DFS 访问文件时，DFS 会引导客户端从最接近客户端的服务器来访问文件，让客户端快速访问到所需的文件。

2）提高文件的可用性：即使位于服务器列表中最前面的服务器意外发生故障了，客户端仍然可以从列表中的下一台服务器获取所需的文件，也就是说 DFS 提供排错功能。

3）服务器负载平衡功能：每个客户端获得列表中的服务器排列顺序可能都不相同，因此它们访问的服务器也可能不相同。也就是说不同客户端可能会从不同服务器来访问所需文件，从而减轻服务器的负担。

（2）DFS 的架构。

Windows Server 2012 R2 是通过文件和访问服务角色内的 DFS 命名空间与 DFS 复制这两个服务来配置 DFS 的。

1）DFS 命名空间：可以通过 DFS 命名空间将位于不同服务器内的共享文件夹集合在一起，并以一个虚拟文件夹的树状结构呈现给客户端，DFS 命名空间分为以下两种：

① 域命空间：它将命名空间的设置数据存储到 AD DS 与命名空间服务器的内存缓冲区，如果创建多台命名空间服务器，则它还具备命名空间的排错功能。

② 独立命名空间：它将命名空间的设置数据存储到命名空间服务器的注册表（Registry）与内存缓冲区。由于独立命名空间只能够有一台命名空间服务器，因此不具备命名空间的排错功能，除非采用服务器群集。

2）命名空间服务器：用来掌控命名空间（Host Namespace）的服务器。如果是域命名空间，则这台服务器可以是域成员服务器或域控制器，而且我们可以设置多台命名空间服务器；如果是独立命名空间，则这台服务器可以是域成员服务器、域控制器或独立服务器。不过只能够有一台命名空间服务器。

3）命名空间根目录：它是命名空间的起始点。以图 12-24 来说，此根目录的名称为

public，命名空间的名称为 \\zbgyxx. com \public，而且它是一个域命名空间，其名称以域名开头（zbgyxx. com）。如果这是一个独立命名空间，则命名空间的名称会以计算机名开头，例如 \\server1 \public。

① 文件夹与文件夹目标：这些虚拟文件夹的目标分别映射到其他服务器内的共享文件夹。当客户端浏览文件夹时，DFS 会将客户端重定向到文件夹目标所映射的共享文件夹。图 12-24 共有 3 个文件夹，分别说明如下：

② config：此文件夹有两个目标，分别映射到服务器 server2 的 C:\config 与 server3 的 C:\config 共享文件夹。它具备文件夹的排错功能，例如客户端在读取文件夹 config 内的文件时，即使 server2 发生故障，它仍然可以从 server3 的 C:\config 读取文件。当然 server2 的 C:\config 与 server3 的 C:\config 内存储的文件应该要相同（同步）。

③ www1：此文件夹只有一个目标，映射到服务器 server2 的 C:\www1 共享文件夹，由于目标只有一个，因此不具备排错功能。

④ www2：此文件夹只有一个目标，映射到服务器 server3 的 C:\www2 共享文件夹，由于目标只有一个，因此不具备排错功能。

4）DFS 复制：图 12-24 中文件夹 config 的两个目标映射到的共享文件夹，其中提供给客户端的文件必须相同（同步），而这个同步操作可由 DFS 复制服务自动运行。如果独立命名空间的目标服务器未加入域，则其目标映射到的共享文件夹内的文件必须手动同步。

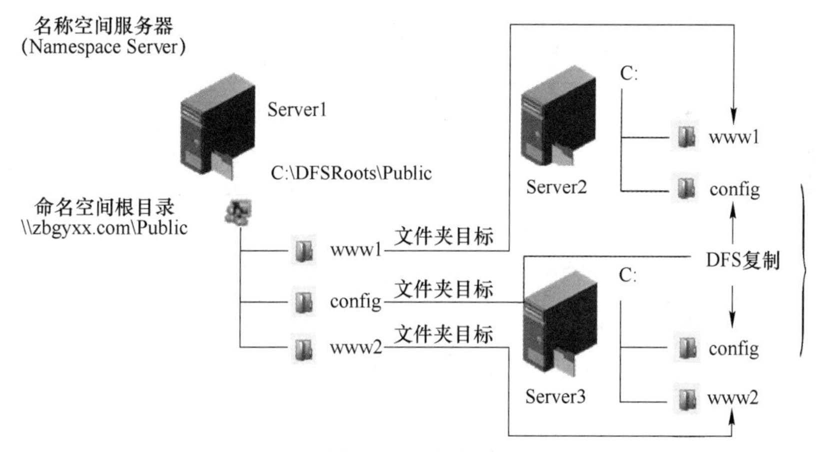

图 12-24　拓扑图

实训 12-5　搭建命名空间服务器

1. 操作步骤

第 1 步：在 server1、server2 和 server3 上分别安装 DFS 复制和 DFS 命名空间角色，如图 12-25 所示。

第 2 步：创建共享文件夹，在 server2 上新建共享文件夹 www1 和共享文件夹 config，如图 12-26 所示。在 server3 上新建共享文件夹 www2 和 config，如图 12-27 所示。

说明：因为 config 文件夹需要同步复制，因此要设置 everyone 用户读取/写入权限。

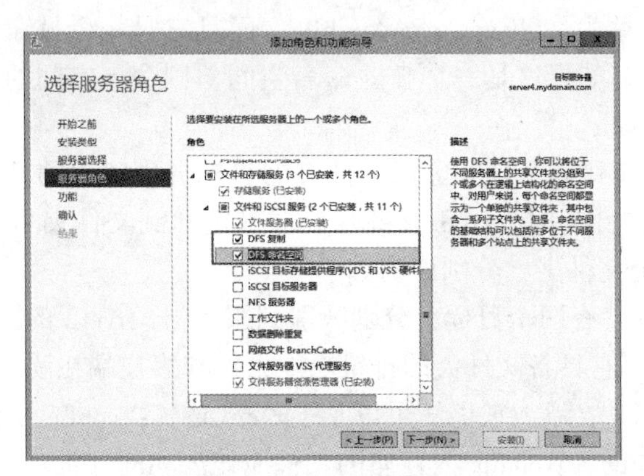

图 12-25　添加服务器角色

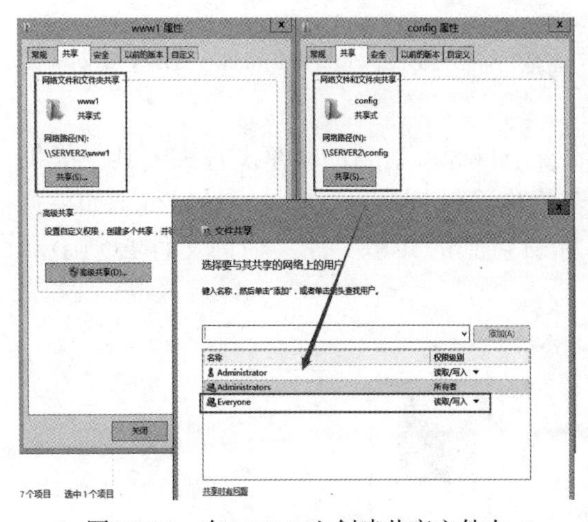

图 12-26　在 server2 上创建共享文件夹

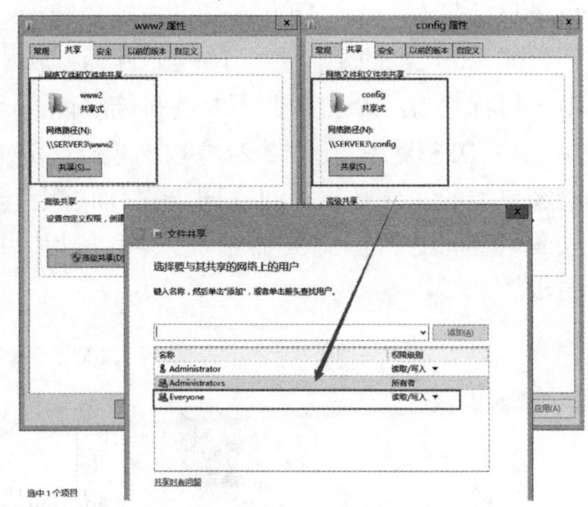

图 12-27　在 server3 上创建共享文件夹

第 3 步：在 server1 上打开 DFS 管理器，选择右侧操作窗格中的“新建命名空间”，创建新的命名空间，如图 12-28 所示。

第 4 步：选择 server1 当作命名空间的服务器，单击“下一步”按钮，如图 12-29 所示。

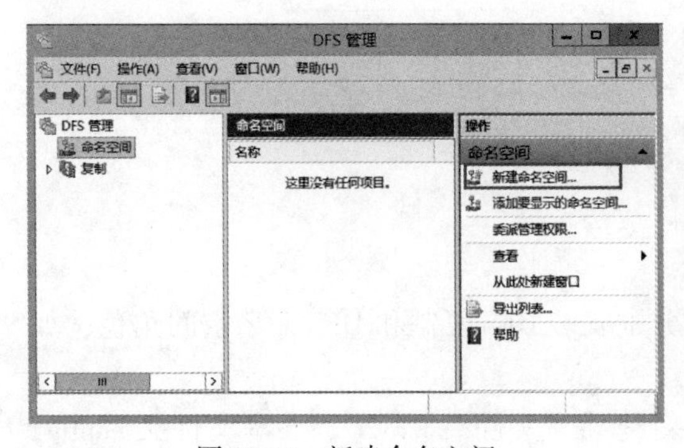

图 12-28　新建命名空间

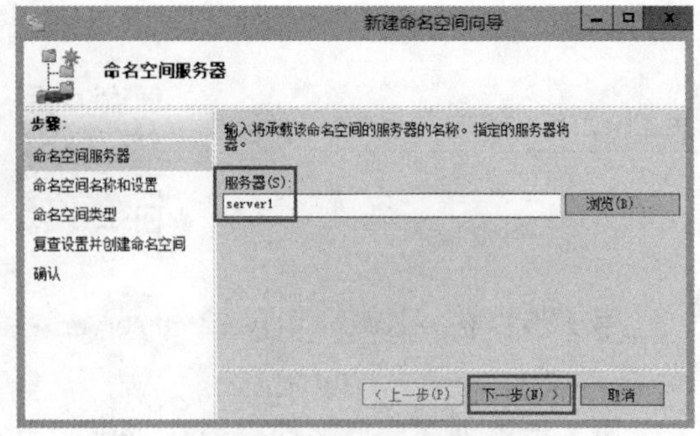

图 12-29　命名空间服务器

第 5 步：输入命名空间的名称为 public，单击“下一步”按钮，如图 12-30 所示。

第 6 步：设置命名空间类型，选择“基于域的命名空间”，如图 12-31 所示，单击“下一步”按钮。

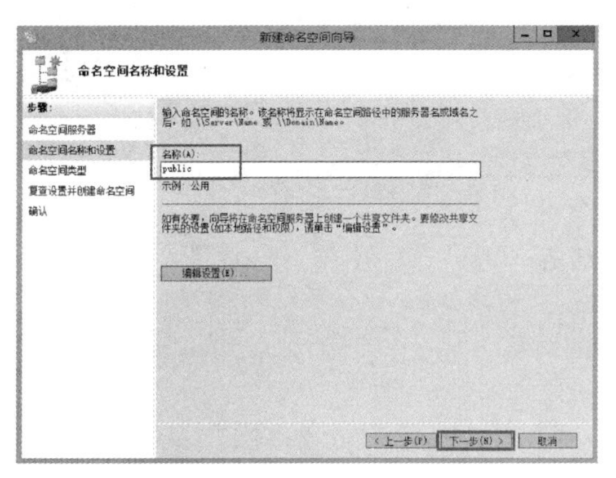

图 12-30　命名空间的名称

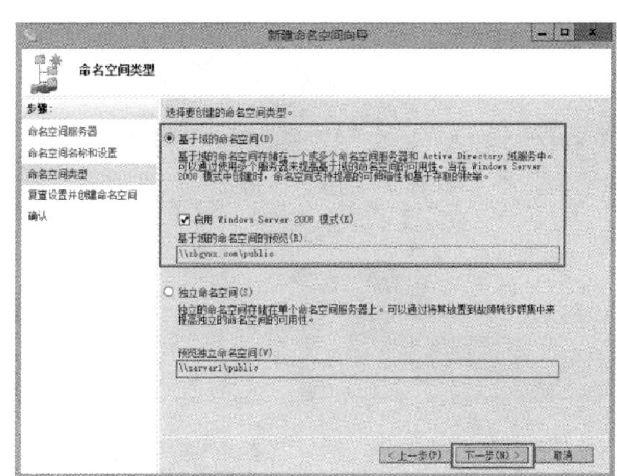

图 12-31　命名空间类型

第 7 步：在“复查设置并创建命名空间”对话框中，我们可以看到上面的设置情况，如图 12-32 所示，单击“创建”按钮后，出现“确认”对话框，如图 12-33 所示，创建命名空间成功，单击“关闭”按钮。

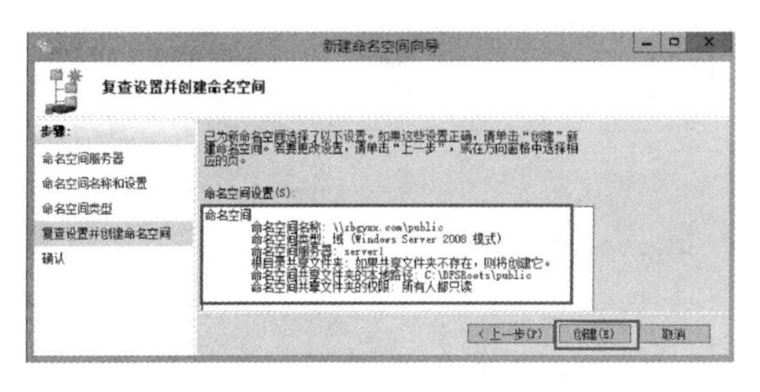

图 12-32　复查设置并创建命名空间

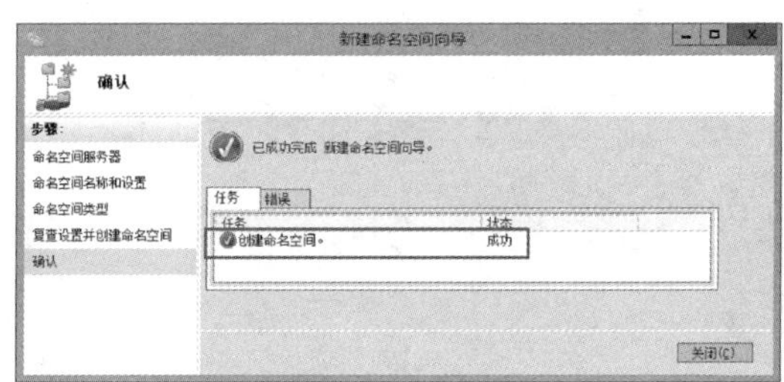

图 12-33　确认

第 8 步：将 server2 共享文件夹 www1 添加到名称空间，用鼠标右键单击 \\zbgyxx.com\public，选择“新建文件夹”，如图 12-34 所示，输入名称 www1，单击“添加”按钮，在“添加文件夹目标”对话框中输入“\\server2\www1”，如图 12-35 所示。

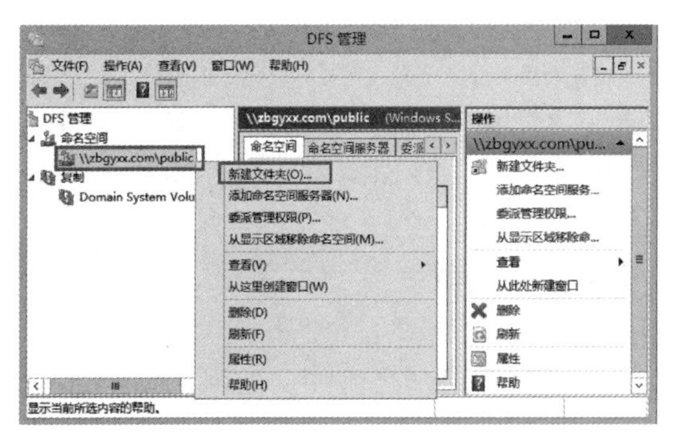

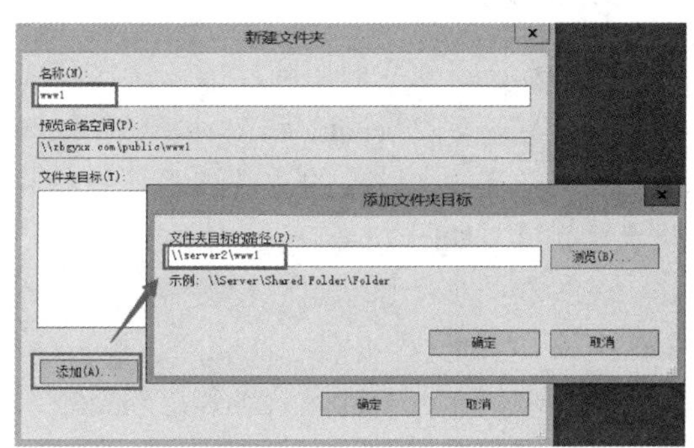

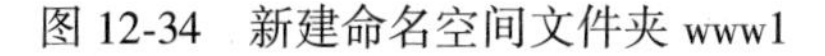

图 12-34　新建命名空间文件夹 www1　　图 12-35　添加文件夹目标 www1

第 9 步：同样方法将 server3 的共享文件夹 www2 添加到名称空间，如图 12-36 和图 12-37所示。

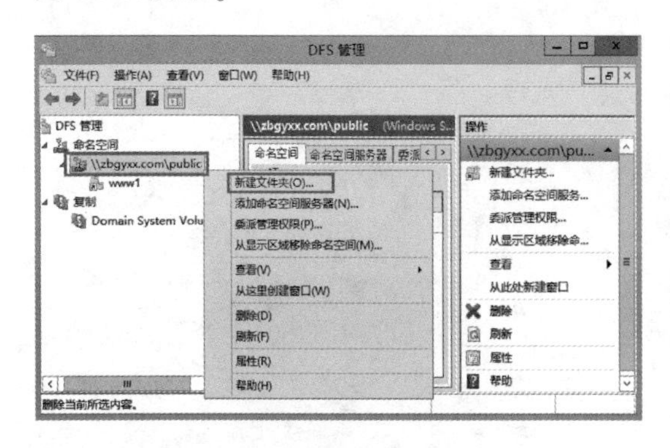

图 12-36　新建命名空间文件夹 www2

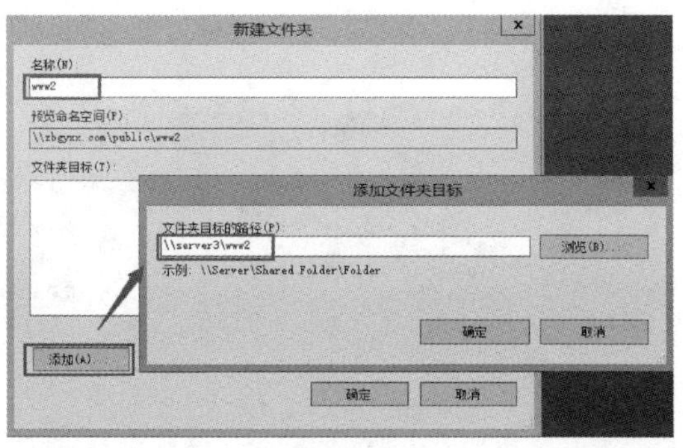

图 12-37　添加文件夹目标 www2

2. 验证结果

客户端访问，在“开始”→“运行”框中输入命名空间的路径 \\zbgyxx. com \ public，则会出现命名空间中的所有共享文件夹，如图 12-38 和图 12-39 所示。

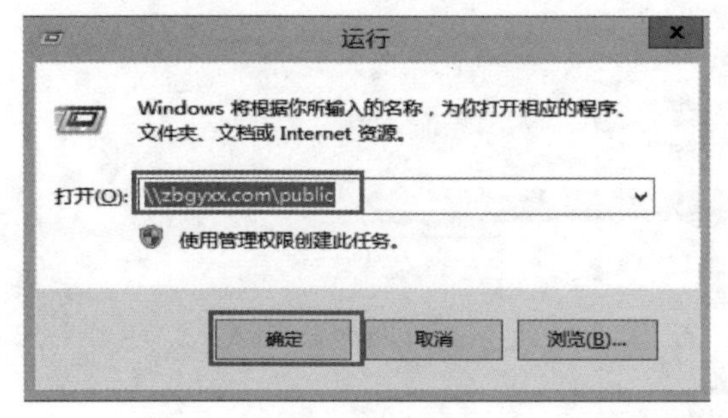

图 12-38　运行

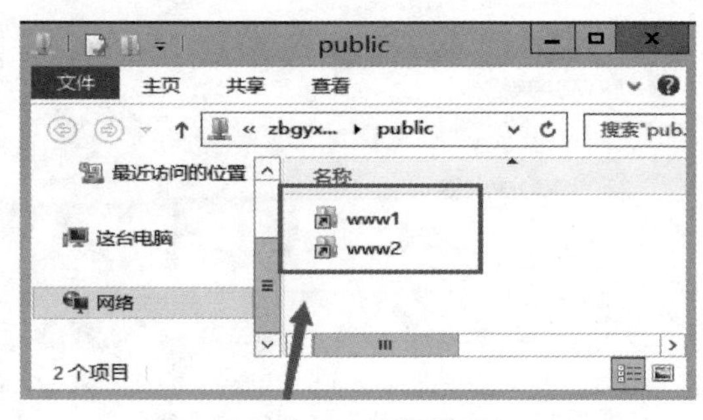

图 12-39　验证结果

实训 12-6　创建同步复制组

1. 操作步骤

第 1 步：下面我们用同样的方法添加 server2 和 server3 的共享文件夹 config，文件夹目标选择 \\server2 \config 和 \\server3 \config，单击“添加”按钮，会弹出“复制组可用于同步刚创建的文件夹的文件夹目标，是否创建复制组?”，我们单击“是”按钮，创建同步复制组，如图 12-40 所示。

第 2 步：在“复制组和已复制文件夹名”中显示复制组名为“zbgyxx. com \ public \ config”，已复制文件夹名“config”，单击“下一步”按钮，如图 12-41 所示。

第 3 步：文件夹目标 \\server2 \config 和 \\server3 \config 已经添加，如图 12-42 所示，单击“下一步”按钮。

第 4 步：选择主要成员 server2，如图 12-43 所示，单击“下一步”按钮。

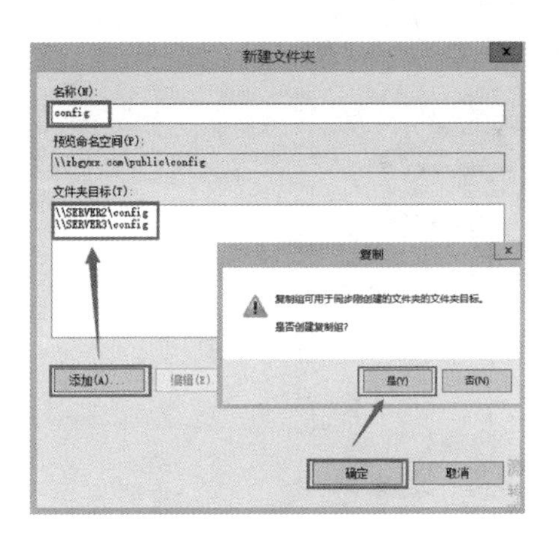

图 12-40　新建名称空间文件夹 config

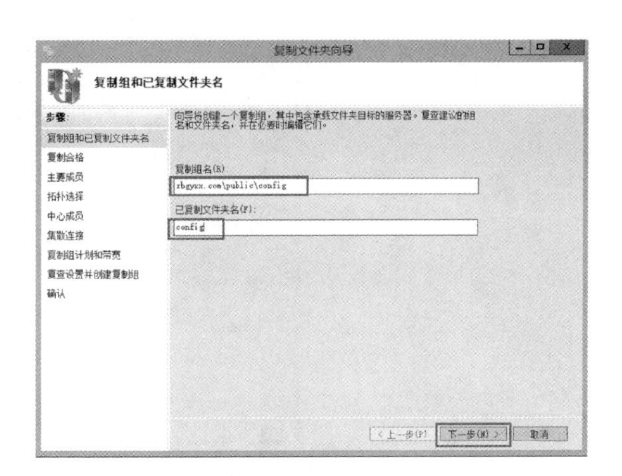

图 12-41　复制组和已复制文件夹名

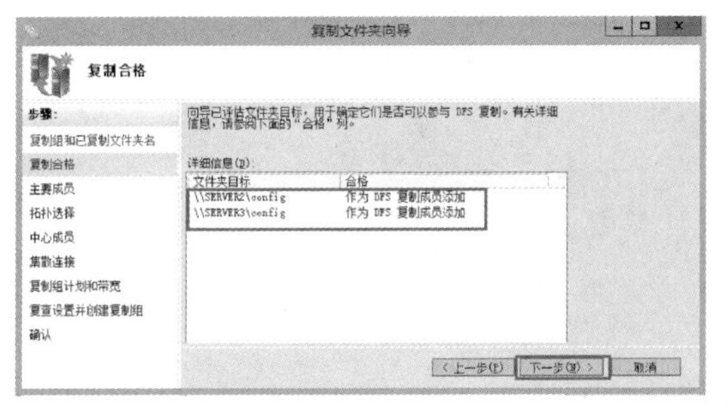

图 12-42　复制合格

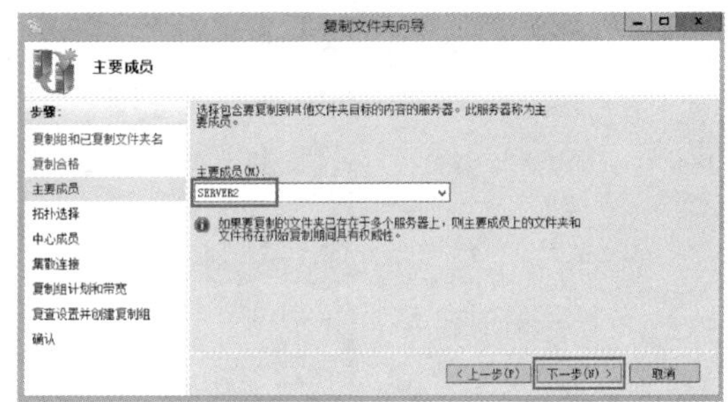

图 12-43　主要成员

第 5 步：选择复制拓扑，这里我们选择“交错”拓扑，如图 12-44 所示，单击“下一步”按钮。

第 6 步：设置复制组计划和带宽，这里我们选择“完整”带宽，如图 12-45 所示，单击“下一步”按钮。

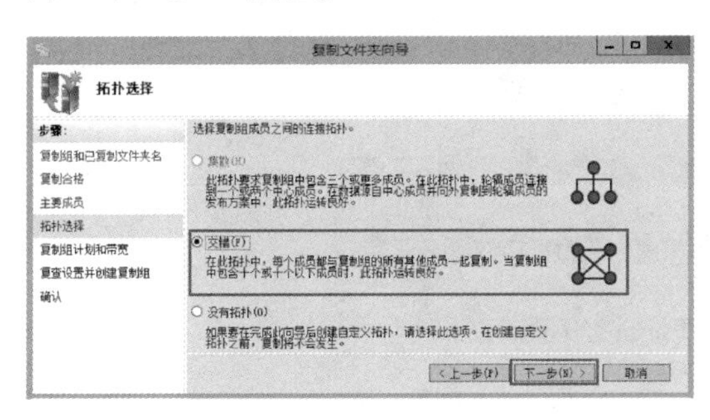

图 12-44　拓扑选择

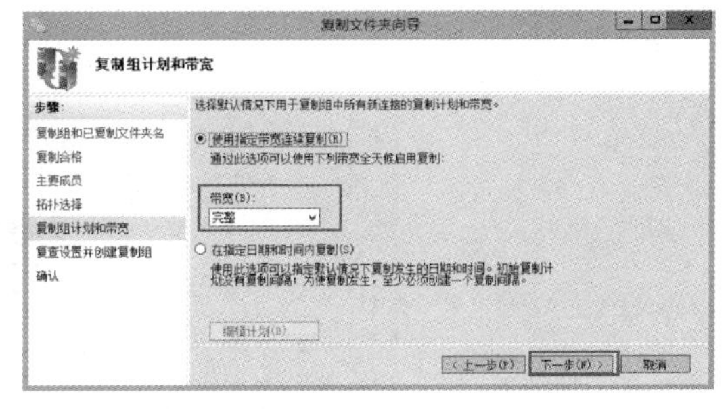

图 12-45　复制组计划和带宽

第 7 步：在“复查设置并创建复制组”对话框中显示上面的设置情况，如图 12-46 所示，单击“创建”按钮。

第 8 步：复制组创建成功，如图 12-47 所示，单击“关闭”按钮。

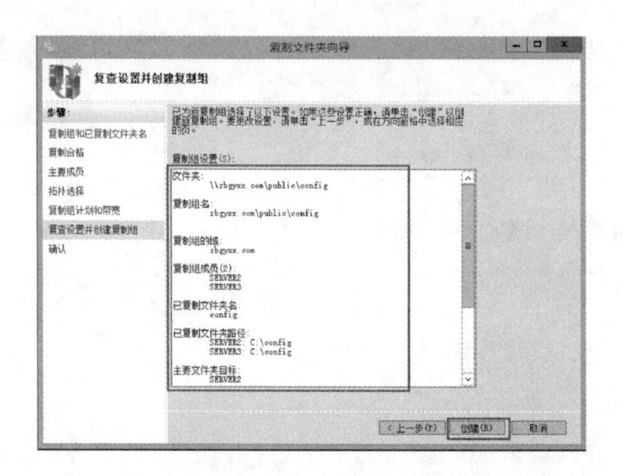

图 12-46　复查设置并创建复制组

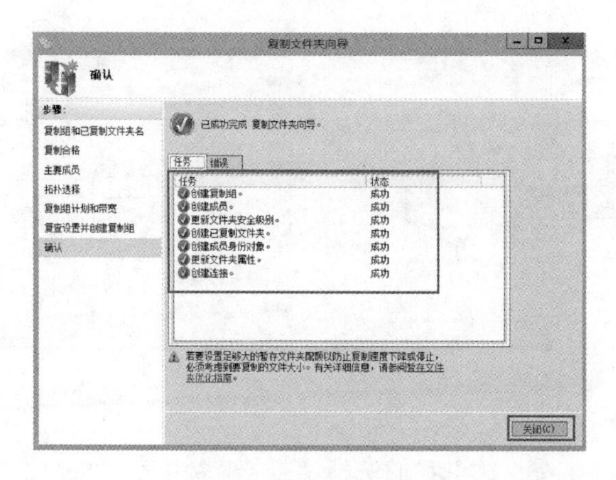

图 12-47　确认

2. 验证结果

方法 1：在 server1 上打开 DFS 管理器，看到两个复制的 config 文件夹，如图 12-48 所示。

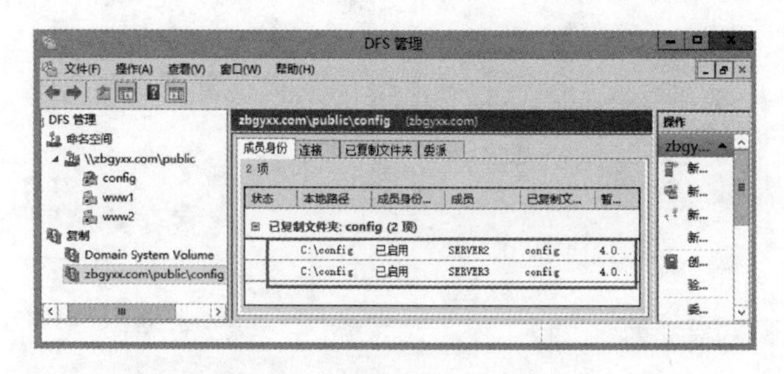

图 12-48　复制的 config 文件夹

方法 2：在 server2 上 config 文件夹内新建文件 123. txt，则在 server3 的 config 文件夹内容保持同步，如图 12-49 和图 12-50 所示。

图 12-49　验证结果 1

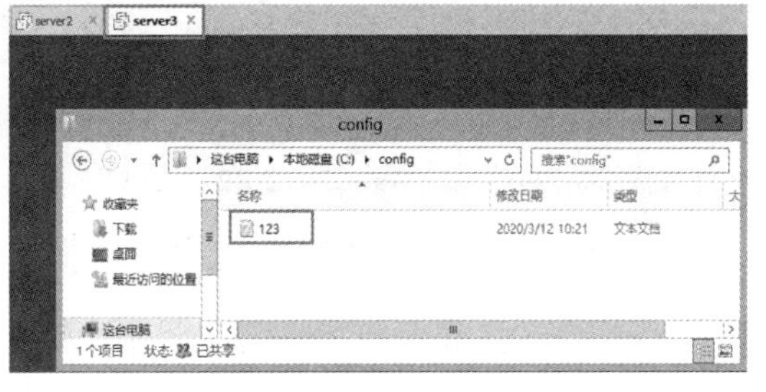

图 12-50　验证结果 2

12.5.3　巩固练习

（1）安装 Windows Server 2012 R2 操作系统主机 DFS、DFS1、DFS2，并在 DFS、DFS1 与 DFS2 中完成 DFS 服务的部署，将 DFS1 与 DFS2 配置为基于 AD 的 DFS 服务器，在 DFS1 与 DFS2 的 C:\ 下分别创建共享文件夹 www1、www2、config1、config2。DFS 服务器中创建命名空间 public。命名空间下还有四个子文件夹 config1、config2、www1 和 www2，它们分别有两个目标，分别指向 DFS1 与 DFS2 下的 config1、config2、www1、www2。为命名空间下的共享文件夹分别创建复制组，拓扑采用交错方式，设置复制在周六和周日带宽为完整，周一至周五带宽为 64MB，实现 DFS 服务器之间的相互复制任务。

（2）安装 Windows Server 2012 R2 操作系统虚拟主机 Win2012-C1 和 Win2012-C2，将虚拟机“Win2012-C1”升级为域控制器，FQDN 为 dfs. xuanba. com，建立“share”命名空间，添加两个连接指向“常用软件”和“办公软件”两个共享文件。“常用软件”是 Win2012-C1 和 Win2012-C2 发布的共享文件夹，“办公软件”是物理机发布的共享文件夹。Win2012-C1 和 Win2012-C2 的“常用软件”实现文件双向同步。

参考文献

[1] 戴有炜. Windows Server 2012 R2 网络管理与架站［M］. 北京：清华大学出版社，2017.
[2] 戴有炜. Windows Server 2012 R2 系统配置指南［M］. 北京：清华大学出版社，2017.
[3] 戴有炜. Windows Server 2012 R2 Active Directory 配置指南［M］. 北京：清华大学出版社，2017.
[4] 杨云. Windows Server 2012 活动目录企业应用［M］. 北京：人民邮电出版社，2018.
[5] 王淑江. Windows Server 2012 活动目录管理实践［M］. 北京：人民邮电出版社，2014.
[6] 杨云. Windows Server 2012 网络操作系统项目教程［M］. 4 版. 北京：人民邮电出版社，2016.
[7] 李书满，杜卫国. Windows Server 2008 服务器搭建与管理［M］. 北京：清华大学出版社，2010.
[8] 黄君羡. Windows Server 2012 活动目录项目式教程［M］. 北京：人民邮电出版社，2015.
[9] 胡刚强，范加泽. Windows Server 2008 案例教程［M］. 北京：机械工业出版社，2011.
[10] 马涛，王琦. Windows Server 2008 配置与管理实训教程［M］. 北京：机械工业出版社，2013.